工业和信息化普通高等教育"十三五"规划教材

21世纪高等教育计算机规划教材

Access 数据库
应用教程

Application for Access Database

李军 主编

张立涛 陈刚 梁静毅 苏晓勤 等 编著

U0233608

人民邮电出版社

北 京

图书在版编目（CIP）数据

Access数据库应用教程 / 李军主编 ；张立涛等编著
. -- 北京 ：人民邮电出版社，2018.2（2022.6重印）
21世纪高等教育计算机规划教材
ISBN 978-7-115-47810-8

Ⅰ．①A… Ⅱ．①李… ②张… Ⅲ．①关系数据库系统
－高等学校－教材 Ⅳ．①TP311.138

中国版本图书馆CIP数据核字(2018)第016028号

内 容 提 要

本书以教育部高等学校计算机基础课程教学指导委员会制定的《大学计算机基础课程教学基本要求》为指导，结合财经类院校非计算机专业的特点，从数据库的基础理论开始，由浅入深、循序渐进，系统地介绍了 Access 2010 的主要功能和使用方法。全书分为 8 章，内容包括数据库系统概述、Access 2010 基础、表的创建和管理、查询的创建和使用、窗体的创建和使用、报表的创建和使用、宏的创建和使用、Access 编程工具 VBA 程序设计。为了使读者能够更好地掌握本书内容，及时检查学习效果，每章后面均配有习题。本书可与《Access 数据库实践教程》配套使用。

本书既可作为高等院校"数据库应用技术"课程教材，也可作为全国计算机等级考试二级 Access 的培训教材或参考书。

◆ 主　　编　李　军

编　　著　张立涛　陈　刚　梁静毅　苏晓勤 等

责任编辑　张　斌

责任印制　沈　蓉　彭志环

◆ 人民邮电出版社出版发行　　北京市丰台区成寿寺路 11 号

邮编　100164　电子邮件　315@ptpress.com.cn

网址　http://www.ptpress.com.cn

固安县铭成印刷有限公司印刷

◆ 开本：787×1092　1/16

印张：16　　　　　　　　2018 年 2 月第 1 版

字数：427 千字　　　　　2022 年 6 月河北第 10 次印刷

定价：45.00 元

读者服务热线：(010)81055256　印装质量热线：(010)81055316
反盗版热线：(010)81055315

目前，数据库技术与应用已成为高等院校非计算机专业必修的计算机基础教育的核心课程。Access 2010 是一个关系型数据库管理系统，是 Microsoft Office 2010 的组件之一，它可以有效地组织、管理和共享数据库中的数据，并将数据库与 Web 结合在一起。

本书在写作模式上以应用为目的，系统详细地介绍了数据库的基础理论知识，以及 Access 2010 数据库中的各种对象和 VBA 编程等内容。本书努力将知识传授、能力培养和素质教育融为一体，实现理论教学与实践教学相结合，激发学生的创新意识。

本书内容的叙述通俗易懂、简明扼要，有利于教师的教学和读者的自学。为了让读者能够在较短的时间内掌握教材的内容，及时地检查自己的学习效果，巩固和加深对所学知识的理解，每章后面均附有习题，并在配套的《Access 数据库实践教程》中给出了本课程相应的实验指导和习题。

全书参考总学时数为 48/64，各章教学学时和实验学时分配见下表。

章次	名　　称	总课时	教学时数	实验时数
1	数据库系统概述	2	2	
2	Access 2010 基础	2	2	
3	表	10	6	4
4	查询与 SQL	10/12	6/8	4
5	窗体	8/10	6/8	2
6	报表	4/8	2/4	2/4
7	宏	6/10	4	2/6
8	VBA 编程基础	6/10	4/6	2/4
	总计	48/64	32/40	16/24

本书由李军统稿，内容均由经验丰富的一线教师编写完成，其中第 1、2 章由陈刚编写，第 3 章由张立涛编写，第 4 章由王梦倩编写，第 5、8 章及附录由李军编写，第 6 章由梁静毅编写，第 7 章由苏晓勤编写。

由于时间仓促，书中难免存在疏漏和不妥之处，敬请各位读者和专家批评指正。

编　者

2018 年 1 月

目 录 CONTENTS

第1章 数据库系统概述

本章学习目标

掌握信息、数据、数据管理的基本概念。

掌握数据模型及特点。

了解数据库系统的特点和发展过程。

了解并掌握关系的定义及关系的性质。

随着计算机科学的飞速发展，计算机已被应用于社会的各个领域，其广泛应用被认为是人类进入信息时代的标志。在信息时代，人们利用计算机对大量的数据进行加工处理。在处理过程中，用于复杂科学计算的工作较少，而大量的工作用于在相关的数据中提取信息。为了有效地使用存放在计算机系统中的大量数据，必须采用一整套科学的方法，对数据进行组织、存储、维护和使用，即数据处理。在数据处理过程中应用到了数据库技术。

数据库系统产生于 20 世纪 70 年代初，它的出现既促进了计算机技术的高速发展，又形成了专门的信息处理理论和数据库管理系统，因此，数据库管理系统是计算机技术和信息时代相结合的产物，是数据处理的核心，是研究数据共享的一门科学，是现代计算机系统软件的重要组成部分之一。

1.1 数据库系统基础知识

1.1.1 信息、数据和数据处理

要了解数据处理就要了解什么是信息、数据和数据处理。

1. 信息

信息（Information）是对客观事物属性的反映。它所反映的是客观事物的某一属性或某一时刻的表现形式，如：成绩的好坏、温度的高低、质量的优劣等。因此，信息是经过加工处理并对人类客观行为和决策产生影响的数据表现形式。

信息具有如下特征。

① 信息是可以感知的。人类对客观事物的感知可以通过感觉器官，也可以借助于各种仪器设备。不同的信息源有不同的感知形式，如书上的信息可以通过视觉器官感知，广播中的信息可以通过听觉器官感知。

② 信息是可以存储、传递、加工和再生的。人类可以利用大脑记忆信息，利用

语言、文字、图像和符号等记载信息，借助纸张、各种存储设备长期保存信息，利用电视、广播和网络传播信息，对信息进行加工、处理后得到其他的信息。

③ 信息源于物质和能量。信息不能脱离物质而存在，信息的传递需要物质载体，信息的获取和传递需要消耗能量。没有物质载体，信息就不能存储和传递。

④ 信息是有用的。它是人们活动所必需的知识，利用信息能够克服工作中的盲目性，增加主动性和科学性。利用有用的信息，人们可以科学地处理事情。

2. 数据

数据（Data）是信息的具体表现形式，是反映客观事物属性的符号化表示和记录。例如：年龄"20"岁、分数"98"分、出生日期"1999 年 10 月 01 日"等。数据所反映的事物属性是它的内容，而符号是它的表现形式。

数据不仅包括数字、字母、文字和其他特殊符号组成的文本形式数据，而且还包括图形、图像、动画、影像、声音等多媒体数据。从计算机角度看，数据泛指那些可以被计算机接受并处理的符号。

3. 信息和数据的关系

信息和数据既有联系，又有区别，数据是信息的载体，信息是数据的内涵。数据是物理性的，是被加工的对象；信息是对数据加工的结果，是观念性的，并依赖于数据而存在。数据表示了信息，而信息只有通过数据形式表现出来，才能被人们理解和接受。信息是有用的数据，数据如果不具有知识性和有用性，则不能称之为信息。

从某种意义上讲，数据就是信息，信息就是数据，二者在一定的条件下，可以相互转换。

4. 数据处理

数据处理（Data Process）也称为信息处理，是指利用计算机对各种类型的数据进行采集、整理、存储、分类、排序、检索、维护、加工、统计和传输等操作，使之变为有用信息的一系列活动的总称。从某些已知的数据出发，推导加工出一些新的数据，这些新的数据又表示了新的信息。所以，数据处理也称为信息处理。信息处理的真正含义是为了产生信息而处理数据。数据处理是数据升华的过程。

1.1.2　数据库技术的产生与发展

随着计算机技术，特别是数据库技术的产生与发展，数据处理过程也发生了巨大的变化，其核心就是数据管理。数据管理指的是对数据进行分类、组织、编码、存储、检索和维护等。数据处理和数据管理是相互联系的，数据管理技术的优劣将直接影响数据处理的效率。

数据管理技术的发展经历了人工管理、文件系统、数据库三个阶段。

1. 人工管理阶段

在这一阶段（20 世纪 50 年代中期以前），计算机主要用于科学计算。外部存储器只有磁带、卡片和纸带，软件只有汇编语言，尚无数据管理方面的软件。数据处理的方式基本上是批处理。这个时期数据管理的特点如下。

① 数据不保存。因为当时计算机主要用于科学计算，对于数据保存的需求尚不迫切。需要时把数据输入内存，运算后将结果输出，数据不保存在计算机中。

② 没有专用的软件对数据进行管理。在应用程序中，不仅要管理数据的逻辑结构，还要设计

其物理结构、存取方法、输入/输出方法等。当存储改变时，应用程序中存取数据的子程序就需随之改变。

③ 数据不具有独立性。数据的独立性是指逻辑独立性和物理独立性。当数据的类型、格式或输入/输出方式等逻辑结构或物理结构发生变化时，必须对应用程序做出相应的修改。

④ 数据是面向程序的。一组数据只对应一个应用程序。即使两个应用程序都涉及某些相同数据，也必须各自定义，无法相互利用。因此，在程序之间有大量的冗余数据。

在人工管理阶段，上述数据与程序关系的特点如图1.1所示。

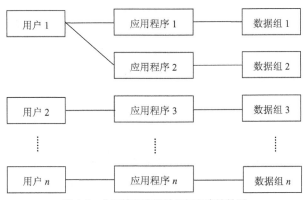

图 1.1 人工管理阶段数据与程序的关系

2. 文件系统阶段

在这一阶段（20世纪50年代后期到60年代中期），计算机不仅用于科学计算，还用于信息管理。此时，外部存储器已有磁盘、磁鼓等直接存取的存储设备，软件领域出现了高级语言和操作系统。操作系统中的文件系统是专门的数据管理软件。这时可以把相关的数据组成一个文件存放在计算机中，在需要时只要提供文件名，计算机就能从文件系统中找出所要的文件，把文件中存储的数据提供给用户进行处理。

（1）特点

① 数据以文件形式可长期保存在外部存储器的磁盘上。应用程序可对文件进行大量的检索、修改、插入和删除等操作。

② 文件组织已多样化。其有索引文件、顺序存取文件和直接存取文件等。因而，对文件中的记录可顺序访问，也可随机访问，便于存储和查找数据。

③ 数据与程序间有一定的独立性。数据由专门的软件即文件系统进行管理，程序和数据间由软件提供的存取方法进行转换，数据存储发生变化不一定影响程序的运行。

④ 对数据的操作以记录为单位。这是由于文件中只存储数据，不存储文件记录的结构描述信息。文件的建立、存取、查询、插入、删除、修改等所有操作，都要用程序来实现。

（2）存在的问题

在文件系统阶段，虽然给用户提供了一定的方便，但仍存在一些问题，主要表现如下。

① 数据冗余度大。由于各数据文件之间缺乏有机的联系，造成每个应用程序都有对应的文件，有可能同样的数据在多个文件中大量地被重复存储，数据不能共享。

② 数据独立性低。数据和程序相互依赖，一旦改变数据的逻辑结构，必须修改相应的应用程序。

而应用程序发生变化，如改用另一种程序设计语言来编写程序，也需修改数据结构。

③ 数据一致性差。由于相同数据的重复存储、各自管理，在进行更新操作时，容易造成数据的不一致。

这样，文件系统仍然是一个不具有弹性的无结构的数据集合。文件之间是孤立的，不能反映现实世界中事物之间的内在联系。在文件系统阶段，数据与程序的关系如图 1.2 所示。

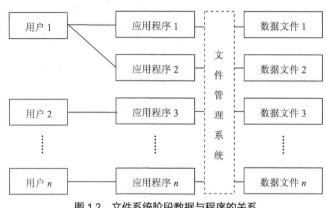

图 1.2　文件系统阶段数据与程序的关系

3. 数据库阶段

数据管理技术进入数据库阶段是在 20 世纪 60 年代末。由于计算机应用于管理的规模更加庞大，数据量急剧增加，硬件方面出现了大容量磁盘，使计算机联机存取海量数据成为可能；硬件价格下降，而软件价格上升，使开发和维护系统软件的成本增加。文件系统的数据管理方法已无法适应开发应用系统的需要。为解决多用户、多个应用程序共享数据的需求，出现了统一管理数据的专门软件系统，即数据库管理系统，这使利用数据库技术管理数据变成了现实。

数据库有以下几方面的特点。

（1）数据共享性高、冗余度低。这是数据库系统阶段的最大改进，数据不再面向某个应用程序，而是面向整个系统，当前所有用户可同时访问数据库中的数据。这样便减少了不必要的数据冗余，节约了存储空间，同时也避免了数据之间的不相容性与不一致性。

（2）数据结构化。即按照某种数据模型，将应用的各种数据组织到一个结构化的数据库中。在数据库中，数据的结构化不仅要考虑某个应用的数据结构，还要考虑整个系统的数据结构，并且还要能够表示出数据之间的有机关联。

（3）数据独立性高。数据的独立性是指逻辑独立性和物理独立性。

数据的逻辑独立性是指当数据的总体逻辑结构改变时，数据的局部逻辑结构不变。由于应用程序是依据数据的局部逻辑结构编写的，所以应用程序不必修改，从而保证了数据与程序间的逻辑独立性。

数据的物理独立性是指当数据的存储结构改变时，数据的逻辑结构不变，从而应用程序也不必改变。

表 1.1 列出了数据库系统与一般文件应用系统的主要性能差异，通过该表可看出数据库系统的特点。

表 1.1 数据库系统与一般文件应用系统的性能对照

序号	文件应用系统	数据库系统
1	文件中的数据由特定的用户专用	数据库内的数据由多个用户共享
2	每个用户拥有自己的数据，导致数据重复存储	原则上可消除重复。为方便查询，允许少量数据重复存储，但冗余度可以控制
3	数据从属于程序，二者相互依赖	数据独立于程序，强调数据的独立性
4	各数据文件彼此独立，从整体看是"无结构"的	各文件的数据相互联系，从整体看是"有结构"的

（4）有统一的数据控制功能。数据库为多个用户和应用程序所共享，对数据的存取往往是并发的，即多个用户可以同时存取数据库中的数据，甚至可以同时存取数据库中的同一个数据。为确保数据库数据的正确有效和数据库系统的有效运行，数据库管理系统提供下述四方面的数据控制功能。

① 数据的安全性控制。防止不合法使用数据造成数据的泄露和破坏，保证数据的安全和机密。例如，系统提供口令检查或其他手段来验证用户身份，防止非法用户使用系统；也可以对数据的存取权限进行限制，只有通过检查后，才能执行相应的操作。

② 数据的完整性控制。系统通过设置一些完整性规则以确保数据的正确性、有效性和相容性。正确性是指数据的合法性，如年龄属于数值型数据，只能包含阿拉伯数字 0,1,…,9，不能包含字母或特殊符号。有效性是指数据是否在其定义的有效范围内，如月份只能用 1~12 之间的正整数表示。相容性是指表示同一事实的两个数据应相同，否则就不相容，如一个人不能有两个性别。

③ 并发控制。防止多用户同时存取或修改数据库时，因相互干扰而提供给用户不正确的数据，并使数据库受到破坏。

④ 数据恢复。当数据库被破坏或数据不可靠时，系统有能力将数据库从错误状态恢复到最近某一时刻的正确状态。

在数据库系统阶段，程序与数据之间的关系可用图 1.3 表示。

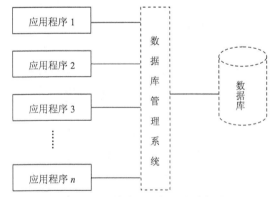

图 1.3 数据库系统阶段程序与数据之间的关系

1.1.3 数据库系统的组成

1. 数据库系统的几个基本概念

（1）数据库（DataBase，DB）

数据库是存储在计算机存储设备上的、结构化的相关数据的集合，这些数据被数据库管理系统按一定的组织形式存储在各个数据文件中。数据库中的数据具有较小的冗余度、较高的数据独立性和易扩展性，具有完善的自我保护能力和数据恢复能力，并能够提供数据共享。

（2）数据库系统（DataBase System，DBS）

数据库系统是指引入数据库后的计算机系统。它主要由五部分组成：硬件系统、数据库集合、数据库管理系统及相关软件、数据库管理员和用户。

（3）数据库管理系统（DataBase Management System，DBMS）

数据库管理系统是数据库系统中对数据进行管理的软件，位于用户与操作系统之间。数据库管理系统可以对数据库的建立、使用和维护进行管理，可以使数据库中的数据具有最小的冗余度，并对数据库中的数据提供安全性和完整性等统一控制机制，方便用户以交互命令方式或程序方式对数据库进行操作。

DBMS 是数据库系统的核心组成部分，用户对数据库的定义、查询、更新等各种操作都是通过DBMS 进行的。

（4）数据库应用系统（DataBase Application System，DBAS）

数据库应用系统是指系统开发人员利用数据库系统资源开发出来的、面向某一类实际应用问题的应用软件系统。例如，以数据库为基础的教学管理系统、财务管理系统、图书管理系统等。一个数据库应用系统通常由数据库和应用程序组成，它们都是在数据库管理系统支持下设计和开发出来的。

（5）用户

用户是指使用和管理数据库的人，他们可以对数据库进行存储、维护和检索等操作。数据库系统中用户可分为三类。

① 终端用户，主要是指使用数据库的各级管理人员、工程技术人员等。一般来说，他们是非计算机专业人员。

② 应用程序员，负责为终端用户设计和编制应用程序，以便终端用户对数据库进行操作。

③ 数据库管理员，是指对数据库进行设计、维护和管理的专门人员。

2. 数据库系统的发展

经过几十年的发展，数据库系统已走过了第一代的格式化数据库系统、第二代的关系型数据库系统，现正向第三代的对象-关系数据库系统迈进。

（1）格式化数据库系统

格式化数据库系统是对第一代数据库系统的总称，其中又包括层次型数据库系统与网状型数据库系统两种类型，这一代数据库系统具有以下特征。

① 采用"记录"为基本的数据结构。在不同的"记录型"（Record Type）之间，允许存在相互联系。

"层次模型"（Hierarchical Model）总体结构为"树形"，在不同记录型之间只允许存在单线联系；"网状模型"（Network Model），其总体结构呈网形，在两个记录型之间允许存在两种或多于两种的联系。前者适用于管理具有家族形系统结构的数据库，后者则更适于管理在数据之间具有复杂联系的数据库。

② 无论层次模型还是网状模型，一次查询只能访问数据库中的一个记录，存取效率不高。对于具有复杂联系的系统，用户查询时还需详细描述数据的访问路径（存取路径），操作也比较麻烦。因此，自关系型数据库兴起后，格式化数据库系统已逐渐被关系数据库系统所取代，目前仅在一些大中型计算机系统中使用。

（2）关系型数据库系统（Relational DataBase Systems，RDBS）

早在 1970 年，IBM 公司 San Jose 研究实验室的研究员科德（E.F.Codd）就在一篇论文中提出了"关系模型"（Relational Model）的概念，从而开创了关系数据库理论的研究。

20 世纪 70 年代中期，国外已有商品化的 RDBS 问世，数据库系统随之进入了第二代。20 世纪

80 年代后，RDBS 在包括个人计算机（Personal Computer，PC）在内的各型计算机上实现，目前在 PC 上使用的数据库系统主要是第二代数据库系统。

与第一代数据库系统相比，RDBS 具有下列优点。

① 采用人们习惯使用的表格作为基本的数据结构，通过公共的关键字段来实现不同二维表之间（或"关系"之间）的数据联系。关系模型呈二维表形式，简单明了，使用与学习都很方便。

② 一次查询仅用一条命令或语句，即可访问整个"关系"（或二维表），因而查询效率较高，不像第一代数据库那样每次仅能访问一个记录。在 RDBS 中，通过多表联合操作，还能对有联系的若干二维表实现"关联"查询。

（3）对象-关系数据库系统（Object-Relational DataBase Systems，ORDBS）

关系型数据库系统管理的信息可包括字符型、数值型、日期型等多种类型，但本质上都属于单一的文本（Text）信息。随着多媒体应用的扩大，人们对数据库提出了新的需求，希望数据系统能存储图形、声音等复杂的对象，并能实现复杂对象的复杂行为。将数据库技术与面向对象技术相结合，便顺理成章地成为研究数据库技术的新方向，构成第三代数据库系统的基础。

20 世纪 80 年代中期以来，人们对面向对象的数据库系统（Object-Oriented DataBase Systems，OODBS）的研究十分活跃。1989 年和 1990 年，《面向对象数据库系统宣言》和《第三代数据库系统宣言》被相继发表，后者主要介绍对象-关系数据库系统（ORDBS）。一批代表新一代数据库系统的软件产品也陆续推出。由于 ORDBS 是建立在 RDBS 技术之上的，可以直接继承 RDBS 的原有技术和用户基础，所以其发展比 OODBS 更为顺利，正在成为第三代数据库系统的主流。

根据《第三代数据库系统宣言》提出的原则，第三代数据库系统除应包含第二代数据库系统的功能外，还应支持文本以外的图像、声音等新的数据类型，支持类、继承、函数/方法等丰富的对象机制，并能提供高度集成的、可支持客户机/服务器应用的用户接口。我们可以将 ORDBS 理解为以关系模型和 SQL 为基础，扩充了许多面向对象的特征的数据库系统。目前，ORDBS 还处在发展过程中，在技术和应用上发展较快，并已显现出良好的发展前景。

3. 数据库系统的分类

1987 年，著名的美国数据库专家厄尔曼（J. D. Ullman）教授在一篇题为《数据库理论的过去和未来》的论文中，曾把数据库理论概括为 4 个分支：关系型数据库理论、分布式数据库理论、演绎数据库理论和面向对象数据库理论。今天，关系型数据库已经得到广泛的应用，并成为当今数据库系统的主流。其余 3 个分支在过去十余年间也取得了不小的进展，并在理论研究的基础上开发出各种实用的数据库系统。

（1）面向对象数据库

数据库的分代是根据所采用的数据模型划分的。这里所谓的数据模型，首先是指把数据组织起来所采用的数据结构，同时也包含数据操作和数据完整性约束等要素。与第一代数据库常见的层次模型和网状模型相比，关系模型不仅简单易用，理论也比较成熟，但如果用它来存储和检索包括图形、文本、声音、图像在内的多媒体数据，就显得不太方便了。所以，当面向对象技术兴起后，人们就探索用对象模型来组织多媒体数据库，推动并促进了第三代数据库——对象式数据库的诞生。

多媒体数据库是面向对象数据库的重要实例，它管理的数据不仅容量大，而且长短不一，检索方法也从传统数据库的"精确查询"，改变为以"非精确匹配和相似查询"为主的"基于内容"的检索。20 世纪 90 年代，一些著名的第二代数据库如 Oracle、Sybase 等都在原来关系模型的基础上引入了对象机制，扩展了对多媒体数据的管理功能。1998 年，据称是世界上第一个"真正面向对象的"多媒体数据库——Jasmine 数据库也已问世。

（2）分布式数据库

如果说多媒体应用促进了面向对象数据库的发展，则网络的应用与普及推动了分布式数据库发展。在早期的数据库中，数据都是集中存放的，即所谓的集中式数据库。分布式数据库则把数据分散地存储在网络的多个结点上，彼此用通信线路连接。例如，一个银行有众多储户，如果他们的数据集中存放在一个数据库中，所有的储户在存取款时都要访问这个数据库，网络通信量必然很大；若改用分布式数据库，将储户的数据分散地存储在离各自住所最近的储蓄所，则大多数时候数据可就近存取，仅有少数时候数据需远程调用，从而大大减少了网络上的数据传输量。现在，在 Internet/Intranet 上流行的 Web 数据库就是分布式数据库的实例。它使全城（市）的储户通过同一银行的任何一个储蓄所，都能够实现通存通兑。

分布式数据库也是多用户数据库，可供多个用户同时在网络上使用。但多用户数据库并非总是分布存储的。以飞机订票系统为例，它允许乘客在多个售票点进行订票，但同一航空公司的售票数据通常是集中存放的，而不是分散存放在各个售票点上。

（3）演绎数据库

传统数据库存储的数据都代表已知的事实（Fact），演绎数据库（Deductive Database）则除存储事实外，还能存储用于逻辑推理的规则。例如，某演绎数据库存储有"校长领导院长"的规则。如果库中同时存有"甲是校长""乙是院长"等数据，它就能推理得出"甲领导乙"的新事实。

由于这类数据库是由"事实+规则"所构成的，所以有时也称为"基于规则的数据库"（Rule-Based Database）或"逻辑数据库"（Logic Database）。它所采用的数据模型则称为逻辑模型（Logic Data Model）或基于逻辑的数据模型。

随着人工智能不断走向实用化，人们对演绎数据库的研究也日趋活跃。演绎数据库与专家系统和知识库（Knowledge Base）一起被称为智能数据库。其关键是逻辑推理，如果推理模式出了问题，便可能导致荒诞的结果。

4. 数据库系统组成

数据库系统（DBS）是指安装使用了数据库技术的计算机系统。数据库系统由 6 部分组成：计算机硬件系统、系统软件（Windows）、数据库管理系统（DBMS）、数据库（DB）、数据库应用系统（DBAS）和用户，如图 1.4 所示。

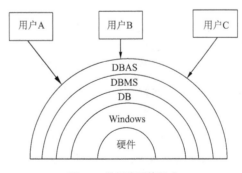

图 1.4　数据库系统组成

1.1.4　数据库系统的三级模式结构

1. 模式概念

数据库系统具有三级模式，即模式、外模式和内模式。与模式对应的是数据库的三级结构：全局逻辑结构、局部逻辑结构和物理存储结构。

模式（Schema）是数据库中所有数据的逻辑结构和特征的描述，模式与具体的数据值无关，同样与具体的应用程序、高级语言以及开发工具也无关。

模式是数据库数据在逻辑上的视图。

数据库的模式是唯一的，是以数据模型为基础的，模式综合考虑所有用户的需求，并将其结合成有机的逻辑整体。

定义模式时，既要考虑数据库的逻辑结构，例如数据表中记录的字段、字段类型、名字等，又要定义数据间的关系，考虑到数据的安全性和数据的完整性。

2. 外模式

外模式（External Schema）也称作用户模式，是用户和程序员最后看到并使用的局部数据逻辑结构和特征。一个数据库可以有若干个外模式。

3. 内模式

内模式（Internal Schema）也称作存储模式，是数据物理结构和存储方式的描述，是数据在存储介质上的保护方式，如：数据保存在磁盘、磁带或者其他存储介质上，是什么形式，是不是被压缩和保密等。内模式是物理的存储结构。

4. 模式之间的关系图

模式之间的关系如图 1.5 所示。

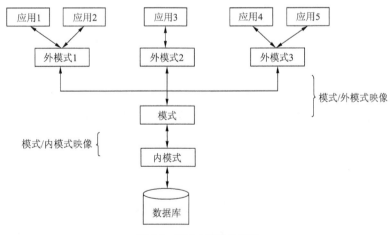

图 1.5　模式之间的关系图

1.2 数据模型

1.2.1 基本概念

客观世界存在着各种事物，这些事物不是孤立存在的，而是彼此相互联系。一方面，某一事物内部的各种因素和各种属性根据一定的组织原则相互联系，构成一个相对独立的系统；另一方面，某一事物同时也可作为一个更大系统的一个因素或一种属性而存在，并与系统的其他因素或属性发生联系。

模型是对现实世界特征的模拟和抽象。例如，工业制造中的模具、建筑设计的沙盘、航模飞机等都是具体的模型。

数据模型是模型的一种，它是现实世界数据特征的抽象，是数据和数据之间相互联系的形式，是数据和信息的处理工具，现实世界中的具体事务必须用数据模型这个工具来抽象和表示。

1.2.2 组成要素

数据模型是由数据结构、数据操作和数据的约束条件组成的。

1. 数据结构

数据结构是所研究对象的集合，这些对象包括数据库的组成。数据结构可以分为两类，一类是数据类型内容等相关的对象，另一类是数据之间的联系的对象。

数据结构是描述数据模型性质最重要的方面，因此常常按数据结构的类型命名数据模型，例如，层次结构、网状结构和关系结构的数据模型分别命名为层次模型、网状模型和关系模型。

2. 数据操作

数据操作是指对数据库中各种对象的数据可以执行的操作集合，包括操作及其有关的操作规则。数据库的操作主要包括查询和更新两大类，数据模型必须定义操作的确切含义、操作符号、操作规则和实施操作的语言。

3. 数据的约束条件

数据模型中数据及其联系所具有的制约和依存的规则是一组完整性规则，这些规则的集合构成数据的约束条件，以确保数据的正确、有效、相容与完整。

数据模型应该反映和规定此数据模型必须遵守的基本完整性约束条件，还要提供约束条件的机制。

1.2.3 概念模型与 E-R 图

在数据库技术中，用数据的概念模型描述数据库的结构和语义，表示实体及实体之间的联系。概念模型是对客观事物及其联系的一种抽象的描述。

1. 几个相关的基本概念

（1）实体

客观存在并且可以相互区别的事物称为实体。实体可以是具体的事物，例如，一名教师、一门课程、一本教材；也可以是抽象的事件，例如，一次授课、一场考试等。

（2）属性

实体所拥有的各类性质称为属性。实体有很多性质，例如，教师实体有教师编号、姓名、性别、出生日期、学历等方面的属性。

属性有"型"和"值"之分。"型"即为属性名，如教师编号、姓名、性别、出生日期是属性的值；"值"即为属性的具体内容，例如："20180936""张大鹏""男""1989 年 10 月 01 日""大学本科""航天学院"等，这些属性值的集合表示了一名教师实体。

（3）实体集

具有相同类型及相同性质的实体的集合称为实体集。例如，某个学校所有学生的集合、选课情况等都可以视为实体集。

（4）联系

实体之间的相互关系称为联系。在现实世界中，事物内部以及事物之间是有联系的。实体内部的联系通常是指组成实体的各属性之间的联系，实体之间的联系通常是指不同实体集之间的联系。

2．实体间的联系

实体间的联系可分为三种类型，即一对一的联系、一对多的联系和多对多的联系。

（1）一对一的联系（1:1）

实体集 A 中的一个实体只能与实体集 B 中的一个实体相对应，反之亦然，则称实体集 A 与实体集 B 为一对一的联系，记为 1:1。例如，一个学校有一个校长，校长和学校之间存在一对一的联系。

（2）一对多的联系（1:m）

实体集 A 中的一个实体与实体集 B 中的多个实体相对应，反之，实体集 B 中的一个实体只能与实体集 A 中的一个实体相对应，记为 1:n。例如，班级与学生两个实体集之间存在一对多的联系，一个班有多名学生，一名学生只能属于一个班，班和学生之间存在一对多的联系。

（3）多对多的联系（m:n）

实体集 A 中的一个实体与实体集 B 中的多个实体相对应，反之，实体集 B 中的一个实体与实体集 A 中的多个实体相对应，记为 m:n。例如，学生与课程两个实体集之间存在多对多的联系，因为一名学生可以选修多门课程，而一门课程又可以被多名学生所选修，所以，学生和课程之间存在多对多的联系。

一对多的联系是最普遍的联系，我们可以把一对一的联系看作一对多联系的一个特例。

3．E-R 模型与 E-R 图

E-R 模型（Entity Relationship Model）是人们描述数据及其联系的概念数据模型，是数据库应用系统设计人员和普通非计算机专业用户进行数据建模和沟通与交流的有力工具，使用起来非常直观易懂、简单易行。进行数据库应用系统设计时，首先要根据用户需求建立合乎需要的 E-R 模型，然后建立与计算机数据库管理系统相适应的逻辑数据模型和物理数据模型，最后才能在计算机系统上安装、调试和运行数据库。

（1）E-R 模型中的基本构件符号

E-R 模型是一种用图形表示数据及其联系的方法，所使用的图形构件（元件）包括矩形、菱形、椭圆形和连接线。

矩形表示实体，矩形框内写上实体名。

菱形表示联系，菱形框内写上联系名。

椭圆形表示属性，椭圆形框内写上属性名。

连接线表示实体、联系与属性之间的所属关系或实体与联系之间的相连关系。

（2）各种联系的 E-R 图表示

对于一对一、一对多和多对多三种实体联系，可以用 E-R 图来表示，如图 1.6 所示。

若每种联系来自于同一个实体，则 E-R 图如图 1.7 所示。

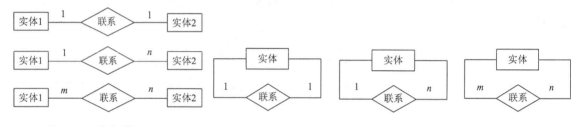

图 1.6　三种联系的 E-R 图　　　　　　　　　　图 1.7　三种联系的单实体的 E-R 图

两个实体的联系是基本联系，在现实世界中经常出现三个或更多的实体相互联系的情况，有时三个实体之间，两两存在着不同类型的联系。例如，学生、课程和教师这三个实体，多个学生可以选多门课程，而每一门课程又可以被多个学生选，每门课程唯一对应一个教师，一个教师又可以教授多门课程，这样学生与课程之间就是多对多的联系，课程和教师之间就是多对一的关系，学生和教师之间无须直接给出，它可以从两个联系中推导出来，学生和教师是多对多的关系。图 1.8 所示为学生、课程和教师这三个实体之间的联系所对应的 E-R 图。

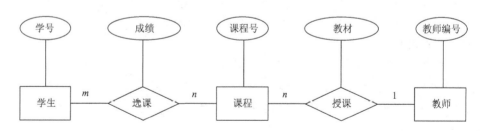

图 1.8　学生选课的 E-R 图

在图 1.8 中，每一个实体和联系上，只给出了一个代表属性，其他属性没有给出。选课联系的属性成绩表示某个学生选修某门课程的考试成绩，授课联系的属性教材表示教师教授某门课程时所选用的教材。若要找出某个学生所选课程的任课教师，首先通过选课联系查出相应的课程，再通过授课联系找出对应的任课教师即可。

在实际的 E-R 图设计中，除了设计各实体和联系外，还要确定每个实体和联系所包含的属性，不必是全部属性，但要取其相关和必要的属性。任何一个应用系统设计的 E-R 图都不是唯一的，与对应的设计思路和设计方法及对系统的分析程度相关联。合理的、符合实际和贴近运营管理要求的 E-R 图，对于应用系统的使用者和应用系统的设计开发者都是有好处的。

1.2.4 逻辑数据模型

数据库中的数据必须能够反映事物之间的各种联系，而具有联系性的相关数据总是按照一定的组织关系排列，从而构成一定的结构，对这种结构的描述就是逻辑数据模型。逻辑数据模型是指反映客观事物及客观事物间联系的数据组织结构和形式。任何一个数据库管理系统都是按照某种逻辑数据模型建立和组织的。

数据库的逻辑数据模型又称数据库的结构数据模型，或直接简称数据模型（Data Model）。到目前为止，相继出现的数据模型主要有层次、网状、关系和面向对象四种。

1. 层次模型

层次模型表示数据间的从属关系结构，是一种以记录某一事物的类型为根结点的有向树结构。层次模型像一棵倒立的树，根结点在上，层次最高，子结点在下，逐层逐级排列。上级结点与下级结点之间为一对多的联系。图 1.9 给出了一个层次模型的例子，其中，"工业大学"为根结点，"工业大学"以下为各级子结点。

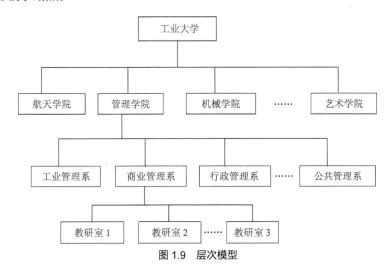

图 1.9　层次模型

层次模型具有以下特征。

① 有且仅有一个根结点而且无双亲。

② 根结点以下的子结点，向上层仅有一个父结点，向下层有若干子结点。

③ 最下层为叶结点且无子结点。

支持层次模型的数据库管理系统称为层次数据库管理系统，其中的数据库称为层次数据库。

2. 网状模型

在现实世界中，事物之间的联系更多的是非层次关系的，用层次模型表示这种关系很不直观，网状模型克服了这一弊病，可以清晰地表示这种非层次关系。

网状模型是用网状结构表示实体与实体之间联系的模型。网状模型是层次模型的扩展，它表示多个从属关系的层次结构，可以允许两个结点之间有多种联系。网状模型表现为一种交叉关系的网络结构。

网状模型具有以下特征。

① 有一个以上的结点无双亲。

② 至少有一个结点有多双亲。

网状模型可以表示较复杂的数据结构，它不但可以表示数据间的纵向关系，而且可以表示数据间的横向关系。

网状模型中每个结点表示一个记录（实体），每个记录可包含若干个字段（实体的属性），结点间的连线表示记录（实体）间的父子关系。

图 1.10 所示的是一个"学生"–"选课"–"课程"的网状模型，该模型中的每个学生可以选修多门课程，显然对于学生记录中的一个值，选课记录中可以有多个值与之联系，而选课记录中的一个值只能与学生记录的一个值相联系。

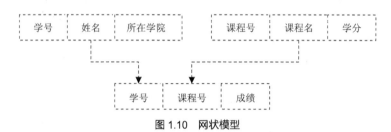

图 1.10 网状模型

学生与选课之间的联系是一对多的联系，同样，课程与选课间的联系也是一对多的联系。

支持网状模型的数据库管理系统称为网状数据库管理系统，其中的数据库称为网状数据库。

3. 关系模型

用二维表结构来表示实体与实体之间联系的模型称为关系模型。它是由 IBM 的科德于 1970 年首次提出的。其特点是：理论基础完备、模型简单、说明性的查询语言和使用方便。

关系模型发展较晚，却是最常用、最重要的一种数据模型。

在关系模型中，操作的对象和结果都是二维表，这种二维表就是关系。关系模型的主要特征是用二维表表示实体集。例如，表 1.2 所示的"学生档案"就是一个关系。

表 1.2　学生档案表

学号	姓名	性别	出生日期	政治面貌	兴趣爱好	班级编号
20180001	王娜	女	1999/10/10	群众	游泳，旅游	2018002
20180010	李政新	男	1999/3/8	群众	游泳，摄影	2018001
20180111	杨龙	男	1999/5/20	党员	看书，唱歌	2018006
20180135	李进	男	1999/11/11	党员	游泳，电影	2018002
20181445	王玉	女	2000/5/27	群众	电影，体育	2018003
20182278	许阳	男	2000/1/9	群众	摄影，看书，唱歌	2018006
20183228	陈志达	男	1998/12/10	群众	游泳，体育	2018001
20183245	吴元元	女	2000/1/10	群众	摄影，旅游	2018006
20183500	王一凡	男	1998/12/12	群众	电影，体育，看书	2018003
20184321	李丹	女	1998/8/8	群众	电影，体育，旅游	2018002

（1）二维表的特点

① 表有表名：即学生档案表。

② 表由两部分构成，即一个表头和若干行数据。

③ 从垂直方向看，表由若干列组成，每列都有列名，如"学号""姓名"等。

④ 同一列的值取自同一个定义域，例如，"性别"的定义域是（男、女）。

⑤ 每一行的数据代表一个学生的信息，同样每一个学生在表中也有一行。

（2）对一张二维表可以进行的操作

① 填表：将每个同学的数据填写进表格。

② 修改：改正表中的错误数据。

③ 删除：去掉一个学生的数据（如某个同学已退学或出国等）。

④ 查询：在表中按某些条件查找满足条件的学生。

（3）关系的特点

关系是一种规范化了的二维表，为了使相应的数据操作简化，在关系模型中，对关系作了种种限制，关系具有如下特性。

① 关系中的每一数据项不可再分，是最基本的单位，满足此条件的关系称为规范化关系，否则称为非规范化关系。

② 每一竖列的数据项是同属性的，列数根据需要而设，且各列的顺序是任意的。

③ 每一横行记录由一个个体事物的诸多属性构成，记录的顺序可以是任意的。

④ 一个关系是一张二维表，不允许有相同的字段名，也不允许有相同的记录行。

关系模型对数据库的理论和实践产生了很大的影响，成为当今最流行的数据库模型。本书重点介绍的是关系数据库的基本概念和使用。

4. 面向对象模型

面向对象的数据模型（Object Oriented Model）吸收了面向对象程序设计方法的核心概念和基本思想，它用面向对象的观点来描述现实世界的实体。一系列面向对象的核心概念构成了面向对象数据模型的基础，其中主要包括对象和对象标识、属性和方法、封装和消息以及类和继承。

面向对象数据模型能完整地描述现实世界的数据结构，具有丰富的表达能力，但模型相对比较复杂，涉及的知识比较广，区别于传统数据模型的本质特征，因此，面向对象数据模型尚未达到关系数据模型的普及程度。

1.3 关系型数据库

1.3.1 关系型数据库概念

关系型数据库系统是支持关系模型的数据库系统。它是采用数学方法来处理数据库中的数据，一个关系的逻辑结构就是一张二维表，而用二维表的形式表示事物之间联系的数据模型就称为关系数据模型，通过关系数据模型建立的数据库称为关系数据库。

在 Access 2010 中一个"表"就是一个关系，表 1.2 是一个关系，表 1.3、表 1.4 和表 1.5 给出了另外三个表（关系），即教师表、授课表及课程表，前两个表都有标识教师的唯一属性——"教师编号"，后两个表又都有"课程编号"，根据"教师编号"和"课程编号"通过一定的关系运算就可以把表联系起来，形成关系型数据库。

表 1.3　教师表

教师编号	姓名	性别	工作日期	政治面貌	学历	职称	学院	电话
0221	孙同心	男	1990/7/1	中共党员	大学本科	教授	信息	26660570
0310	张丽云	女	2010/9/5	群众	硕士研究生	讲师	艺术	24503721
0457	刘玲	女	1998/10/1	中共党员	博士研究生	副教授	会计	26670528
0530	王强	男	1995/1/10	群众	大学本科	教授	管理	23688088
0678	李刚	男	2012/3/1	群众	博士研究生	讲师	信息	24582456
1100	张宏	男	2013/7/25	中共党员	博士研究生	讲师	艺术	28764521
1211	王丽娟	女	1990/9/1	群众	大学本科	教授	信息	26678888
1420	宋文君	女	2014/5/25	群众	博士研究生	讲师	管理	26654062
1511	杨晓亮	男	1996/5/27	群众	大学本科	副教授	会计	26671234
1600	赵辉	男	2000/8/8	中共党员	硕士研究生	教授	管理	23657045

表 1.4　授课表

课程编号	班级编号	教师编号	学年	学期	学时
J001	2018001	0221	2018 至 2019	第一学期	64
J002	2018002	0310	2018 至 2019	第二学期	64
J003	2018003	0457	2018 至 2019	第一学期	64
J004	2018004	0530	2018 至 2019	第一学期	48
J005	2018005	0678	2018 至 2019	第二学期	48
Z001	2018006	1100	2018 至 2019	第二学期	64
Z002	2018007	1211	2018 至 2019	第二学期	64
Z003	2018008	1420	2018 至 2019	第二学期	64
Z004	2018009	1511	2018 至 2019	第二学期	64
Z005	2018010	1600	2018 至 2019	第二学期	64

表 1.5　课程表

课程编号	课程名称	课程类别	学分
J001	大学计算机基础	基础课	4
J002	C 语言	基础课	4
J003	大学英语	基础课	4
J004	毛泽东思想概论	基础课	3
J005	马克思主义哲学	基础课	3
Z001	会计学	专业课	4
Z002	审计学	专业课	4
Z003	经济学	专业课	4
Z004	法学	专业课	4
Z005	货币银行学	专业课	4

1. 关系术语

（1）关系

一个关系就是一张规范化的二维表，每个关系都有一个关系名，如"教师"表和"课程"表。

（2）元组

在一个二维表（一个关系）中，水平方向的行称为元组。元组对应表中的一条记录。例如，在"教师"表和"课程"表两个关系中就包括多个元组（多条记录）。

（3）属性

二维表中垂直方向的列称为属性。每一列有一个属性名，在 Access 2010 系统中称为字段名。例如，"学生档案"表中的"学号""姓名"和"性别"等均为字段名。

（4）域

域是属性的取值范围，即不同元组对同一属性的取值所限定的范围。例如，"性别"的域为"男"和"女"两个值。

（5）关键字

关键字是属性或属性的集合，其值能够唯一标识一个元组。在 Access 2010 系统中称之为主键。例如，"学生档案"表中的"学号"字段可以作为标识一条记录的主键，而"性别"字段则不能唯一标识一条记录，因此，不能定义为主键。主键能够起到唯一性标识一个元组的作用，在关系中称作"码"。

2. 关系的基本相关性质

关系的基本相关性质如下。

① 每一列的数据项都须是不可再分项。

② 每一列的数据项必须来自同一个域，也就是具有相同的数据类型。

③ 每一列的数据项属性名（字段名）必须唯一。

④ 列的顺序可以是任意的。

⑤ 行的顺序也可以是任意的。

⑥ 不容许出现完全相同的行（元组）。

⑦ 每一个元组（记录）必须有一个唯一性标识，也就是"码"。

1.3.2 关系的完整性

为了维护数据库中数据与实际的一致性，关系数据库中的数据在进行插入、删除与更新操作时，必须遵循数据完整性规则。数据的完整性规则是对关系的某种约束条件。在关系模型中有三类完整性规则，即实体完整性、参照完整性和用户定义的完整性规则。其中，实体完整性和参照完整性是关系模型必须满足的完整性约束，被称为关系的两个不变性，由关系型数据库管理系统（Relational DataBase Management System，RDBMS）自动支持。

1. 实体完整性

若属性或属性集 A 是关系 R 的关键字，则任何一个元组在 A 上不能取空值（Null）。所谓空值，就是"不知道"或"无意义"的值。例如，在"教师"表中，"教师编号"不能取空值。

2. 参照完整性

如果关系 R 中某属性集 F 是关系 S 的关键字，则对关系 R 而言，F 被称为外部关键字，并称关系 R 为参照关系，关系 S 为被参照关系或目标关系。参照完整性是指关系 R 的任何一个元组在外部关键字 F 上的取值要么是空值，要么是被参照关系 S 中一个元组的关键字值。参照完整性要保证不引用不存在的实体。

表在建立关联关系以后，可以设置参照完整性，参照完整性中的规则可以使在对表进行记录的插入、删除和更新时，既能保持已定义的表间的关系，又能使被关联的表中的数据保持一致性。

3. 用户定义完整性

任何关系数据库系统都应该支持实体完整性和参照完整性，在实际应用中，用户还可以定义完整性。用户定义的完整性就是针对某一具体应用环境的约束条件，例如，某个属性必须取唯一值，某个属性不能取空值（如"学号"，这就要求学生的学号不能取空值），某个属性的取值范围在 1~100 之间（如某门课的成绩）等。

1.3.3 关系的运算与关系操作

对关系数据库进行查询时，需要找到用户感兴趣的数据，这就需要对关系进行运算。关系的基本运算有两类：一类是传统的集合运算（并、差、交等），在 Access 2010 系统中没有直接提供传统的集合运算，但可以通过其他操作或编写程序来实现；另一类是专门的关系运算（选择、投影、连接），查询就是对关系进行的基本运算。

在 Access 2010 中，查询是高度非过程化的，用户只需明确提出"要干什么"，而不必指出"怎样去干"，系统将自动对查询过程进行优化，从而可以实现对多个相关联的表进行高速存取，但是要正确写出一个较复杂的查询表达式就必须先了解关系运算。

1. 传统的关系运算

现有两个关系 R、S。若两个关系是相容的（主关键字相同），便可以进行传统的关系运算。

R:

学号	姓名
001	吴悠
002	程功

S:

学号	姓名
001	吴悠
003	幸福

两个关系的"并"是由属于 R、S 这两个关系的元组组成的集合。
两个关系的"差"是由属于 R 但不属于 S（或属于 S 但不属于 R）的元组组成的集合。
两个关系的"交"是由既属于 R 又属于 S 的元组组成的集合。

R 并 S:

学号	姓名
001	吴悠
002	程功
003	幸福

R-S:

学号	姓名
002	程功

S-R:

学号	姓名
003	幸福

R 交 S:

学号	姓名
001	吴悠

2. 关系操作（专门的关系运算）

（1）选择

从关系中找出满足给定条件的元组的操作称为选择。选择的条件以逻辑表达式形式给出，选取逻辑表达式的值为真的元组。例如，要从"教师"表中找出性别为"女"的教师，所进行的查询操作就属于选择运算。

选择是从行的角度进行的运算，即从水平方向抽取记录，经过选择运算得到的结果可以形成新的关系，其关系模式不变，但其中的元组是原关系的一个子集。

（2）投影

从关系模式中指定若干个属性组成新的关系称为投影。投影是从列的角度进行的运算，相当于对关系进行垂直分解。经过投影运算可以得到一个新关系，其关系模式所包含的属性个数往往比原来关系少，或者属性的排列顺序不同。投影运算提供了垂直调整关系的手段，体现出关系中列次序无关的特点。例如，从"教师"表中查询所有教师的姓名所进行的查询操作就属于投影运算。

（3）连接

连接是关系的横向结合。连接运算是将两个关系模式合成一个更宽的关系模式，生成的新关系中包含满足连接条件的元组。

连接过程是通过连接条件来控制的，连接条件中将出现两个表中的公共属性名，或者具有语义相同的属性，连接的结果是满足条件的所有记录。

选择和投影运算的操作对象只是一个表，相当于对一个二维表进行切割。连接运算需要两个表作为操作对象。如果需要连接两个以上的表，则应当两两进行连接。

（4）自然连接

在连接运算中，按照字段值对应相等为条件进行的连接操作称为"等值连接"，而自然连接是去掉重复属性的等值连接。自然连接是最常用的连接运算。

利用关系的投影、选择和连接运算可以在对关系数据库的查询中，方便地进行关系的分解或构造新的关系。

1.4　思考与练习

1．思考题

（1）什么是信息、数据和数据处理？说明信息和数据的关系。

（2）简述数据管理技术的发展经历的阶段。

（3）与文件管理系统相比，数据库系统有哪些优点？

（4）什么是数据模型？它包含哪些方面的内容？数据库问世以来，出现过哪些主要的数据模型？

（5）简述和比较第一、二、三代数据库系统的基本特点。

（6）数据库系统与一般文件应用系统的性能有何异同？

（7）关系数据库系统有哪几种主要的应用模式？分别说明它们的适用环境及工作特点。

（8）什么是编程接口？RDBMS 常用的编程接口有哪几种？

（9）关系运算都有哪些？

（10）在数据库系统中，有几种常用的数据模型？它们的主要特征是什么？

（11）什么是数据库？

（12）什么是关系数据库？

（13）列举几种关系数据库管理系统实例。

（14）Microsoft Access 数据库由哪些对象组成？

2．填空题

（1）在文件系统阶段存在的问题主要表现在_____、_____、_____。

（2）数据库管理系统提供的数据控制功能包括_____、_____、_____、_____。

（3）实体间的联系可分为三种类型，即_____、_____和_____。

（4）数据模型是指反映客观事物及客观事物间联系的_____和_____。

（5）数据库系统的特点是_____、_____、_____、_____。

（6）经过 30 余年的发展，数据库系统已走过了三代，分别为_____、_____和_____。

（7）数据库系统可分为_____、_____和_____三类。

（8）一个关系的逻辑结构就是一张二维表，而用二维表的形式表示事物之间联系的数据模型就称为_____。

（9）数据库管理系统的基本功能主要包括_____、_____、_____和_____。

（10）数据完整性包括_____、_____和_____。

第2章　Access 2010基础

本章学习目标

熟悉 MS Access 2010 的基本操作。

掌握 MS Access 2010 数据库的基本操作。

了解 MS Access 2010 数据库的基本对象。

了解 MS Access 2010 数据库的管理。

2.1　Microsoft Access 关系型数据库管理系统简介

　　Access 是微软公司出品的关系型数据库管理系统，是微软的 Office 产品套装软件之一，是中小型的桌面数据库管理系统，具有功能丰富强大、界面简洁友好、操作简单方便、灵活易用的特点。Access 最早诞生于 20 世纪 90 年代初期，历经多次升级改版，其功能越来越强大，但操作反而更加简单。尤其是 Access 与 Office 的高度集成，风格统一的操作界面使得许多初学者更容易掌握。在此通过对围绕 Access 2010 的一系列基本操作与应用的介绍，使读者在一个具体的环境中进一步理解和掌握关系数据库的基本概念。

2.1.1　Access 的发展简介

　　1992 年 11 月，Microsoft 公司发行了 Access 1.0 版本，从此，Access 不断改进和再设计。自 1995 年起，Access 成为办公自动化软件 Office 95 的一部分。Microsoft 先后推出过的 Access 版本有 2.0、7.0/95、8.0/97、9.0/2000、10.0/2002、2003、2007、2010，以及 2013、2016 等版本。

　　本书将基于 Access 2010 进行介绍。Access 2010 具有和 Office 2010 中的其他组件，例如，Word 2010、Excel 2010、PowerPoint 2010 等风格一致的用户界面和运行环境，操作简单方便，使用灵活易用。

2.1.2　Access 的特点

　　Access 自推出以来一直向用户展示着它功能丰富又易于使用的独特的特点。

　　（1）应用系统文件构成简单，Access 用户不用考虑构成传统 PC 数据库的多个单独的文件。

（2）可以将低版本的 Access 数据库转换成较高版本的 Access 数据库，也可以将高版本的 Access 数据库转换成较低版本的 Access 数据库，从而实现不同版本的 Access 数据库共享。

（3）可以将数据在 Access 数据库与 Excel、Word 和文本文件之间进行导入或者导出，从而提供不同软件之间的数据共享。

（4）采用 OLE 技术能够方便地创建和编辑多媒体数据库，其中包括文本、声音、图像和视频等对象。

（5）支持 SQL 并可与 SQL Server 协同工作，使用户能够更方便地创建客户机/服务器数据库。

（6）具有较好的集成开发功能，设计过程自动化，提高了数据库的工作效率。

（7）可以采用 VBA（Visual Basic Application）编写数据库应用程序。其提供了包括断点设置、单步执行等调试功能，能够像 Word 那样自动进行语法检查和错误诊断。

2.1.3　Access 的功能

Microsoft Access 是面向办公自动化领域的关系数据库管理系统，具有简单方便、实用且丰富的功能。

（1）Access 的操作风格与 MS Office 中其他软件相一致，具有直观的可视化操作工具和向导，以及丰富的函数功能。

（2）利用 Access，用户可以简便快速地创建数据库应用系统，收集组织数据，以各种方式对数据进行分类、筛选、统计，从而向用户提供所需数据。

（3）数据库中的数据可以通过多种友好的界面供用户进行维护和浏览，也可以通过多种报表或图表对数据进行分析、汇总。

（4）利用 Access 创建数据库应用系统时，大多数情况下只需编写少量程序代码，甚至不用编写任何程序，就可以实现各种功能的设计。

2.1.4　Access 2010 的启动和退出

在 Windows 操作系统环境下，可以用多种方法来启动和退出 Access 2010。

1. 启动 Access 2010

（1）依次单击"开始"→"所有程序"→"Microsoft Office 2010"→"Microsoft Access"菜单命令。

（2）双击桌面上的 Access 2010 快捷方式图标。

（3）通过打开 Access 2010 创建的数据库文件，可以同时启动 Access 2010（或双击 Access 2010 文档图标）。

2. 退出 Access 2010

通常有 4 种方法退出 Access 2010。

（1）单击主窗口标题栏右侧的"关闭"控制按钮。

（2）依次单击"文件"→"退出"菜单命令。

（3）先单击主窗口的控制图标，在打开的窗口控制菜单中选择"关闭"命令，或双击主窗口的控制图标。

（4）使用快捷键退出，按 Alt+F4 组合键或 Alt+F+X 组合键。

3．Access 2010 的操作基础（Access 2010 主界面）

Access 2010 的用户界面分初始界面 Backstage 视图（后台视图）和数据库窗口两大类。

启动 Access 2010 后，系统首先进入 Access 2010 初始界面 Backstage 视图（后台视图），如图 2.1 所示。

图 2.1　Access 2010 应用程序初始界面 Backstage 视图（后台视图）

（1）后台视图（Backstage 视图）

在 Access 2010 主窗口的功能区单击"文件"选项卡将进入后台窗口，如图 2.1 所示，组织在后台窗口里的命令很类似于早期微软 Office 应用程序界面在"文件"菜单中的命令。如果说主窗口主要用于对数据库文件内部的对象进行操作，那么，后台窗口主要是针对数据库文件整体的操作，例如，新建、打开、另行保存或者关闭数据库文件，查看和编辑数据库属性，对数据库文件的管理，做压缩、修复或者加密等工作，对整个 Access 2010 的使用环境做选项设置等。

单击左边栏顶端的左箭头返回数据库主窗口。

（2）数据库窗口

当启动 Access 2010 选择一个工作起点后，将进入数据库窗口，如图 2.2 所示。

数据库窗口主要部分是功能区、导航窗格和工作区。

① 功能区：位于 Access 2010 标题栏下方，由几个选项卡和若干功能按钮组成，每个选项卡中包括了相关常用命令。"开始""创建""外部数据"和"数据库工具"这 4 个选项卡是常用的，随着操作内容的变化，还会出现上下文相关的其他选项卡（活化菜单）。

例如，在初始界面选择创建一个空白桌面数据库，然后在主窗口选择"创建"选项卡，可见与"创建"相关的命令按钮，这些命令按钮也显示出了 Access 2010 数据库的组成成分。

另外，功能区的选项卡可以自定义，自行决定增删内容。

② 导航窗格：位于功能区下边的左侧，可显示，可隐藏，用于显示数据库对象的组织与构成。可以按默认的按"对象类型"方式组织显示，也可以自定义组织方案。

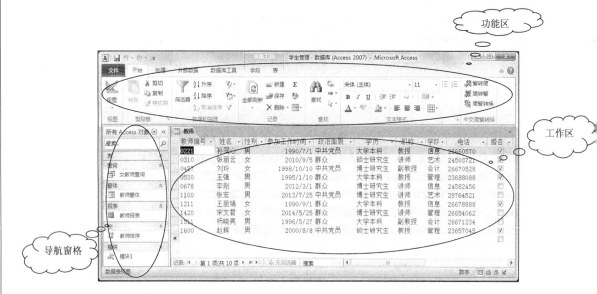

图 2.2　Access 2010 数据库窗口

③ 工作区：位于功能区下边的右侧，用于对数据库各类对象表、查询、窗体、报表、宏的编辑和显示。

数据库窗口另外还有标题栏、快速访问工具栏、上下文命令选项卡和状态栏，如图 2.3 所示。

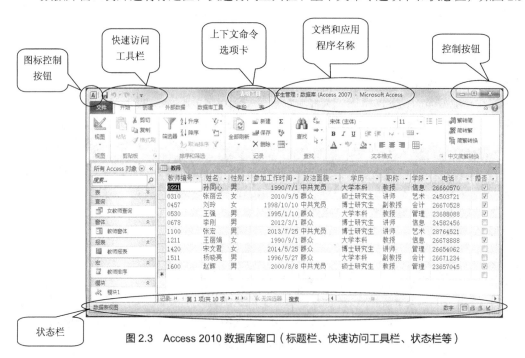

图 2.3　Access 2010 数据库窗口（标题栏、快速访问工具栏、状态栏等）

① 标题栏：标题栏位于 Access 2010 主窗口顶部；最左端为图标控制菜单按钮（仿 Windows 3.x）；然后是快速访问工具栏，上下文命令选项卡、文档名称和应用程序名称；最右端是控制按钮。

② 快速访问工具栏：位于图标控制菜单按钮右方，可以通过单击按钮来实现快速执行命令，默认状态下快速访问按钮有"保存""撤销"和"恢复"，还可以自定义快速访问工具栏，可以对包含

功能、位置、大小等进行更改。

③ 状态栏：位于窗口的最下方，用于显示状态信息、属性提示、进度指示等。

④ 上下文命令选项卡：位于标题栏中间，当数据库操作对象及其操作（即上下文）发生变化时，在命令主菜单右侧会出现一个或多个相应的命令选项卡，可以实现对变化的对象上下文所需要的命令和操作功能。由于这样的选项卡可以随操作对象的变化而变化，因此又称之为活化菜单。

总之，Backstage 视图（后台窗口）、数据库窗口（功能区、导航窗格和工作区）为使用者提供了创建与使用数据库的主要环境、界面和命令。

4. Access 2010 的工作环境的系统设置

在 Backstage 视图"文件"选项卡下，有"选项"菜单，单击"选项"将出现"Access 选项"对话框，如图 2.4 所示。

图 2.4　"Access 2010 选项"对话框

利用其可以对系统环境进行所需要的设置。

5. Access 2010 的系统帮助

在 Access 2010 系统中，Access 2010 也和其他应用软件一样，提供了联机帮助和在线帮助两个帮助系统，用户在使用 Access 2010 过程中，如果遇到问题，均可使用帮助系统来寻找解决办法，一般的问题都可以通过帮助系统解决，所以善于使用帮助系统是解决问题和学习的好方法和好习惯。进入帮助系统的方法有以下 3 种。

（1）在 Backstage 视图"文件"选项卡下，单击"帮助"按钮。

（2）按 F1 键。

（3）在 Backstage 视图或数据库窗口中，直接按帮助按钮 即可，如图 2.5 所示。

图 2.5　Access 2010 帮助系统

2.1.5 数据库的组成对象

经过前面几节的介绍，读者对 Access 2010 数据库的构成已有粗略认识。本节将系统完整地介绍一下数据库的构成。Access 2010 的数据库包括表、查询、窗体、报表、宏和模块 6 种对象。Access 数据库应用程序的设计过程就是设计必要的对象的过程，所有这些对象都存储于数据库文件中。也就是说，使用 Access 可以在一个数据库文件中组织整个数据库应用程序。

在数据库中，各个对象具有不同的用途。用表存储数据，用查询查找和检索所需的数据，用窗体查看、添加和更新表中的数据，用报表以特定的版式分析或打印数据，用宏或者应用程序模块实现较复杂的数据计算和数据管理任务。

（1）表

在数据库中，表用来存储和管理数据。表是数据库的核心，为查询、窗体、报表和程序等其他对象提供数据来源。Access 2010 是关系型数据库管理系统，所以一个表就用来表示一个关系，相互关联的表保存在同一数据库中，如图 2.6 所示。

图 2.6　Access 2010 表

（2）查询

查询用来从已知数据记录中获取所需信息。在查询对象中保存的是对要查找数据的要求，例如，从哪些相关联的表等数据源中找、按什么条件找、要查找哪些数据列、怎样分组、找到的结果怎样排序、怎样显示以及怎样反馈到数据源中等。使用查询可以按照不同的方式查看、更改和分析数据，一般情况下，运行查询对象得到的查询结果在临时数据表窗口中显示。还可以用查询作为窗体、报表和模块的数据源。查询数据，以便为决策提供依据，是建立、维护和保存数据表的最主要目的之一，数据表只有被使用被检索才有价值，如图 2.7 所示。

图 2.7　Access 2010 查询对象

（3）窗体

窗体是用户与数据库打交道的界面。窗体用来为数据库设置友好易用的外观，用户对数据库中数据的增删改、查询、统计汇总、生成报表等所有操作，均应由窗体这个界面来下达指令、提供数据或者信息，以期得到希望的结果，如图 2.8 所示。

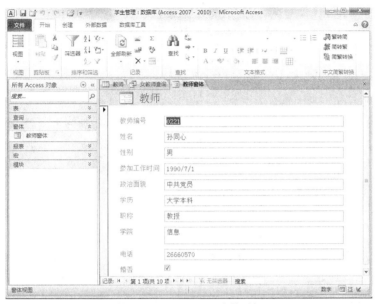

图 2.8　Access 2010 窗体对象

（4）报表

报表用来显示和打印格式化数据。使用报表，可以将数据表数据或者查询结果数据组织到希望的格式中，例如，除了直列数据记录以外，还可以分组、汇总或者使用图表等方式呈现。报表对象所保存的是对数据源和数据记录显示格式的定义，每次运行报表时，得到的是依照报表对象所定义格式显示的具体数据，如图 2.9 所示。

图 2.9　Access 2010 报表对象

（5）宏

宏是由一些操作组成的集合，创建这些操作的目的是自动完成常规任务。例如，某个任务需要使用若干操作步骤相互衔接完成，那么，可以将这些步骤按操作顺序组织成为一个宏，当需要重复任务时，只要启动这个宏，相应的操作步骤就自动执行完成了。

（6）模块

模块是使用 Visual Basic 语言编写的过程或函数，用于实现宏所不能完成的复杂操作。

2.2　Access 2010 数据库的创建

使用 Access 设计数据库应用系统，首先要创建数据库文件，数据库文件作为一个容器、一个组织机构，把表对象、各个表对象之间的关系，围绕表对象而存在的查询、窗体、报表以及操作与程序都包容在其中，使得处理某数据库应用问题的所有对象以一个整体来呈现，这就是数据库文件。因此，Access 的数据库应用系统设计通常从创建数据库文件开始。

Access 2010 的数据库文件默认以.accdb 为扩展名。

与微软 Office 其他组件一样，创建文件之初都提供了"模板"和"空白"两种方式。如果通过模板创建数据库，模板是已经按照一些常见需求设计好的数据库。如果选择通过模板创建，那么，选择一种模板，如图 2.10 所示，例如，"联系人"模板、"项目管理"模板等，或者联机搜索一种更适合需要的模板下载到本机，在模板的基础上创建数据库文件。另一种方式是选择"空白桌面数据库"，即先创建一个空的数据库文件，然后逐一添加表、查询、窗体和报表等各种对象。下面分别介绍这两种方式创建数据库文件的过程。

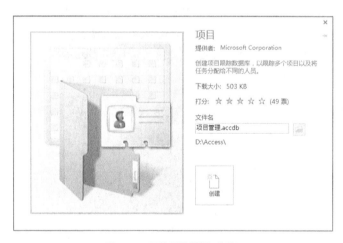

图 2.10　下载所选模板对话框

2.2.1　使用模板创建数据库

对于常见任务，系统有预先制作好的数据库，这些数据库就是模板。当使用者的设计需要与这些模板相当吻合的时候，或者说模板可以为我所用时，就可以通过模板来创建新的数据库。

下面以"项目"模板创建桌面数据库"项目管理"为例，简单介绍操作步骤。

（1）选择模板下载到本机创建数据库文件。在图 2.10 所示的界面中单击桌面数据库"项目"模板，选择并下载相应模板到本机，同时为新建数据库选择保存位置并命名，然后单击"创建"按钮。

（2）浏览数据库组成和架构。"项目管理"数据库已经建立起来了，并且在图 2.11 所示的主窗口中显示着。在导航窗格中默认按组显示出所有数据库对象，如图 2.12 所示，分为"项目""任务""员工"和"支持对象"4 个分组。在导航窗格里分别选择各个对象类型，可以看到表、查询、窗体和报表，这些对象均由模板生成，如图 2.13～图 2.16 所示。

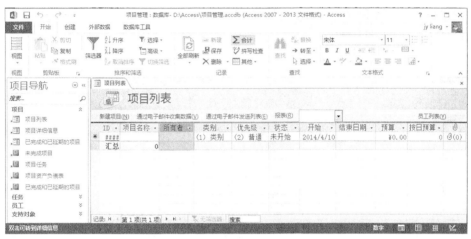

图 2.11　由模板创建的数据库

图 2.12　按组显示的数据库对象

图 2.13　由模板生成的表

图 2.14　由模板生成的查询

图 2.15　由模板生成的窗体

图 2.16　由模板生成的报表

根据模板生成的项目管理数据库具备了一般项目管理所需要的数据管理与跟踪功能，当导入必要的数据之后，即可完成数据库设计。因此，如果现有模板能够满足设计需要，使用模板创建数据库是最简单易行的途径。

2.2.2 创建空数据库

在图 2.17 所示的初始窗口中，选择"文件"→"新建"，单击"空数据库"，在右侧文件名窗口中输入"空数据库"，名称窗口下方是文件的存储位置（此项可在选项中更改）。然后进入数据库表对象的设计界面，如图 2.18 所示，一个新的空数据库文件已经建立。

图 2.17 创建空数据库

图 2.18 表对象设计界面

2.3 打开和关闭数据库

用户在使用和维护数据库时，应该在使用之前打开数据库,使用之后立刻关闭数据库，确保数据库中的数据安全。

2.3.1　打开 Access 2010 数据库

对于已经存在的数据库，可以通过后台视图（Backstage 视图）、快速访问工具栏和鼠标双击数据库文件图标的方法来打开数据库。

（1）选择后台视图（Backstage 视图）：单击"文件"选项卡，在列表中选择"打开"。如图 2.19 所示，可以选择需要打开的数据库文件类型，也可以选择打开的方式。

（2）使用"快速访问工具栏"中的"打开"按钮。

（3）通过使用 Windows 的"计算机"或"资源管理器"这两个工具，首先找到数据库文件（*.accdb 或 *.mdb），然后用鼠标左键双击该文件（即在启动 Microsoft Access 2010 后，打开该数据库文件）。

图 2.19　Access 2010 打开数据库对话框

2.3.2　关闭 Access 2010 数据库

关闭数据库也可以通过快速访问工具栏、后台视图（Backstage 视图）和关闭 Access 2010 的方法来关闭数据库。

（1）选择后台视图（Backstage 视图）：单击"文件"选项卡，在列表中选择"关闭数据库"。

（2）使用"快速访问工具栏"中的"关闭数据库"按钮。

（3）通过关闭（退出）Access 2010 的方法来关闭数据库。

2.4　管理数据库

当数据库建立完成以后，为确保数据库使用安全，Access 2010 提供了完整的安全保护机制，使数据库的管理方便、可靠。

2.4.1　压缩和修复数据库

数据库的长期使用会产生很多无用文件和数据，使数据库变得非常庞大，影响数据库的使用效率及数据库的性能。为了解决这一问题，可以用 Access 2010 提供的数据库管理工具"压缩和修复数据库"，如图 2.20 所示。

图 2.20　Access 2010"文件"选项卡"信息"菜单选项

2.4.2 备份与还原数据库

Access 2010 还提供了备份和还原数据库的功能，如图 2.21 所示，在数据库的开发使用过程中，往往会因为事物故障、系统故障、网络故障、传输阻塞和病毒破坏等因素，造成数据库被破坏，所以数据库的使用者和开发者需要经常备份和还原数据库。

（1）备份数据库

备份数据库可以使用后台视图（Backstage 视图）的"数据库另存为"和"保存并发布"以及 Windows 的复制的方法来备份。

（2）还原数据库

Access 2010 没有直接提供"还原数据库"的菜单或命令操作，可以将数据库的备份文件用"重命名"还原数据库文件，也可以用"复制""粘贴"的方法来还原数据库。

2.4.3 加密数据库

保护好数据库的最基本方法就是为数据库加密，使用数据库的用户只有知晓密码方能打开并使用数据库，确保数据库拥有者的合法权益及数据的安全，防止非法者盗用、破坏。

2.4.4 生成 ACCDE 文件

如图 2.21 所示，在"保存并发布"的菜单里，高级选项下有"生成 ACCDE"的功能。执行"生成 ACCDE"后，数据库文件将被编译为可执行的文件，此文件只能使用而不能修改，是机器代码文件（*.accde）。

图 2.21 Access 2010"文件"选项卡"保存并发布"菜单选项

2.5　数据库的导入与导出

2.5.1　数据库的导入

读者可能有数据存储在其他程序中，而且希望将这些数据导入新表，或者将这些数据追加到 Access 2010 内的现有表中，也可能会与将数据存放在其他程序中的用户协同工作，而且希望通过链接数据在 Access 中使用这些用户的数据。无论以上哪种情况，都可以在 Access 中轻松地使用来自其他源的数据。可以从 Excel 工作表、其他 Access 数据库中的表、SharePoint Foundation 列表或其他各种源导入数据。所用过程会因数据源的不同而略有差别，不过以下过程可使读者对此有基本的了解。在 Access 的"外部数据"选项卡的"导入和链接"组中，单击与正在导入的文件类型对应的命令。

例如，如果要从 Excel 工作表导入数据，则请单击"Excel"。如果未看到需要的程序类型，则单击更多。注意：如果在"导入"组中找不到正确的格式类型，则可能有必要启动最初创建这些数据所用的程序，然后使用该程序以通用文件格式，如带分隔符的文本文件（带分隔符的文本文件：一种文件，所含数据中的各个字段值由字符分隔开，如逗号或制表符）。保存数据，然后才能将这些数据导入 Access 中。

（1）在"获取外部数据"对话框中，单击"浏览"找到源数据文件，或者在"文件名"框中键入源数据文件的完整路径。

（2）在"指定数据在当前数据库中的存储方式和存储位置"下单击所需的选项（所有程序都允许导入，并且有些程序允许追加或链接）。可以创建一个新表使用导入的数据，对于某些程序，也可以将数据追加到现有表，或者创建一个链接表，以维护一个指向源程序中数据的链接。

（3）如果启动向导，请按照向导后面几页中的说明操作。在向导的最后一页上，单击"完成"按钮。如果从 Access 数据库导入对象或链接表，将会出现"导入对象"或"链接表"对话框。选择所需的项目，然后单击"确定"按钮。具体过程取决于是选择导入、追加，还是链接数据。

（4）Access 将提示是否要保存刚完成的导入操作的详细信息。如果觉得以后会再次执行这一相同的导入操作，请单击"保存导入步骤"，然后输入详细信息。可在以后通过单击"外部数据"选项卡上"导入"组中的"已保存的导入"来轻松重复该操作。如果不想保存该操作的详细信息，请单击"关闭"按钮。

（5）如果选择导入表，Access 会将数据导入新表中，然后在"导航"窗格中的"表"组下显示该表。如果选择将数据追加到现有表，则数据将添加到该表中。如果选择链接到数据，Access 会在"导航"窗格中的"表"组下创建一个链接表。

2.5.2　数据库的导出

当有数据库文件打开时，可以利用功能菜单"外部数据"选项卡将数据库中的数据导出，也可以将 Access 2010 表、查询、窗体或报表中的数据导出，还可以导出在视图中选择的记录。在导出包含子窗体或子数据表的窗体或数据表时，将只导出主窗体或主数据表。在导出报表时，包含在报表中的子窗体和子报表会随主报表一起导出。不可导出宏和模块，如图 2.22 所示。

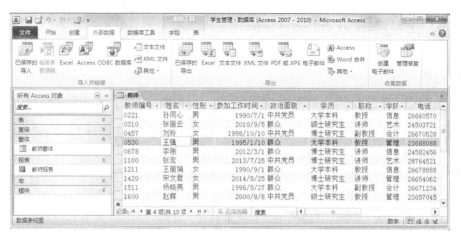

图 2.22　数据库的导出

2.6　思考与练习

（1）Microsoft Access 2010 数据库由哪些对象组成？

（2）简述创建 Microsoft Access 2010 数据库方法。

（3）简述 Microsoft Access 2010 的功能和特点。

（4）简述 Microsoft Access 2010 数据库文件的扩展名。

（5）Microsoft Access 2010 的工作视图有哪些？

（6）简述退出 Microsoft Access 2010 的 4 种方法。

第3章　表

本章学习目标

熟知表的作用。

熟练掌握 Access 2010 表对象的各种创建方法和特点。

熟知 Access 2010 表的视图方式。

熟练掌握 Access 2010 表的结构设计与修改。

熟练掌握 Access 2010 表与外部数据的交换。

熟练使用各类有关表的设计工具。

本章主要介绍表的创建和编辑，在介绍表的各种创建方式的基础之上，重点介绍使用表设计视图和数据表视图对表进行设计与编辑。

3.1　数据表

3.1.1　二维表与数据表

表 3.1 所示的"学生"表是常见的简单二维表，在 Access 的处理中，能够将这种二维表作为数据表文件存入计算机。数据表（英文为 Table，也称表）是数据库中最重要的对象之一。通常，一个 Access 数据库中由多个表组成，若数据关系简单，一个数据库中也可只有一个表对象。Access 所管理的表与人们日常工作和生活中所使用的由横竖线组成的表格相似，即形如表 3.1 的二维表。该表由标题行和下面若干数据行组成，其中标题行的列标题，如学号、姓名、性别、出生日期等在 Access 中称为字段；紧接在标题行下面的数据行则称为表记录，也就是对应字段的值，每一行的数据称为表的一个记录。

表 3.1　"学生"表

学号	姓名	性别	出生日期	政治面貌	兴趣爱好	班级编号	照片
20180001	王娜	女	10-Oct-99	群众	游泳, 旅游	2018002	
20180010	李政新	男	08-Mar-99	群众	游泳, 摄影	2018001	
20180111	杨龙	男	20-May-99	党员	看书, 唱歌	2018006	
20180135	李进	女	11-Nov-99	党员	游泳, 电影	2018002	
20181445	王玉	女	27-May-00	群众	电影, 体育	2018003	
20182278	许阳	男	09-Jan-00	群众	摄影, 看书	2018006	
20183228	陈志达	男	10-Dec-98	群众	游泳, 体育	2018001	
20183245	吴元元	女	10-Jan-00	群众	摄影, 旅游	2018006	
20183500	王一凡	男	12-Dec-98	群众	电影, 体育	2018003	
20184321	李丹	女	08-Aug-98	群众	电影, 体育	2018002	

3.1.2 Access 2010 表的操作界面

在创建、设计和编辑数据库中的表时，Access 2010 提供了 2 种重要的视图方式，即"数据表视图"和"设计视图"。在"设计视图"方式，主要完成对表中的字段名称、字段类型、字段属性的设置；在"数据表视图"方式，主要完成对表中数据记录的输入和编辑。

1. 数据表视图操作界面

成功启动 Access 2010 应用程序后，创建"学生管理"数据库，即可进入"数据表视图"界面，如图 3.1 所示，界面由标题栏、动态命令选项卡、功能区、工作区、快速访问工具栏、导航窗格和状态栏等部分组成。下面逐一介绍这些组成部分的作用。

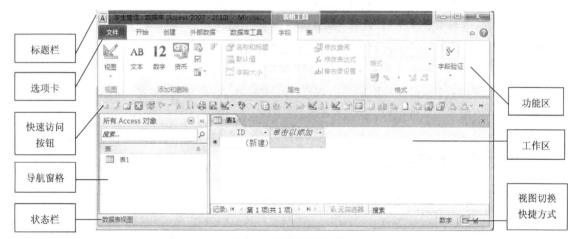

图 3.1 "数据表视图"界面

（1）标题栏

标题栏位于窗口的最上方，用于显示当前正在运行的数据库文件名等信息。如果是新建的空白数据库文件，用户所看到的文件名是"Database1"，这是 Access 默认建立的文件名；如果是新建的"学生管理"空白数据库文件，用户所看到的文件名就是"学生管理"。

（2）功能区

在表的相关操作中，"开始"选项卡用来设置视图方式、字体、文本格式，并可对数据进行排序、筛选和查找等；"创建"选项卡用来创建数据表等；"表格工具-字段"和"表格工具-表"选项卡用于设计字段、数据表，以及设置格式等操作。

（3）状态栏与视图快捷方式

它位于程序窗口的底部，用于显示当前表视图方式及状态信息，并包括可用于更改表视图模式的视图快捷方式按钮。

（4）工作区

它用来显示数据表对象，是 Access 进行数据表操作的主要区域。

（5）快速访问工具栏

工具栏中包含了数据表操作有关的常用命令按钮，可自定义快速访问工具栏。

（6）导航窗格

它用来显示当前数据库中的数据表等对象的名称。

2．设计视图操作界面

成功启动 Access 2010 应用程序后，打开创建的"学生管理"数据库，即可进入表"设计视图"界面，选择"创建"选项卡的设计视图界面如图 3.2 所示，各组成部分的作用参见图 3.1 所示的"数据表视图"操作界面。

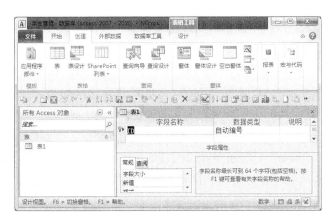

图 3.2　"设计视图"界面

3.2　表结构设计概述

Access 中的表是由结构和数据两部分组成的，创建表时，首先要对表的结构进行设计，即用Access 应用系统创建表之前，先创建表的结构，然后再向表中输入数据（记录）。

设计表的结构就是把表中每一个字段都确定下来，例如，"学生"表中的学号、姓名、性别、出生日期、政治面貌、兴趣爱好、班级编号和照片等（见表 3.1），也要确定各字段的字段名、字段类型和字段属性，"学生"表结构设计示例如图 3.3 所示。

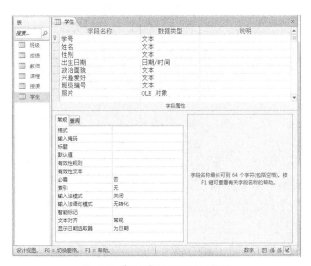

图 3.3　"学生"表结构设计示例

3.2.1 字段名称

表中字段的命名需要遵循以下原则，并且同一表中不能有同名字段。

① 字段名称的长度为 1~64 个字符。

② 可以使用汉字、英文字母、数符、空格和一些可显示的特殊符号。

③ 不可以用空格作第一个符号。

④ 不可以使用句号（.）、感叹号（！）、重音符（`）和方括号（[]）。

⑤ 英文字母不区分大小写。

在数据表视图中通过输入数据来添加字段时，Access 会自动为字段分配通用名称。Access 会为第一个新字段分配通用名称"字段 1"，为第二个新字段分配通用名称"字段 2"，依此类推。默认情况下，无论在哪里显示字段，都将使用字段的名称作为其标签，例如数据表上的列标题。可以重命名字段，以便它们具有更具描述性的名称，有助于用户在查看或编辑记录时更轻松地使用它们。

可以改变 Access 为字段分配的通用名称，方法是鼠标右键单击要重命名的字段的标题（例如"字段 1"），如图 3.4 所示。在弹出的快捷菜单上，单击"重命名字段"，在字段标题中输入新名称即可。

图 3.4　数据表视图及重命名字段快捷菜单

3.2.2 字段的数据类型

在数据表中存储的数据记录，其中的每一列数据一般都应该是相同的数据类型，字段的数据类型即可决定用户所能保存在该字段中的值的种类。例如，学号一般为文本型数字，则存储在学号字段中的值为数字字符；出生日期为日期/时间型，则存储在出生日期字段中的值的数据为日期。

字段的数据类型决定着字段数值的存储方式和运算使用方式。Access 2010 数据库系统共有 12 种字段数据类型，分别是文本、备注、数字、日期/时间、货币、自动编号、是/否、OLE 对象、超链接、附件、计算和查阅向导，如表 3.2 所示。

表 3.2　Access 2010 字段数据类型

数据类型	保存的数据内容	字段大小
文本	用于文本用的字符串和数字字符	0～255 字符
备注	超出短文本类型表示范围的长文本字符串	0～65535 字符
数字	需要进行算术运算的数值	1、2、4 或 8 字节
日期/时间	用于日期或时间	8 字节
货币	以货币格式存储和显示的数值	8 字节
自动编号	由系统自动生成的编号	4 或 16 字节
是/否	仅 "－1" 或 "0" 两个取值，用于表示只有两种可能状态的数据	1 字节
OLE 对象	各种可以嵌入或链接的多媒体对象，如文档、图像、声音等	0～1GB
超链接	可超链接到其他文档或网页的地址	0～2048 字符
附件	系统能够支持的任意类型的文件，就像在 E-mail 中粘贴附件一样	700KB 或 2GB
计算	由同一表的其他字段经过所定义表达式计算得到的数值	8 字节
查阅向导	通过向导生成一个引用自其他表或者控件的数值	4 字节

1. Access 表中常用字段类型

（1）文本型

文本型是默认的数据类型，最多 255 个字符，默认长度一般设置为 50 个字符。通过设置字段大小属性，可以设置文本字段中允许输入的最大字符数。文本中包含汉字时，一个汉字也只占一个字符，如果输入的数据长度不超过定义的字段长度，则系统只保存输入到字段中的字符，该字段中未使用的位置上的内容不被保存。

文本型通常用于表示文字或不需要计算的数字，例如姓名、地址、学号和邮编等。

（2）数字型

数字型由阿拉伯数字 0～9、小数点和正负号构成，用于进行算术运算的数据。数字型字段又细分为整型、长整型、字节型、单精度型和双精度型等类型，其长度由系统分别设置为 2、4、1、4、8 个字节。

系统默认数字型字段长度为长整型。单精度型小数位数精确到 7 位，双精度型小数位数精确到 15 位，字节型只能保存 0～255 的整数。

（3）货币型

货币型用于存储货币值。向该字段输入数据时，系统会自动添加货币符号和千位分隔符，货币型数据的存放和显示格式完全取决于用户定义格式。根据存放和显示格式的不同，又分为常规数据、货币、欧元、固定和标准等类型。

货币型数据整数部分的最大长度为 15 位，小数部分长度不能超过 4 位。

（4）日期/时间型

日期/时间型用于表示 100～9999 年之间任意日期和时间的组合。日期/时间型数据的存放和显示格式完全取决于用户定义格式。根据存放和显示格式的不同，又分为常规日期、长日期、中日期、短日期、长时间、中时间和短时间等类型，系统默认其长度为 8 个字节。

（5）是/否型

是/否型用于判断逻辑值为真或假的数据，表示为 Yes/No、True/False 或 On/Off。字段长度由系统设置为一个字节，如通过否、婚否等。

（6）备注型

备注型允许存储的内容可以长达 65535 个字符，与文本型数据本质上是相同的，适合于存放对事物进行详细描述的信息，如个人简历、备注和摘要等。

（7）自动编号型

自动编号型用于存放递增数据和随机数据。在向表中添加记录时，由系统为该字段制定唯一的顺序号，顺序号的确定有两种方法，分别是递增和随机。

递增方法是默认的设置，每新增一条记录，该字段的值自动增 1。

使用随机方法时，每新增加一条记录，该字段的数据被指定为一个随机的长整型数据。该字段的值一旦由系统指定，就不能进行删除和修改。因此，对于含有该类型字段的表，在操作时应注意以下问题。

① 如果删除一个记录，其他记录中该字段的值不会进行调整。

② 如果向表中添加一条新的记录，该字段不会使用被删除记录表中已经使用过的值。

③ 用户不能对该字段的值进行制定或修改。

④ 每一个数据表中只允许有一个自动编号型字段，其长度由系统设置为 4 个字节，如顺序号、商品编号和编码等。

（8）OLE 对象型

对象的链接与嵌入（Object Linking and Embedding，OLE）用于链接或嵌入由其他应用程序所创建的对象。例如，在数据库中嵌入声音、图片等，它的大小可以达到 1GB。

链接和嵌入的方式在输入数据时可以进行选择，链接对象是将表示文件内容的图片插入到文档中，数据库中只保存该图片与源文件的链接，这样对源文件所做的任何更改都能在文档中反映出来；而嵌入对象是将文件的内容作为对象插入到文档中，该对象也保存在数据库中，这时插入的对象就与义件无关了。

（9）超链接型

超链接型用于存放超链接地址，链接到 Internet、局域网或本地计算机上，大小不超过 2048 个字节。

（10）查阅向导型

查阅向导型用于创建查阅向导字段，用户可使用列表框或组合框的形式查阅其他表或本表中其他字段的值，一般为 4 个字节。

2. 字段数据类型的更改方法

（1）输入数据时 Access 确定

在数据表视图中通过输入数据来创建字段时，Access 会检查该数据以便为该字段确定适当的数据类型。例如，当用户输入 1/1/2006 时，Access 会将该数据识别为日期，并将字段的数据类型设置为"日期/时间"。如果 Access 无法确定字段的数据类型，则默认情况下会将数据类型设置为"文本"型。

（2）手动更改数据类型

有时，用户可能希望手动更改字段的数据类型。例如，假定用户在数据表视图方式下，向数据表的新字段中输入"20171009"，则 Access 系统自动数据类型检测功能会为该字段选择"数字"数据类型。因为该值是编码（如：学号、职工号、产品编号），不是数字字符，所以它们应使用"文本"数据类型。使用下面的过程手动来更改字段的数据类型。

单击"表格工具-字段"选项卡。在"数据类型"列表中的"数据类型和格式"组中，选择所需的数据类型，如图 3.5 所示。

图 3.5　数据类型的更改

3.2.3　字段属性

在对数据表的结构设计中，首先设置完成的是"字段名称"和相应的"数据类型"，然后还需要在"字段属性"窗格中完成相应字段属性值的设置。"字段属性"指的是关于字段的存储、处理和显示等方面的特性。位于下窗格的字段属性包含"常规"属性和"查阅"属性两个页面，这两个页面的内容会因字段类型而异，如果不设置，将取系统自动设置的默认值。属性包括字段大小、格式、输入掩码、标题、默认值、有效性规则、有效性文本、输入法模式等，表 3.3 给出了较为通用的字段属性。在"常规"页面中，当把光标放置在某个条目的设置栏中时，系统将在字段属性区域的右侧显示对该条目的简单说明。

表 3.3　字段属性

字段属性	属性含义	适用类型
字段大小	指定用于存储对应字段取值的存储空间大小	短文本、数字
格式	规定对应字段的显示格式	OLE 对象除外
输入掩码	规定对应字段的输入格式和取值	短文本、数字、日期、货币
标题	给对应字段一个显示标题	所有
默认值	指定不必输入字段值时的自动取值	自动编号和 OLE 对象除外
验证规则	规定字段取值的规则	自动编号和 OLE 对象除外
验证文本	指出违反验证规则时系统显示的提示内容	自动编号和 OLE 对象除外
必需	规定对应字段是否可以为空值	自动编号除外
允许空字符串	是否区分空值的两种情况：空字符串和 Null 值	短/长文本、超链接
索引	指出是否为对应字段创建索引	长文本、OLE 对象和超链接除外
Unicode 压缩	是否压缩存储以 Unicode 方式存储的字符数据	短/长文本、超链接
输入法模式	指定对字段数值的输入法	短/长文本、日期、超链接
文本对齐	文本对齐方式：左、中、右或者两边	短文本、数字、日期、货币

数据表中的每个字段都有一系列的属性描述，在"设计视图"方式下，当选择了某一个字段时，就会在"设计视图"的下半部的字段属性区域依次显示出该字段的相应属性，如图 3.6 所示。

图 3.6 "学号"字段的字段属性示例

1. 字段大小

字段大小即字段的长度,用来设置"文本型"字段的长度和"数字型"字段的取值范围。

字段的数据类型有多种,一般会将"文本型"作为默认的数据类型(参见"Access 选项"设定),在该字段中所能输入的最大字符数为 255 个,默认长度一般设置为 50 个字符。通过设置字段大小属性,可以设置文本字段中允许输入的最大字符数(例如"学号"一般为 8 字符)。文本中包含汉字时,一个汉字也只占一个字符。

"数字"型字段包括多个类型(例如:小数、整型、长整型、单精度/双精度型等),默认的类型是长整型,在实际使用时,应根据数字型字段表示的实际含义确定合适的类型。数字型字段的长度可以在字段大小列表中进行选择。

 注意 在表的设计视图中打开表,可对表的字段大小进行设置。在减小字段的大小时要小心,如果在修改之前字段中已经有了数据,在减小长度时可能会丢失数据,对于文本型字段,将截去超出的部分;对于数字型字段,如果原来是单精度或双精度数据,在改为整数时,会自动将小数取整。

2. 字段的格式

字段的格式用来确定数据在屏幕上的显示方式以及打印方式,从而使表中的数据输出有一定规范,浏览、使用更为方便。

 注意 格式设置对输入数据本身没有影响,只是改变数据输出的样式。若要让数据按输入时的格式显示,则不要设置格式属性。

选择预定义格式可用于设置自动编号、数字、货币、日期/时间和是/否等字段。对文本、备注和超链接等字段无预定义格式,可以自定义格式。

用户也可以按照 Windows 区域设置中所指定的设置进行日期格式的定义,此时与 Windows 区域设置中所指定的设置不一致的自定义格式将被忽略。

"是/否"提供了 Yes/No、True/False 以及 On/Off 预定义格式。Yes、True 以及 On 是等效的，No、False 以及 Off 也是等效的。如果指定了某个预定义的格式并输入了一个等效值，则将显示等效值的预定义格式。例如，如果在一个是/否属性被设置为 Yes/No 文本框控件中输入了 True 或 On，数值将自动转换为 Yes。

3. 输入法模式

输入法模式用来设置是否自动打开输入法，常用的有三种模式："随意""输入法开启"和"输入法关闭"。"随意"为保持原来的输入状态。

4. 输入掩码

设置"输入掩码"属性是为了对相应字段的数据输入格式进行规范，并限制不符合规格的文字或符号输入，或希望检查输入时的错误。可以人工输入掩码，也可以用 Access 提供的"输入掩码向导"来设置一个输入掩码。输入掩码主要应用于"文本"和"日期/时间"型字段，也可以用于"数字"和"货币"型字段。

 注意 当同时使用"格式"和"输入掩码"属性时，要注意两者结果别冲突。

（1）人工设置输入掩码

在"设计视图"窗口字段属性区的输入掩码编辑框中直接输入"输入掩码"格式符，可以使用的输入掩码字符如表 3.4 所示。

表 3.4 输入掩码字符表

字　符	说　明
0	数字，0~9，必选项，不允许使用"+"和"–"
9	数字或空格，非必选项，不允许使用"+"和"–"
#	数字或空格，非必选项，允许使用"+"和"–"，空白将转换为空格
A	字母或数字，必选项
L	字母，A~Z，必选项
?	字母，A~Z，可选项
&	任一字符或空格，必选项
C	任一字符或空格，可选项
.,:;-/	十进制占位符和千位、日期和时间分割符
<	使其后所有的字符转换为小写
>	使其后所有的字符转换为大写
\	使其后的显示为原义字符，可用于将该表中的任何字符显示为原义（如\A 显示为 A）
Password	文本框中输入的任何字符都按字面字符保存，但显示为"*"

（2）输入掩码向导

在表的设计视图方式下，当表的各个字段的数据类型确定后，就可以进行输入掩码的设置了，设置方法是在字段属性窗格选择"常规"选项卡，单击"输入掩码"编辑框右侧的⚏按钮，即可进入"输入掩码向导"。

【例 3.1】为"学生"表的"出生日期"字段设置输入掩码。

设置步骤如下。

① 启动 Access 2010 应用程序，打开"学生管理"数据库中的"学生"表。

② 在"开始"选项卡的"视图"组中单击"视图–设计视图"选项，进入"学生"表的设计视图窗口。

③ 选中字段名称中的"出生日期"字段，然后在下窗格的"字段属性"选项区域的"输入掩码"文本框中单击鼠标，并在其右侧单击▦按钮，如图 3.7 所示。

④ 打开"输入掩码向导"对话框，在列表中选择"中日期"选项，单击"尝试"文本框，文本框中显示掩码格式，如图 3.8 所示。

图 3.7　出生日期"字段属性"窗口

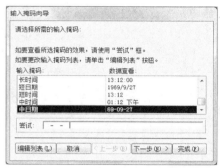

图 3.8　"输入掩码向导"对话框

⑤ 单击"下一步"按钮，打开图 3.9 所示的对话框，保持对话框中的默认设置，并单击"尝试"文本框，文本框中显示默认掩码格式。

⑥ 单击"下一步"按钮，打开图 3.10 所示的对话框。

图 3.9　确认是否更改掩码格式

图 3.10　掩码设置"完成"对话框页面

⑦ 单击"完成"按钮，此时"学生"表设计视图中"输入掩码"文本框效果如图 3.11 所示。

⑧ 在快速访问工具栏中单击保存按钮，保存修改的字段属性。

⑨ 切换到数据表视图，在数据表已有记录的下方添加记录"20184533，陈杨，女"，当输入到"出生日期"字段时，出现图 3.12 所示的掩码输入格式。

⑩ 在数据表中继续输入数据，设置出生日期为"99-09-30"，政治面貌为"党员"，并单击"保

存"按钮,将添加的记录保存,如图 3.13 所示。

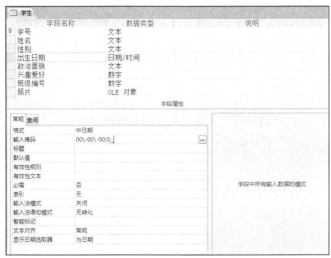

图 3.11 修改"出生日期"字段属性后的视图效果

图 3.12 显示掩码格式

图 3.13 在"学生"数据表中添加记录

5. 默认值

"默认值"是一个十分有用的属性。使用"默认值"属性可以指定在添加新记录时自动输入的值。在记录的输入过程中,往往会有一些字段的数据相同或含有相同的部分,如"学生"表中的"性别"字段只有"男/女"两种值,这种情况下可以设置一个默认值,减少输入量。

【例 3.2】为"学生"表的"性别"字段设置"默认值"属性。

① 打开"学生管理"数据库,双击"学生"表,切换到"学生"表的设计视图。

② 在图 3.14 所示的界面中,单击"性别"字段,则在"字段属性"区中显示该字段的所有属性。在"默认值"属性框中输入"男",如图 3.14 所示。

图 3.14 设置"性别"字段的"默认值"属性

 说明 默认值若为文本值,例如"男"时,可以不加引号,系统会自动加上引号。设置"默认值"属性时,必须与字段中所设的数据类型相匹配,否则会出现错误。

设置默认值后，Access 在生成新记录时，将这个默认值插入到相应的字段中。当然，也可以使用这个默认值，也可以输入新值来取代这个默认值。

6. "有效性规则"和"有效性文本"

"有效性规则"是 Access 中一个非常有用的属性，利用该属性可以防止非法数据输入到表中。有效性规则的形式和设置目的随字段的数据类型不同而不同。对"文本"类型字段，可以设定输入的字符个数不能超过某一个值；对"数字"类型字段，可以让 Access 只能接受一定范围内的数据；对"日期/时间"类型字段，可以将数值限制在一定的月份或年份之内等。

"有效性文本"是指当输入了字段有效性规则不允许的值时显示的出错提示信息，此时用户必须对字段值进行修改，直到正确为止。如果不设置"有效性文本"，出错提示信息为系统默认显示信息。

【例 3.3】为"学生"表的"学号"字段和"性别"字段设置有效性规则和有效性文本。

设置步骤如下。

① 启动 Access 2010 应用程序，打开"学生管理"数据库中的"学生"表。

② 在"开始"选项卡的视图组中单击"视图"按钮，在弹出的下拉列表中选择"设计视图"选项，打开"学生"表的设计视图窗口。

③ 在字段名称中单击"学号"，使其处于编辑状态，然后在"字段属性"选项区域的有效性规则文本框中输入"Is Not Null"，在有效性文本框中输入"学号不能为空"，如图 3.15 所示。

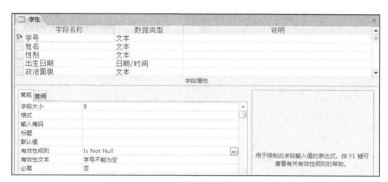

图 3.15 设置"学号"字段有效性规则

④ 在字段名称中单击"性别"字段，使其处于编辑状态，然后在"字段属性"选项区域的"有效性规则"文本框中输入""男" Or "女""，在"有效性文本"文本框中输入"只可输入"男" 或 "女""，如图 3.16 所示。

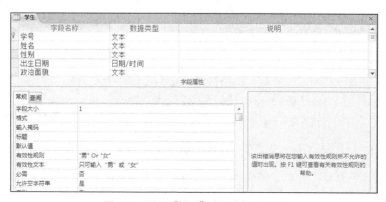

图 3.16 设置"性别"字段有效性规则

⑤ 按 Ctrl+S 组合键，将设置的有效性规则和有效性文本保存，此时打开图 3.17 所示的提示框，单击"是"按钮。

⑥ 在状态栏中单击"数据表视图"视图按钮 ▦，切换到数据表视图。

图 3.17　Microsoft Access 提示框

⑦ 当在"学号"字段中删除一个数据时，此时提示学号不能为空。

7. 索引

索引实际上是一种逻辑顺序，它并不改变数据表中数据的物理顺序，建立索引的目的是提高查询的速度。可以建立索引属性的数据类型为"文本""数字""货币"或"日期/时间"。

在一个表中，可以根据表中处理的需要创建一个或多个索引，可以用单个字段建立索引，也可以用多个字段（字段组合）创建一个索引。使用多个字段索引进行索引时，一般按第一个字段进行排序，当第一个字段有重复值时，再按第二个字段进行排序，以此类推，在多字段的索引中最多可以对 10 个字段索引，在表中数据更新时，索引将自动更新。

（1）索引类型

① 主索引：该索引字段的值必须是唯一的，不能重复，同一个表中只能建立一个索引。

② 唯一索引：该索引字段的值必须是唯一的，不能重复，同一个表中可以建立多个唯一索引。

③ 普通索引：该索引字段值允许有重复值。

（2）索引属性

① 无：表示无索引（默认值）。

② 有（有重复）：表示有索引，但允许字段中有重复值（普通索引）。

③ 有（无重复）：表示有索引，但不允许字段中有重复值（主索引或唯一索引）。

8. 其他属性

（1）标题

标题用于为当前字段设置显示标题。如果没有此项设置，则通常以字段名为默认列标题，但有时候并不适宜，这时就可以使用此项重新设置显示标题。如字段名是英文，可以在"标题"属性输入中文，即可在打开数据表或制作窗体时，使该字段显示中文名称。

（2）必需和允许空字符串

"必需"属性用来设定该字段是否一定要输入数据，该属性只有"是/否"两种属性。当设置为"否"属性且未在该字段输入任何数据时，该字段便存入了一个 Null 值（空值）；如果设置为"是"且未在该字段输入任何数据时，当将光标移开时，系统会有"必须在该字段中输入一个值"的提示信息。

"允许空字符串"属性的设置是指定该字段是否允许零长度字符串。Access 以 """ 表示长度为 0 的字符串，用户可以在表中直接输入 """ 表示字段的内容为空字符串。

（3）Unicode 压缩

该属性可以设定是否对"文本""备注"或"超链接"字段中的数据进行压缩，目的是节约存储空间。

3.2.4　设置表的主键

主键，也叫主关键字，用来唯一标识每条记录。可以定义 3 种主键：以"自动编号"字段为主键，以某一个字段为主键，以多个字段共同构成主键。这 3 种主键的定义方法如下。

1. 单字段主键

在表的设计视图中，将光标移到要定义为主键的字段行。然后，单击鼠标右键，在弹出的快捷菜单中选中"主键"；或者在功能区里选中"主键"。

2. 多字段主键

在表的设计视图中，先将光标移到主键字段组的第一个字段上，按住 Ctrl 键的同时，依次单击其他字段。然后，单击鼠标右键，在弹出的快捷菜单中选中"主键"；或者在"编辑"菜单中选中"主键"。

3. "自动编号"主键

如果在定义完表结构却没有定义主键的情况下，要关闭表的设计视图，系统会显示图 3.18 所示的提示对话框。如果选择"是"，则系统自动为表添加一个名为"ID"的字段，数据类型为"自动编号"，并以该字段为主键；如果选择"否"，则表没有主键，没有主键的表不能与数据库中的其他表建立关系。

图 3.18　提示定义主键对话框

在表的设计视图中，主键字段行左侧有 ? 标志。在接受数据时，系统不允许主键值有重复值。

3.2.5　字段说明

字段说明是可选的，用于为字段输入一些说明信息，比如字段的含义、取值范围等。当在窗体上选择某字段时，对应的字段说明将在状态栏中显示。

3.2.6　"学生管理"数据库的表结构设计示例

数据库中最重要的对象是表，表是实际存储数据的地方，也是所有其他对象的基础。每个表由行、列构成，一行代表了一条记录，即一个元组；一列代表了一个字段，即一个属性。例如，在"学生管理"数据库中有 5 个表：学生表、教师表、班级表、课程表、成绩表和授课表，具体表结构如表 3.5～表 3.10 所示。

表 3.5　"学生"表结构

字段名称	数据类型	字段大小
学号	文本	8
姓名	文本	10
性别	文本	2
出生日期	日期/时间	
政治面貌	文本	10
兴趣爱好	文本	20

字段名称	数据类型	字段大小
班级编号	文本	8
照片	OLE 对象	

表 3.6　"教师"表结构

字段名称	数据类型	字段大小
教师编号	文本	5
姓名	文本	10
性别	文本	2
参加工作时间	日期/时间	
政治面貌	文本	10
学历	文本	8
职称	文本	10
学院	文本	50
电话	文本	20
婚否	是/否	

表 3.7　"班级"表结构

字段名称	数据类型	字段大小
班级编号	文本	8
班级名称	文本	8
人数	数字	长整型
班主任	文本	8

表 3.8　"课程"表结构

字段名称	数据类型	字段大小
课程编号	文本	8
课程名称	文本	8
课程类别	文本	4
学分	数字	长整型

表 3.9　"成绩"表结构

字段名称	数据类型	字段大小
学号	文本	8
课程编号	文本	8
分数	数字	长整型

表 3.10　"授课"表结构

字段名称	数据类型	字段大小
课程编号	文本	20
班级编号	文本	20
教师编号	文本	20
学年	文本	50

字段名称	数据类型	字段大小
学期	文本	50
学时	文本	50

3.3 创建表

在 Access 数据库应用系统的开发过程中，当数据库文件建立之后，就可以开始创建各种对象了。通常来说，首先需要创建的是表，因为表是其他操作的根基，是数据库应用系统的核心处理对象。

3.3.1 创建表的几种方式

表的主要功能就是存储数据，Access 可以通过多种方式创建表对象。它们是设计视图方式、模板方式、导入数据方式，以及在数据表视图中直接添加记录建立的方式。

1. 用设计视图创建表

在表的设计视图中，为每个字段键入名称、选择数据类型、设置必要的属性，然后决定要不要设置主键等。

2. 通过模板得到表

如果数据库是用模板创建的，那么数据表就是由模板建立的，此时的数据表对象可以使用 Access 内置的表模板来建立。

3. 直接输入数据创建表

和 Excel 表相似，在数据表视图方式下，直接在数据表中输入数据，Access 会自动识别存储在该数据表中的数据类型，并根据数据类型设置表的字段属性。

4. 通过导入外部数据创建表

导入或链接来自其他 Access 数据库中的数据，或来自其他程序的各种文件格式的数据。例如，从 Excel 表中导入数据，或执行生成表查询以创建新的数据表。

5. 通过字段模板创建表

通过 Access 自带的字段模板创建数据表。

6. 通过 SharePoint 列表创建表

在 SharePoint 网站建立一个列表，然后在本地建立一个新表，并将其连接到 SharePoint 列表中。

不管是用上述哪种方法建立的表，只要需要调整表的结构，都可以在表的设计视图中对表的结构做修改。

3.3.2 数据表视图及表的创建

当创建了空白桌面数据库进入 Access 2010 主窗口时，默认显示的就是一个名为"表 1"的数据表视图，如图 3.19 所示。它初始只有一个名为 ID 的自动编号字段，没有任何记录。一方面可以直接在表格中键入数据形成记录，字段名被自动命名为"字段 1""字段 2"……各字段的数据类型由系统自动分析后确定；另一方面，如果希望先定义表的结构，那么每次单击"单击以添加"列表，然后选择字段数据类型，键入字段名，就可以增加一个字段。也就是说，在数据表视图中可以将简单定义结构和添加记录同时完成。

在主窗口的功能区选择"创建-表"，同样可以切换到图 3.19 所示的数据表视图。

图 3.19　在数据表视图中建立表

【例 3.4】在数据表视图方式下创建"学生管理"数据库中的"学生"表，表中数据记录和表结构参见表 3.1 和表 3.5 。

在"学生管理"数据库中创建"学生"表的步骤如下。

① 启动 Access 2010 应用程序，新建一个空白数据库，并将其命名为"学生管理"，此时自动建立一个名为"表 1"的数据表，如图 3.20 所示。

图 3.20　新建"学生管理"数据库

② 左键单击"单击以添加"列，在弹出的列表中按表 3.5 中"学号"字段的数据类型选择"文本"，此时"字段 1"左侧单元格内出现闪烁光标。

③ 重命名，将系统自动给出的字段名"字段 1"修改为"学号"，按 Enter 键即可输入下一个字段名和相应的字段类型。

④ 使用同样的方法依次输入表 3.5 中的"姓名""性别""出生日期"等字段名和数据类型，建立好的"学生"表的各个字段及相应的数据类型如图 3.21 所示。

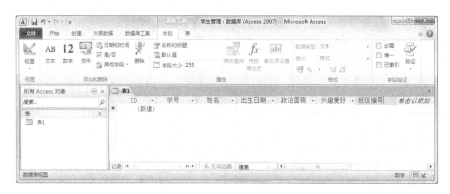

图 3.21 输入字段名及数据类型

⑤ 参照表 3.1 中的记录，直接在单元格中输入多条学生信息记录，使得数据表如图 3.22 所示。

图 3.22 表 1 中输入的记录

⑥ 在 Access 2010 界面中，单击数据表右上角的"关闭"按钮，打开数据表保存提示框，如图 3.23 所示。

⑦ 单击"是"按钮，出现"另存为"对话框，在"表名称"文本框中输入文字"学生"，如图 3.24 所示。

图 3.23 Access 数据表保存提示框

图 3.24 "另存为"对话框

⑧ 单击"确定"按钮，完成对"学生"表的保存操作。

 说 明 以上创建表的过程，也可以先输入表 3.1 中各个字段中的记录值，由系统自动确认数据类型，再使用将系统的字段名"字段 1""字段 2"……重命名的方法建立"学生"表。

数据表的建立方法有多种，不管用哪种方法建立表，只要需要调整表的结构，最好的方法是在表的设计视图中，对表的结构做修改。

3.3.3 设计视图及表结构的设置

表的"设计视图"用来创建和修改数据表的结构。在主窗口的功能区选择"创建-表设计"，或者在导航窗格选中一个表，在功能区中选择"视图-设计视图"，当弹出"另存为"对话框时，单击"是"

按钮，就可以切换到表"设计视图"，如图 3.25 所示。在设计视图的工作区，上半部分的每一行用来定义当前表的每个字段，包括字段名称、数据类型、说明；下半部分用来设置每个字段的属性。

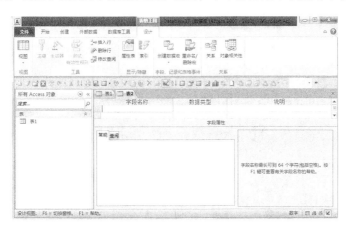

图 3.25　表的设计视图

【例 3.5】在设计视图中，设置字段名、数据类型、字段大小及字段属性，创建名为"学生"的表对象，表的结构要求如表 3.11 所示，表结构设计样张如图 3.26 所示。

表 3.11　"学生"表的数据类型、字段大小及属性设置

字段名称	数据类型	字段大小	字段属性
学号	文本	8	
姓名	文本	10	
性别	文本	2	有效性规则：'男' Or '女'，有效性文本：只能为男或女
出生日期	日期/时间		格式：长日期
政治面貌	文本	10	默认值：No
兴趣爱好	文本	20	
班级编号	短文本	8	
照片	OLE 对象		

图 3.26　学生表的设计视图

在"学生管理"数据库创建"学生"表结构的步骤如下。

① 启动 Access 2010 应用程序,新建一个空白数据库,并将其命名为"学生管理",此时自动建立一个名为"表 1"的数据表,如图 3.27 所示。

图 3.27　学生管理数据库窗口

② 单击"视图"按钮,在列表中选择"设计视图",如图 3.28 所示。

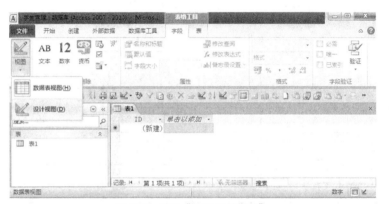

图 3.28　选择"视图-设计视图"

③ 在弹出的数据表"另存为"对话框中,输入表名"学生",然后选择"确定"按钮,如图 3.29 所示。

④ 进入"设计视图"后,单击 Access 给出的"ID"字段,将其改为"学号"字段名,按 Enter 键,在"数据类型"列表中选择"文本",如图 3.30 所示;然后按表 3.11 中的结构要求依次输入"姓名""性别""出生日期"等字段名和相应的类型。

图 3.29　"另存为"对话框

图 3.30　字段名、数据类型设计界面

⑤ 学生表字段名和数据类型设计完成后，再在设计视图的下窗格按表 3.11 要求完成各个字段属性的设置，设计结果如图 3.26 所示。

3.4 表记录的基本操作

表记录的基本操作一般包括添加记录、修改记录、删除记录、查看记录及排序筛选记录等，通常在"数据表视图"中进行。显示"数据表视图"的方法不止一种，最简单的是在导航窗格中双击要打开的数据表；或者鼠标右键单击所选择的表，在快捷菜单中选择"打开"，如图 3.31 所示；或者选择功能区的"视图-数据表视图"。

图 3.31 打开数据表视图

3.4.1 各种类型数据的输入

打开数据表视图，逐行键入记录数值。以学生表为例，添加记录之后的数据表视图如图 3.32 所示。对于不同类型字段的数据，其输入的方式有所不同。

学号	姓名	性别	出生日期	党员否	班级	入学成绩	简历	照片
20140022	李华	男	1996年5月27日		会计1401	628	优秀学生类	Package
20140033	章硕	男	1996年2月20日		会计1401	600		Package
20140044	王红	女	1996年8月15日	✓	会计1401	590		Package
20140055	李明燕	女	1996年5月20日		会计1401	618		Bitmap Image
20140111	郑海	男	1995年12月10日		会计1402	598		Package
20140112	张梅	女	1995年11月9日		会计1402	580		
20140113	彭惠	女	1996年3月13日	✓	会计1402	610		
20141101	张鹏	男	1996年7月17日	✓	经济1401	601		
20141102	江锦添	男	1996年8月15日	✓	经济1401	632		
20141103	王晓	女	1995年9月10日		经济1401	612		
20141200	赵天宁	男	1996年6月16日		经济1402	590		
20141234	于静	女	1995年10月10日		经济1402	598		
*						0		

图 3.32 学生表的数据表视图

1. 短文本、长文本、数字、货币类型的数据

可以直接键入。

2. 日期/时间类数据

可以直接键入，也可以单击文本框右边的日历按钮打开日历，从中选择日期。

3. 是/否型的数据

显示为一个复选框，"是"勾出对钩，使复选框成为选中状态；"否"则让复选框为空白。

4. 附件型数据

输入附件型数据时，双击对应字段，打开附件管理对话框，如图 3.33 所示，单击"添加"按钮，在随后的选择文件对话框中选中要添加为附件的文件，使文件名出现在附件列表中，单击"确定"按钮返回数据表视图。

图 3.33 附件管理对话框

5. OLE 对象型数据

输入 OLE 对象型数据的方法是，在字段上单击鼠标右键，选择"粘贴"或者"插入对象"。"粘贴"是把已复制的源直接粘贴到字段中，例如，图 3.32 中第 4 条记录的照片字段，是粘贴了一个图片，但在字段里显示为"Bitmap Image"。选择"插入对象"，打开图 3.34 所示的对话框，从列表中选择一个应用程序，新建一个对象插入到字段中，或者选择"由文件创建"，将已有文件所表示的对象插入到字段中，例如，可以选择照片对应的图像文件作为对象

图 3.34 插入对象对话框

插入，图 3.32 中的记录 1~3 的照片字段就是这样添加的数据，对应显示为"Package"。

6. 超链接字段的数据

超链接字段的数据就是一个链接地址，可以键入，但更常见的做法是把链接地址复制之后粘贴过来，简单又不易出错。

7. 计算型字段

不需要输入数据，只要计算表达式相关的源字段有数据，计算结果就会自动显示出来。

3.4.2　选定记录字段

在对数据表进行操作时，选定表中的记录是必不可少的操作之一。

在 Access 中选定字段值及数据记录的方法，与在 Excel 表格中选定单元格数据的方法类似，数据表左侧为选定栏，左上角为全选按钮，每行记录最左侧为行选按钮，如图 3.35 所示。当鼠标移动至相应位置时，可以选定一行（条）或一列数据记录、任何一个字段值、某个区域，也可选定所有数据记录，使用数据表视图方式时选定记录字段的方法如下。

- 移动鼠标至记录中的某单元格左边缘，鼠标光标变为空十字"⇧"，单击可选定一个字段值。
- 移动鼠标至记录中的行选按钮位置时，鼠标光标变为向右箭头"➡"，单击可选定一行记录。
- 移动鼠标至某字段名，鼠标光标变为向下箭头"⬇"，单击可选定整列字段值。
- 移动鼠标至记录中的某单元格左边缘，鼠标光标变为空十字"⇧"，单击并拖动鼠标可选定某个区域字段值。
- 移动鼠标至数据表全选按钮位置，鼠标光标变为左倾斜空箭头"⭦"，单击可选定所有数据表中的记录。

图 3.35 数据表选定示例

3.4.3　记录的编辑

记录的编辑指的是添加记录、删除记录和修改记录，在 Access 2010 中，所有这些操作都非常简单、直观。

在数据表视图中，可以用交互方式对记录进行修改。如图 3.36 所示，当单击记录行最左端的记录选择按钮后，功能区"开始"选项卡的"记录"按钮组给出了新建记录、保存对记录的修改、删除选定记录和刷新记录按钮；或者在记录行的左端（记录选择按钮）上单击鼠标右键打开快捷菜单，可用的编辑命令有添加新记录、删除记录、剪切、复制和粘贴，另外还可以设置行高。

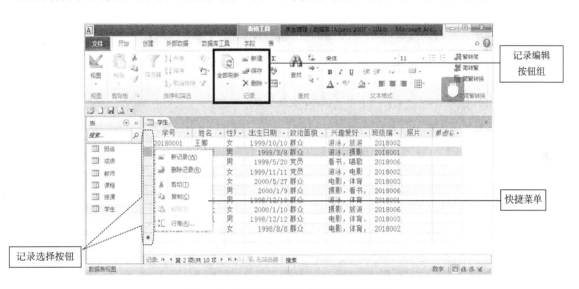

图 3.36　编辑记录常用命令按钮和快捷菜单

3.4.4　表中记录排序

最初建立好的 Access 中表记录的顺序是按输入时的顺序排列的，为了快速找到需要的记录，可以采用系统提供的排序的方法重新组织表中记录的顺序。在数据表视图中，可按一个或者多个字段升序或者降序地重新排列表中记录的顺序。排序的规则如下。

① 英文字母顺序、数字按大小顺序排序，且英文不区分大小写。

② 汉字字符按拼音字母顺序。

③ 日期/时间型字段按年、月、日及时间的先后顺序。

④ 空值 Null，按升序排列时，包含 Null 的记录排在最开始。

⑤ 备注型、超链接型或 OLE 对象不能进行排序。

排序是在"数据表视图"方式下进行的，当键盘光标置于某一字段值位置或选择某一字段时，可选择"开始-筛选和排序"中的 ⬆升序 或 ⬇降序 按钮，即可对字段简单排序。如果将光标置于字段名位置且光标呈向下的实心箭头，同时水平拖动鼠标选中多个字段时，再选择排序，则记录将按照选定字段由左到右依次为主次关键字排序，即：首先按照第一个字段排序，当第一个字段值相同时，再按第二个字段排序，依此类推。排序之后如果想要恢复记录的原始排列顺序，则选择"取消筛选/排序"即可。

3.4.5 表中记录筛选

如果要把满足条件的记录一次全部显示出来，则可以使用筛选操作。Access 提供了 5 种筛选功能："按选定内容筛选""内容排除筛选""按筛选目标筛选""按窗体筛选"和"高级筛选"。

比较简单的是"按选定内容筛选"和"内容排除筛选"。"按选定内容筛选"是筛选出光标所在字段与光标所在位置的值相同的所有记录行。"内容排除筛选"则正好相反，是筛选出光标所在字段与光标所在位置的值不同的所有记录行。

可完成更复杂条件筛选的是"高级筛选/排序"。高级筛选可以使用表达式来表达更加丰富的筛选条件，还可以对筛选结果进行排序。当选择了高级筛选之后，将打开一个筛选窗口，高级筛选的筛选窗口分为上下两个窗格，上窗格显示要做筛选的表的字段列表，下窗格用来设置筛选条件和筛选结果的排序依据。"字段"行设置的字段或表达式与对应下方的"条件"行的具体值共同构成条件表达式，超过一个的条件可以用"条件"同行或者不同行来分别表示"与"或者"或"的关系，如图 3.37 所示。"排序"行用来设置筛选结果的排序依据列。选择"开始"选项卡，在"筛选/排序"组中选择"高级"，执行高级筛选。

图 3.37　高级筛选的筛选窗口

取消筛选恢复显示全部记录的方法，是在"开始"选项卡中，选择"切换筛选（取消筛选）"，或者单击工具栏中形如漏斗的"取消筛选"按钮 。

3.4.6 查找与替换

查找是指在表中查找某个特定的字段值，替换是指将查找到的某个字段值用新值来替换。当需要在表中查找所需要的特定字段的值，或替换某个字段值时，就可以使用 Access 提供的查找和替换功能实现。在 Access 中，选择"开始"选项卡，单击功能区"查找"组中的"查找"或"替换"按钮，即可进入"查找和替换"选项卡对话框，如图 3.38 所示。

图 3.38　"查找和替换"选项卡对话框

对话框中部分选项的含义如下。

- "查找范围"下拉列表：在当前鼠标所在的字段里进行查找，或者在当前文档内进行查找。

- "匹配"下拉列表：有三个字段匹配选项可供选择，"整个字段"选项表示字段内容必须与"查找内容"文本框中的文本完全符合；"字段任何部分"选项表示"查找内容"文本框中的文本可包含在字段中的任何位置；"字段开头"选项表示字段必须是以"查找内容"文本框中的文本开头，但后面的文本可以是任意的。

- "搜索"下拉列表：该列表中包含"全部""向上"和"向下"3 种搜索方式。

3.4.7　表的复制、删除及重命名

在 Access 中，若要对数据库中表对象进行复制、删除及重命名，可以按如下方法进行。

（1）复制表

数据库中的表由两部分组成，即结构部分和数据记录部分。当对表进行复制操作时，可以对已有的表进行全部复制、仅复制表的结构和将某个表的数据记录追加到另一个表的尾部。

【例 3.6】将"学生"表的结构复制一份，并命名为"学生副本"表。

① 启动 Access 2010 应用程序，打开"学生管理"数据库，在数据库窗口中，单击需要复制的"表"对象。

② 单击快速访问工具栏上的" 复制"按钮；或选择"学生"表对象并右键单击，在弹出的快捷菜单中选择"复制"命令；或直接按 Ctrl+C 组合键。

③ 单击快速访问工具栏上的"粘贴 "按钮；或在所选内容上右键单击，在弹出的快捷菜单中选择"粘贴"命令；或直接按 Ctrl+V 组合键。打开"粘贴表方式"对话框，如图 3.39 所示。

④ 在"表名称"文本框中输入"学生副本"，并选择"粘贴选项"栏中的"仅结构"单选按钮，最后单击"确定"按钮，"学生"表的结构复制完成。

（2）删除表

选中待删除的表对象，单击键盘上的 Delete 键，或单击鼠标右键，从弹出的快捷菜单中选择"删除"命令，弹出"删除"对话框，单击"是"按钮执行删除操作，如图 3.40 所示。

图 3.39　"粘贴表方式"对话框

图 3.40　"表"删除对话框

（3）表的重命名

鼠标右键单击待重命名的表对象，在弹出的快捷菜单中，选择"重命名"命令，即可完成表对象的重命名操作。

3.5 设置表之间的关系

数据库中的表创建完成之后，应该进一步设置表之间的关系，也就是表和表之间的联系。这样可以为数据查询带来方便，省去每次都要为多表连接查询指定连接条件的麻烦，同时也会为窗体的创建带来方便。更重要的是，通过建立关系可以实施表之间的参照完整性约束。

3.5.1 关系的建立

关系的建立过程基本分为选择表、部署关系、编辑关系、保存关系 4 个步骤。以"学生管理"数据库为例，学生、成绩和课程 3 个表之间关系的建立结果如图 3.41 所示。这个关系的创建过程如下。

（1）选择表

在学生管理数据库窗口，单击"数据库工具"选项卡中关系按钮组中的"关系"按钮，打开"显示表"对话框，如图 3.42 所示。把需要建立联系的 3 个表逐一添加到"关系"窗格中，关闭"显示表"对话框。

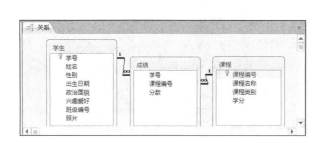

图 3.41 学生管理数据库表之间的关系

图 3.42 "显示表"对话框

（2）部署关系

学生表和课程表都是有主键的，成绩表没有主键。学生表到成绩表、课程表到成绩表，这两对表之间均存在一对多的实际关系。用鼠标分别把学生表的主键字段"学号"和课程表的主键字段"课程编号"拖到成绩表的对应字段上，系统将分别显示"编辑关系"对话框，如图 3.43 所示。

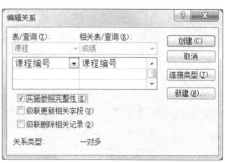

图 3.43 "编辑关系"对话框

（3）编辑关系

编辑关系对话框用来设置相关联的字段、连接类型和参照完整性。

单击"连接类型"按钮，可以看到有"连接属性"选择对话框，如图 3.44 所示。通常，第一种类型的连接被称为内连接，它也是系统给定的默认连接类型；第二、第三种类型的连接分别被称为左连接、右连接。

参照完整性是用来设置相互关联的两个表，如果其中一个表在连接字段上有数据变动，那么另一个表对这种关键数据变动做何反应。可以设置的参照方式有三种，一是允许变动并且跟着一起变动，使两个表的数据始终保持同步一致，例如，级联更新、级联删除；二是阻止变动，也就是不允许改变连接字段数据，不允许删除记录；三是无所谓，既不阻止，也不跟着一起变动，两个表可以随意增删改数据记录。对于第一种方式，要选中"实施参照完整性"复选框，这时，其下面两个复选框也变为可选，根据需要勾选即可；对于第二种方式，则仅勾选"实施参照完整性"复选框，并且让下面两个复选框为空；对于第三种方式，则是不勾选"实施参照完整性"复选框，即不需要参照完整。

对每一对关系编辑完成后，选择"创建"按钮，相应关系随即生成。

（4）保存关系

上述设置完成后，关闭"关系"窗格，保存关系布局。

图 3.44　"连接属性"对话框

3.5.2　关系的编辑

所谓编辑关系，就是对现有关系进行更改，例如，添加新的表并建立关联，删除现有关联，更改连接类型，更改参照完整性设置等。

（1）添加新表并建立新的关联

首先使用"显示表"命令添加表，然后，为新添加的表做关系布局。例如，在学生管理数据库窗口，单击"数据库工具－关系"按钮，打开关系窗格，如图 3.41 所示。这时，在功能区出现"设计"选项卡，使用"显示表"按钮打开"显示表"对话框，可以添加新表到当前关系窗格。另外，在关系窗格空白处单击鼠标右键，显示快捷菜单，其中也有"显示表"命令。

（2）删除现有关联

删除现有关联有两个含义，一是全部清除现有关系，做法是在图 3.45 所示的命令组中选择"清除布局"按钮，即可清空当前关系窗格；二是删除某一个关联，做法是单击要删除的那条关系连线使之变粗，然后用删除键删除。

（3）编辑现有关联关系

用图 3.45 所示的"编辑关系"按钮来编辑选定的一个关系。使用这个命令之前应该先单击要编辑的关系的那条连线，使之变粗，然后再选择"编辑关系"按钮进行设置，可更改的内容包括连接类型和参照完整性等。另外，在关系连线上单击鼠标右键，显示的快捷菜单中也有"编辑关系"命令。

图 3.45　关系设置命令按钮组

3.6 表的导入和导出

在操作数据库过程中,时常需要将 Access 表中的数据转换成其他的文件格式,如文本文件(.txt)、Excel 文档(.xlsx)、XML 文件或 WPS 文件等。相反,Access 也可以通过导入,直接应用其他应用软件中的数据。Access 2010 中的"外部数据"选项卡如图 3.46 所示。

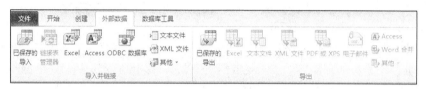

图 3.46 Access 2010 中的"外部数据"选项卡

3.6.1 导入表

导入是将其他表或其他文件中的数据应用到 Access 当前打开的数据库中。当文件导入到数据库之后,系统以表的形式将其存储。

【例 3.7】将文件名为"学生"的 Excel 文件,导入到已建立的"学生管理"数据库中。

① 启动 Access 2010 应用程序,打开"学生管理"数据库。打开"外部数据"选项卡,在导入组中单击 Excel 按钮,打开图 3.47 所示的"获取外部数据-Excel 电子表格"对话框,单击浏览按钮。

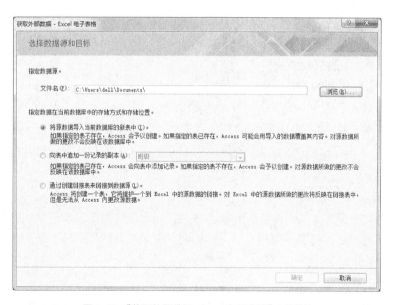

图 3.47 "获取外部数据-Excel 电子表格"对话框

② 在"打开"对话框中,选择导入文件所在的路径,单击"打开"按钮,如图 3.48 所示。当返回到"获取外部数据-Excel 电子表格"对话框时,保持其他设置,单击"确定"按钮。

图 3.48 "打开"Excel 文件对话框

③ 打开"导入数据表向导"对话框，选中"显示工作表"单选按钮，然后单击"下一步"按钮，如图 3.49 所示。在打开的列标题设置向导对话框中，选中"第一行包含列标题"复选框，单击"下一步"按钮，如图 3.50 所示。

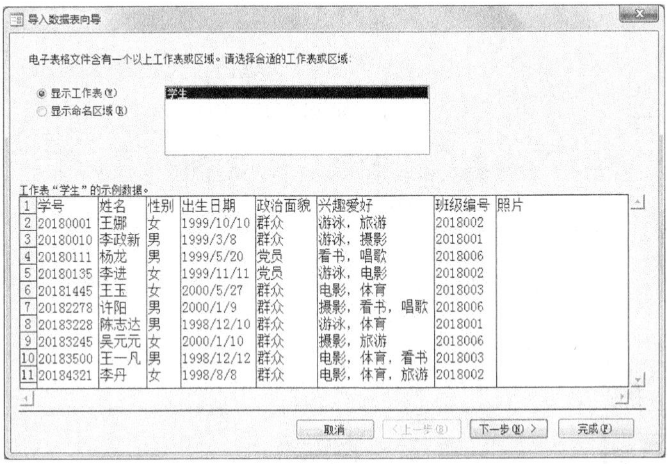

图 3.49 "导入数据表向导"对话框

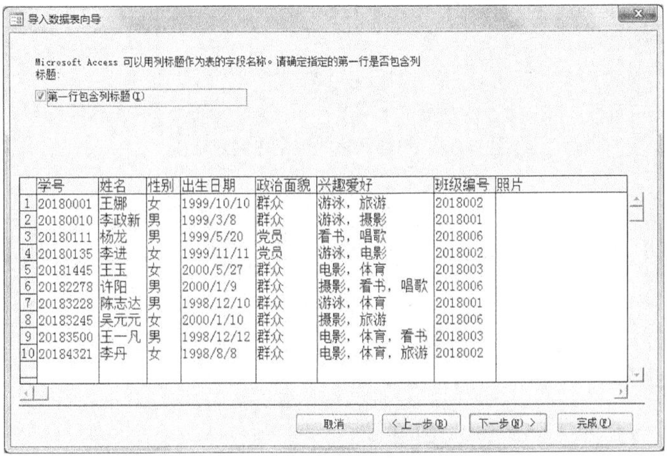

图 3.50 选择 Access 表中的字段名称

④ 在打开的字段信息向导对话框中，设置字段名称为"学号"，数据类型为"文本"，"索引"为"无"，然后单击"下一步"按钮，如图 3.51 所示。

图 3.51　正在导入的字段信息对话框

⑤ 在打开的主键设置向导对话框中，选中"我自己选择主键"单选按钮，并在其右侧的下拉列表中选择"学号"选项，单击"下一步"按钮，如图 3.52 所示。

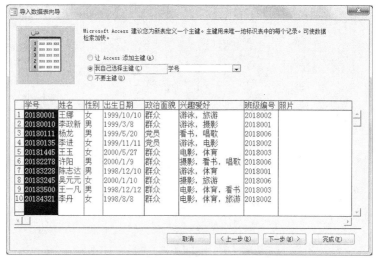

图 3.52　新导入表的定义主键对话框

⑥ 打开图 3.53 所示的对话框，在"导入到表"文本框中输入表名称"学生 "，单击"完成"按钮。返回到"获取外部数据-Excel 电子表格"对话框，显示完成导入向导操作信息，如图 3.54 所示。

⑦ 单击"关闭"按钮，此时"学生管理"数据库的导航窗格的"表"组中显示导入的"学生"数据表，如图 3.55 所示。

⑧ 双击表名称，打开图 3.56 所示的数据表。

图 3.53　设定导入到 Access 表的名称

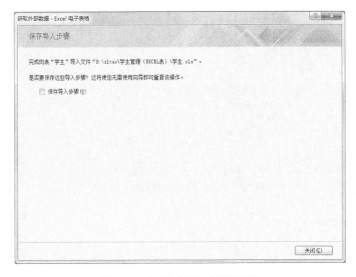

图 3.54　完成向表导入文件提示框

图 3.55　显示导入的表名称　　　　　　　　图 3.56　显示导入的"学生"表记录

⑨　查看完毕后，单击"关闭"按钮，关闭导入的数据表。

用户也可以将当前数据库中的各种对象，包括表、窗体、查询等导入到 Access 数据库中。

3.6.2 导出表

导出操作有两个概念：一是将 Access 表中的数据转换成其他的文件格式，二是将当前表输出到 Access 的其他数据库使用。

【例 3.8】将"学生管理"数据库的"教师"数据表导出到"教学管理"数据库中。

① 启动 Access 2010 应用程序，打开"学生管理"的"教师"数据表。打开"外部数据"选项卡，在导出组中单击 Access 按钮" Access"，打开"导出-Access 数据库"对话框，如图 3.57 所示。

图 3.57　"导出-Access 数据库"对话框

② 单击"浏览"按钮，打开"保存文件"对话框，在对话框中选择目标数据库"教学管理"所在的路径，如图 3.58 所示。

图 3.58　"保存文件"对话框

③ 单击"保存"按钮，返回到"导出-Access 数据库"对话框，然后单击"确定"按钮，打开"导出"对话框，保持对话框中的默认设置，单击"确定"按钮，如图 3.59 所示。

图 3.59 "导出"对话框

④ 单击"确定"按钮，此时打开的"导出-Access 数据库"对话框显示导出成功信息，如图 3.60 所示。

图 3.60 "导出-Access 数据库"提示成功信息

⑤ 单击"关闭"按钮，然后打开"教学管理"数据库，导航窗口显示导入的"教师"数据表，如图 3.61 所示。

图 3.61 "教学管理"数据库中导入的"教师"数据表

【例 3.9】将"教学管理"数据库中的"教师"数据表导出到 Excel 电子表格。

① 启动 Access 2010 应用程序，打开"教学管理"数据库中的"教师"数据表。

② 打开"外部数据"选项卡，在"导出"组中单击 Excel 按钮。打开"Excel-电子表格"对话框，单击"浏览"按钮，如图 3.62 所示。

图 3.62 "导出-Excel 电子表格"对话框

③ 打开"保存文件"对话框，选定设置目标 Excel 文件的路径。单击"保存"按钮，如图 3.63 所示。

图 3.63 "保存文件"对话框

④ 返回"导出-Access 数据库"对话框，然后单击"确定"按钮，打开图 3.64 所示的提示导出成功对话框。

图 3.64 "导出-Excel 电子表格"导出成功对话框

⑤ 单击"关闭"按钮，完成数据表的导出。打开 Excel 电子表格应用软件，显示"教师"工作表，其效果如图 3.65 所示。

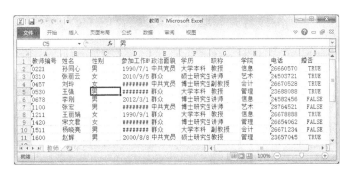

图 3.65　显示导出的 Excel 电子表格

3.7　思考与练习

1．思考题

（1）什么是二维表？表中字段类型有哪些？

（2）表中定义主键的目的是什么？

（3）创建表的方法有哪几种？

（4）使用表的设计视图和数据表视图创建表有何不同？

（5）表设计器的作用是什么？

（6）索引及筛选有哪些？作用是什么？

（7）表的导入、导出和链接指的是什么？

（8）表中常用的数据类型有哪些？

2．选择题

（1）在 Access 2010 中，可以选择输入字符或空格的输入掩码是（　　）。

　　A．0　　　　　　　　B．&　　　　　　　　C．A　　　　　　　　D．C

（2）下面有关主关键字的说法中，错误的一项是（　　）。

　　A．Access 并不要求在每一个表中都必须包含一个主关键字

　　B．在一个表中只能指定一个字段成为主关键字

　　C．在输入数据或对数据进行修改时，不能向主关键字的字段输入相同的值

　　D．利用主关键字可以对记录快速地进行排序和查找

（3）关于字段默认值叙述错误的是（　　）。

　　A．设置文本型默认值时，不用输入引号，系统自动加入

　　B．设置默认值时，必须与字段中所设的数据类型相匹配

　　C．设置默认值时，可以减少用户输入强度

　　D．默认值是一个确定的值，不能使用表达式

（4）Access 编辑表中数据记录，应使用（　　）视图。

　　A．数据透视表视图　　B．设计视图　　　　　C．数据表视图　　　　D．数据透视图视图

（5）Access 修改表的结构，应使用的视图是（　　）。

    A. 数据透视表视图　B. 设计视图　　　　　C. 数据表视图　　　D. 数据透视图视图

（6）数据表中的"行"称为（　　）。

    A. 字段　　　　　　B. 数据　　　　　　C. 记录　　　　　D. 数据视图

（7）Access 表中的字段的数据类型不包括（　　）。

    A. 文本　　　　　　B. 备注　　　　　　C. 日期/时间　　D. 通用

（8）Access 中要建立两表之间的关系，（　　）来建立。

    A. 必须是两表的共同字段　　　　　　B. 字段名称一定相同的字段

    C. 字段的类型和内容可以不同　　　　D. 可以是任何字段

04 第4章 查询与SQL

本章学习目标

了解查询的概念和类型。

掌握查询条件的设置。

熟练掌握选择查询的创建。

掌握参数查询的创建。

掌握交叉表查询的创建。

掌握操作查询的创建。

掌握 SQL 基础知识与 SQL 语句。

查询是 Access 2010 支持的一种数据库对象，是系统为检索数据提供的一种工具或方法。本章主要介绍查询的创建和编辑，在介绍查询的各种创建方式的基础之上，重点介绍使用设计视图对查询进行设计与编辑。

4.1 查询概述

查询是一个特定的请求或一组对数据库中的数据进行检索、修改、插入或删除的指令。查询可以对数据源进行各种组合，有效地筛选记录、管理数据，对结果进行排序，并以用户需要的方式显示查询结果。

4.1.1 查询类型

根据对数据源的操作方式及查询结果的不同，Access 2010 提供的查询可以分为 5 种类型，分别是选择查询、交叉表查询、参数查询、操作查询、SQL 查询。

4.1.2 创建查询的方法

Access 2010 提供两种方法建立查询：查询向导和查询设计视图。

1. 查询向导

打开相应数据库，单击"创建"菜单，在"查询"选项组中单击"查询向导"，打开查询向导建立查询，如图 4.1 所示。

"查询向导"中可提供简单查询、交叉表查询、查找重复项查询和查找不匹配项查询 4 种查询向导，具体操作会在后面章节（4.3.1 节和 4.5.1 节）里进行介绍。

2. 查询设计视图

还可以使用查询设计视图来建立查询。

打开相应数据库，单击"创建"菜单，选择"查询"组中的"查询设计"，弹出"显示表"对话框，选择作为数据源的表或查询（见图 4.2），打开查询设计视图建立查询，如图 4.3 所示。

图 4.1 利用"查询向导"创建查询

图 4.2 "显示表"对话框

图 4.3 查询设计视图

"查询设计"窗口由两部分组成，上半部分是数据源窗口，用于显示查询所涉及的数据源，可以是数据表或查询。下半部分是查询定义窗口，也称为 QBE 网格，主要包括以下内容。

① 字段：查询结果中所显示的字段。

② 表：查询的数据源，即查询结果中字段的来源。

③ 排序：查询结果中相应字段的排序方式。排序方式分为升序、降序和不排序三种。

④ 显示：当相应字段的复选框被选中时，在查询结果中显示，否则不显示。

⑤ 条件：即查询条件，同一行中的多个准则之间是逻辑"与"的关系。

⑥ 或：也为查询条件，表示多个条件之间的"或"关系。

4.2 查询条件的设置

通过在查询设计视图中设置条件，可以实现条件查询。查询条件是通过输入表达式来表示的。

表达式是由操作数和运算符构成的可计算的式子。其中，操作数可以是常量、变量、函数，甚至可以是另一个表达式（子表达式）。运算符是表示进行某种运算的符号，包括算术运算符、关系运算符、逻辑运算符、连接运算符、特殊运算符等。表达式具有唯一的运算结果。下面对表达式的各个组成部分进行介绍。

1. 常量

常量代表不会发生变化的值。按其类型的不同，有不同的表示方法。

① 数字型：直接输入数据，如 56.34、–37。

② 日期时间型：以"#"为定界符，如#2017-9-1#。

③ 文本型：以英文半角的单引号或双引号作为定界符，如'87'和"中国"。

④ 是/否型：用系统定义的符号表示，如 True、False，Yes、No，On、Off，–1、0。

2. 变量

变量是指在运算过程中其值允许变化的量。在查询的条件表达式中使用变量，就是通过字段名对字段变量进行引用，一般需要使用[字段名]的格式，如[姓名]。如果需要指明该字段所属的数据源，则要写成[数据表名]![字段名]的格式。

3. 函数

函数是用来实现某指定的运算或操作的一个特殊程序。一个函数可以接收输入参数（并不是所有函数都有输入参数），且返回一个特定类型的值。

函数一般都用于表达式中，其使用格式为：函数名（[参数列表]）。当函数的参数超过一个时，各参数间用西文半角","隔开。

函数分为系统内置函数和用户自定义函数。Access 2010 提供了上千个标准函数，可分为数学函数、字符串处理函数、日期/时间函数、聚合函数等。其中，聚合函数可直接用于查询中。

4. 运算符

运算符是表示进行某种运算的符号，包括算术运算符、关系运算符、逻辑运算符、连接运算符和特殊运算符等。

（1）算术运算符

算术运算符包括加（+）、减（–）、乘（*）、除（/）、乘方（^）、整除（\）、取余（Mod）等，主要用于数值计算。例如，表达式 2^3 的运算结果为 8，表达式 16/2 的运算结果为 8，表达式 5\2 的运算结果为 2，表达式 7 Mod 2 的运算结果为 1。

（2）关系运算符

关系运算符由=、>、>=、<、<=、<>等符号构成，主要用于数据之间的比较，其运算结果为逻辑值，即"真"和"假"。

（3）逻辑运算符

逻辑运算符由 And、Or、Not、Xor、Eqv 等符号构成，具体含义如表 4.1 所示。

表 4.1　逻辑运算符

逻辑运算符	功　　　　能
Not	逻辑非
And	当 And 前后的两个表达式均为真时，整个表达式的值为真，否则为假

逻辑运算符	功　　能
Or	当 Or 前后的两个表达式均为假时，整个表达式的值为假，否则为真
Xor	当 Xor 前后的两个表达式均为假或均为真时，整个表达式的值为假，否则为真
Eqv	当 Eqv 前后的两个表达式均为假或均为真时，整个表达式的值为真，否则为假

（4）连接运算符

连接运算符包括"&"和"+"。

"&"：字符串连接。例如，表达式"中国"&"北京"，运算结果为"中国北京"。

"+"：当前后两个表达式都是字符串时，与"&"作用相同；当前后两个表达式有一个或者两个都是数值表达式时，则进行加法算术运算。例如，表达式"Access"+"2010"，运算结果为"Access 2010"。表达式"Access"+2010，运算结果提示"类型不匹配"。表达式"3"+2014，运算结果为 2017。

（5）特殊运算符

Access 提供了一些特殊运算符，用于对记录进行过滤，常用的特殊运算符如表 4.2 所示。

表 4.2　特殊运算符

特殊运算符	功　　能
In	指定值属于列表中所列出的值
Between…And…	指定值的范围在……到……之间
Is	与 Null 一起使用确定字段值是否为空值
Like	用通配符查找文本型字段是否与其匹配。通配符"?"匹配任意单个字符，"*"匹配任意多个字符，"#"匹配任意单个数字，"!"不匹配指定的字符，[字符列表]匹配任何在列表中的单个字符

4.3　选择查询

选择查询是最常见的一类查询，很多数据库查询功能均可以用它来实现。所谓"选择查询"，就是从一个或多个有关系的表中，将满足要求的数据选择出来，并把这些数据显示在新的查询数据表中。而其他的方法，如"交叉表查询""参数查询"和"操作查询"等，都是"选择查询"的扩展。使用选择查询可以从一个或多个表或查询中检索数据，可以对记录进行分组，并进行求总计、计数、平均值等运算。选择查询产生的结果是一个动态记录集，不会改变源数据表中的数据。

4.3.1　使用向导创建

借助"简单查询向导"可以从一个表、多个表或已有查询中选择要显示的字段，也可对数值型字段的值进行简单汇总计算。如果查询中的字段来自多个表，这些表之间应已经建立了关系。简单查询的功能有限，不能指定查询条件或查询的排序方式，但它是学习建立查询的基本方法。因此，使用"简单查询向导"创建查询，用户可以在向导的指示下选择表和表中的字段，快速准确地建立查询。

1．建立单表查询

单表查询，即查找的数据仅来源于一个表。

【例 4.1】查询学生的基本信息（包含学号、姓名、性别、出生日期和政治面貌）。

操作步骤如下。

① 打开"学生管理"数据库，单击"创建"菜单，选择查询组中的查询向导，如图 4.1 所示。

② 选择"简单查询向导"，在弹出的"简单查询向导"对话框中，在"表/查询"中选择表为"学生"，如图 4.4 所示。"可用字段"为"学生"表中全部字段，"选定字段"为要查询的字段。通过选中相应字段，单击 $\boxed{>}$ ，将其选到"选定字段"中，也可以用双击的方式进行选中。选择完后如图 4.5 所示。

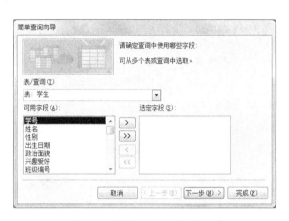

图 4.4　"简单查询向导"对话框　　　　　　图 4.5　选定相应字段

③ 单击"下一步"按钮，结果如图 4.6 所示。给建立的查询命名为"学生基本情况"，单击"完成"按钮，显示查询结果，如图 4.7 所示。

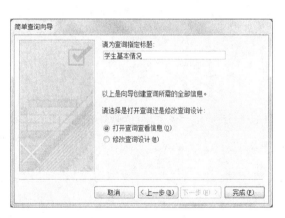

图 4.6　指定查询名称　　　　　　　　　　图 4.7　学生基本情况查询结果

2. 建立多表查询

有时，用户所需查询的信息来自两个或两个以上的表或查询，因此，需要建立多表查询。建立多表查询必须有相关联的字段，并且事先应通过这些相关联的字段建立起表之间的关系。

【例 4.2】查询学生的课程成绩，显示的内容包括：学号、姓名、课程编号、课程名称和分数。

操作步骤如下。

① 打开"学生管理"数据库，在"数据库工具"菜单中的"关系"组中，将表间关系设置好，如图 4.8 所示。

② 单击"创建"菜单，选择查询组中的"查询向导"，选择"简单查询向导"，在弹出的"简单查询向导"对话框中，在"学生"表选定"学号""姓名"字段，在"课程"表选定"课程编号""课程名称"字段，在"成绩"表中选定"分数"字段，如图4.9所示。

图 4.8　表间关系

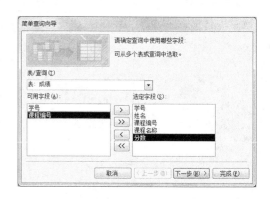

图 4.9　选定相关字段

③ 单击"下一步"按钮，如图 4.10 所示。再单击"下一步"按钮，命名查询名称，如图 4.11 所示，完成查询，结果如图 4.12 所示。

图 4.10　结果显示方式

图 4.11　命名"学生课程成绩查询"

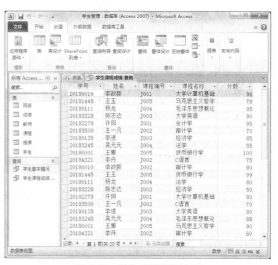

图 4.12　学生成绩查询结果

3. 查找重复项查询向导

"查找重复项查询向导"可以快速找到表中的重复字段值的记录。

【例 4.3】在"学生"表中查询重名的学生的所有信息。

操作步骤如下。

① 打开"学生管理"数据库，并选择"创建"菜单。

② 单击"查询"选项组中的"查询向导"选项，弹出"新建查询"对话框，在"新建查询"对话框中选择"查找重复项查询向导"选项，然后单击"确定"按钮，打开"查找重复项查询向导"对话框，如图 4.13 所示。

③ 在弹出的"查找重复项查询向导"对话框中选择"学生表"，单击"下一步"按钮。

④ 在弹出的对话框中选择"姓名"为重复字段，如图 4.14 所示，单击"下一步"按钮。

图 4.13　"查找重复项查询向导"对话框　　　　图 4.14　选择重复字段

⑤ 选择其他要显示的字段，这里选择对话框的"可用字段"列中的所有字段移动到"另外的查询字段"列中，如图 4.15 所示，单击"下一步"按钮。

⑥ 在弹出的对话框的"请指定查询的名称"文本框中输入"重名学生信息查询"，如图 4.16 所示。单击"完成"按钮，查看查询结果。

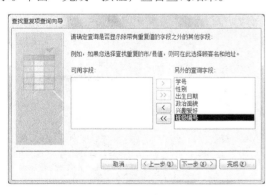

图 4.15　选择其他显示字段　　　　　　　图 4.16　命名"重名学生信息查询"

4. 查找不匹配项查询向导

在 Access 中，可能需要对数据表中的记录进行检索，查看它们是否与其他记录相关，是否有实际意义。即用户可以利用"查找不匹配项查询向导"在两个表或查询中查找不匹配的记录。

【例 4.4】利用"查找不匹配项查询向导"创建查询，查找没有学生选修的课程信息。

具体操作步骤如下。

① 打开"学生管理"数据库，并在数据库窗口中选择"创建"菜单。

② 单击"查询"选项组中的"查询向导"选项，弹出"新建查询"对话框，在"新建查询"对话框中选择"查找不匹配项查询向导"选项，然后单击"确定"按钮，打开"查找不匹配项查询向导"对话框。

③ 在弹出的"查找不匹配项查询向导"对话框中选择"课程"表，如图 4.17 所示，单击"下一步"按钮。打开图 4.18 所示的对话框。

图 4.17　查找不匹配项中所使用的表（a）　　　　图 4.18　查找不匹配项中所使用的表（b）

④ 选择与"课程"表中的记录不匹配的"成绩"表，单击"下一步"按钮，打开图 4.19 所示的对话框。

⑤ 确定选取的两个表之间的匹配字段。Access 会自动根据匹配的字段进行检索，查看不匹配的记录。本例题选择"课程编号"字段，再单击"下一步"按钮。

⑥ 选择其他要显示的字段，这里选择对话框的"可用字段"列中的所有字段移动到"选定字段"列中，如图 4.20 所示，单击"下一步"按钮。

图 4.19　选择表中匹配字段

图 4.20　选择其他显示字段

⑦ 在弹出的对话框的"请指定查询名称"文本框中输入"没有学生选修的课程查询"，如图 4.21 所示。单击"完成"按钮，查看查询结果。

图 4.21 查询命名

4.3.2 使用设计视图创建

对于简单的查询，使用向导比较方便。但对于有条件的查询，则无法使用向导来创建，而是需要在"设计视图"中创建。

【例 4.5】在"学生管理"数据库中，查询 1999 年以后出生的学生的学号、姓名和出生日期。

操作步骤如下。

① 打开"学生管理"数据库，选择"创建"菜单中的"查询"选项组，单击"查询设计"按钮，打开"查询设计器"窗口，将所需表添加到查询设计器的数据源窗格中。

② 将字段"学号""姓名"和"出生日期"添加到查询定义窗口中，对应"出生日期"字段，在"条件"行输入">=#1999-1-1 #"，如图 4.22 所示。

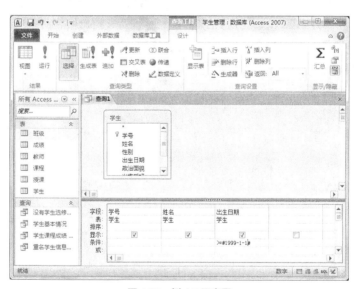

图 4.22 例 4.5 示意图

③ 保存查询。

【例 4.6】在"学生管理"数据库中，查询姓"王"的学生的姓名、性别和出生日期。

操作步骤如下。

① 打开"学生管理"数据库，选择"创建"菜单中的"查询"选项组，单击"查询设计"按钮，

打开"查询设计器"窗口,将所需表添加到查询设计器的数据源窗格中。

② 将字段"姓名""性别"和"出生日期"添加到查询定义窗口中,对应"姓名"字段,在"条件"行输入"Like "王*"",如图 4.23 所示。

图 4.23 例 4.6 示意图

③ 保存查询。

【例 4.7】在"学生管理"数据库中,查询学号第 6 位是 2 或者 5 的学生的学号、姓名和班级名称。操作步骤如下。

① 打开"学生管理"数据库,选择"创建"菜单中的"查询"选项组,单击"查询设计"按钮,打开"查询设计器"窗口,将所需表添加到查询设计器的数据源窗格中。

② 将字段"学号""姓名"和"班级名称"添加到查询定义窗口中,对应"学号"字段,在"条件"行输入"Mid([学号],6,1)="2" Or Mid([学号],6,1)="5"",如图 4.24 所示。

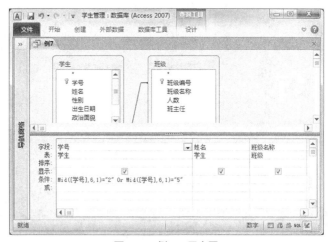

图 4.24 例 4.7 示意图

③ 保存查询。

【例 4.8】在"学生管理"数据库中,查询分数在 70~80 分的同学的姓名、课程名称和分数,并按分数从高到低排列。

操作步骤如下。

① 打开"学生管理"数据库，选择"创建"菜单中的"查询"选项组，单击"查询设计"按钮，打开"查询设计器"窗口，将所需表添加到查询设计器的数据源窗格中。

② 将字段"姓名""课程名称"和"分数"添加到查询定义窗口中，对应"分数"字段，在"条件"行输入"Between 70 And 80"，在"排序"行选择"降序"，如图 4.25 所示。

图 4.25　例 4.8 示意图

③ 保存查询。

4.3.3　运行和修改查询

1. 运行查询

查询创建完成后，结果保存在数据库中，运行查询后才能看到查询结果。运行查询的方法有以下几种方式。

① 在查询设计视图窗口环境下，在"查询工具|设计"的"结果"组中单击"运行"按钮。

② 在查询设计视图窗口环境下，在"查询工具|设计"的"结果"组中单击"视图"按钮。

③ 在导航窗口中双击要运行的查询。

④ 在导航窗口中选择要运行的查询对象并右键单击，在快捷菜单中选择"打开"命令。

⑤ 选择查询设计视图窗口的标题栏并右键单击，在快捷菜单中选择"数据表视图"命令。

无论是利用向导创建的查询，还是利用"设计视图"建立的查询，建立后均可以对查询进行编辑修改。

2. 编辑查询中的字段

在"设计视图"中打开要修改的查询，可以进行添加字段、删除字段、移动字段和重命名查询字段操作，具体操作步骤如下。

① 添加字段：从字段列表中选定一个或多个字段，并将其拖曳到查询定义窗口的相应列中。

② 删除字段：单击列选定器选定相应的字段，然后按 Delete 键。

③ 移动字段：先选定要移动的列，可以单击列选定器来选择一列，也可以通过相应的列选定器来选定相邻的数列。然后再次单击选定字段中任何一个选定器，将字段拖曳到新的位置。移走的字

段与其右侧的字段一起向右移动。

④ 重命名查询字段：若希望在查询结果中使用用户自定义的字段名称替代表中的字段名称，可以对查询字段进行重新命名。

将光标移动到查询定义窗口中需要重命名的字段左边，输入新名后键入英文（:）即可。

3. 编辑查询中的数据源

（1）添加表或查询

在"设计视图"中打开要修改的查询，在数据源窗格右键单击，在快捷菜单中选择"显示表"，在弹出的对话框中可以添加相应的表或查询。

（2）删除表或查询

在"设计视图"中打开要修改的查询，在数据源窗格中选中要删除的表或查询，右键单击，在弹出的快捷菜单中选择"删除表"；也可以选中后直接按 Delete 键进行删除。

4.3.4 设置查询中的计算

在设计选择查询时，除了进行条件设置外，还可以进行计算和分类汇总。下面通过例子来说明如何设置查询中的计算。

【例 4.9】在"学生管理"数据库中，查询学生的学号、姓名、出生日期并计算年龄。

操作步骤如下。

① 打开"学生管理"数据库，选择"创建"菜单中的"查询"选项组，单击"查询设计"按钮，打开"查询设计器"窗口，将查询所需要的表添加到查询设计视图的数据源窗格中。

② 将字段"学号""姓名""出生日期"添加到查询定义窗口中，然后在空白列中输入"年龄：Year(Date())-Year([出生日期])"，或通过右键单击弹出的快捷菜单中的"生成器"来进行输入，其中，"年龄"是计算字段，Year(Date())-Year([出生日期])是计算年龄的表达式。设置效果如图 4.26 所示。

③ 保存运行查询。

图 4.26　例 4.9 示意图

【例 4.10】在"学生管理"数据库中，统计学生的课程总分和平均分。

操作步骤如下。

① 打开"学生管理"数据库，选择"创建"菜单中的"查询"选项组，单击"查询设计"按钮，打开"查询设计器"窗口，将查询所需要的表添加到查询设计视图的数据源窗格中。

② 将学生表的字段"学号""姓名"、成绩表的字段"分数"添加到查询定义窗口中。注意，将分数字段添加 2 次。单击工具栏上的"汇总"按钮，在查询定义窗口中出现了"总计"行，然后在"总计"行中，对应"学号"和"姓名"字段，选择"Group By"。对应第 1 个"分数"字段，选择"合计"并添加标题"总分"；对应第 2 个"分数"字段，选择"平均值"并添加标题"平均分"。设置效果如图 4.27 所示。

③ 保存运行查询。

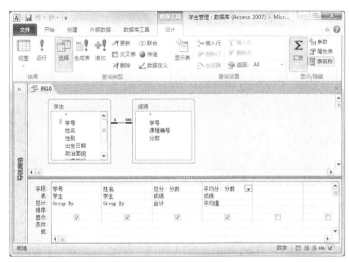

图 4.27　例 4.10 示意图

4.4　参数查询

参数查询是一种动态查询，可以在每次运行查询时输入不同的条件值，系统根据给定的参数值确定查询结果，而参数值在创建查询时不要定义。这种查询完全由用户控制，能在一定程度上适应应用的变化需求，提高查询效率。参数查询一般建立在选择查询基础上，在运行查询时会出现一个或多个对话框，要求输入查询条件。根据查询中参数个数的不同，参数查询可以分为单参数查询和多参数查询。

4.4.1　在设计视图中创建单参数查询

【例 4.11】在"学生管理"数据库中创建单参数查询，按输入的学号查询学生的所有信息。
操作步骤如下。

① 打开"学生管理"数据库，选择"创建"菜单中的"查询"选项组，单击"查询设计"按钮，打开"查询设计器"窗口，将查询所需要的表添加到查询设计视图的数据源窗格中。

② 将学生表的所有字段添加到查询定义窗口中（也可直接在数据表中双击"*"来选择所有字段），对应"学号"字段，在"条件"行输入"[请输入学生学号：]"，如图 4.28 所示。

图 4.28　例 4.11 示意图

③ 保存查询并运行，显示"输入参数值"对话框，如图 4.29 所示。如果输入学号"20180111"，系统将显示"20180111"的学生信息。

4.4.2　在设计视图中创建多参数查询

图 4.29　"输入参数值"对话框

【例 4.12】在"学生管理"数据库中创建多参数查询，按输入的性别和政治面貌查询学生的姓名和出生日期。

操作步骤如下。

① 打开"学生管理"数据库，选择"创建"菜单中的"查询"选项组，单击"查询设计"按钮，打开"查询设计器"窗口，将查询所需要的表添加到查询设计视图的数据源窗格中。

② 将学生表的所有字段添加到查询定义窗口中，对应"性别"和"政治面貌"字段，分别在"条件"行输入"[请输入性别：]""[请输入政治面貌：]"，如图 4.30 所示。

③ 保存并运行查询。

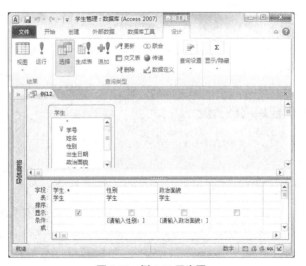

图 4.30　例 4.12 示意图

如果在弹出的"输入参数值"对话框中分别输入"女"和"群众",则显示政治面貌为群众的女生。

4.5　交叉表查询

交叉表查询通常以一个字段作为表的行标题,以另一个字段的取值作为列标题,在行和列的交叉点单元格处获得数据的汇总信息,以达到数据统计的目的。

交叉表查询既可以通过交叉表查询向导来创建,也可以在设计视图中创建。

4.5.1　使用向导创建

使用"交叉表查询向导"建立交叉表查询时,使用的字段必须属于同一个表或同一个查询。如果使用的字段不在同一个表或查询中,则应先建立一个查询,将它们集中在一起。

【例 4.13】在"学生管理"数据库中,从教师表中统计各个学院的教师人数及其职称分布情况,建立所需的交叉表。

操作步骤如下。

① 打开"学生管理"数据库,选择"创建"菜单中的"查询"选项组。单击"查询向导"按钮,打开"新建查询"对话框。

② 在"新建查询"对话框中,选择"交叉表查询向导",单击"确定"按钮,将出现"交叉表查询向导"对话框,此时,选择"教师"表,然后单击"下一步"按钮。

③ 选择作为行标题的字段。行标题最多可选择 3 个字段,为了在交叉表的每一行的上面显示教师所属学院,这里应双击"可用字段"框中的"学院"字段,将它添加到"选定字段"框中。如图 4.31 所示,然后单击"下一步"按钮。

④ 选择作为列标题的字段。列标题只能选择一个字段,为了在交叉表的每一列的上面显示职称情况,单击"职称"字段,然后单击"下一步"按钮。

⑤ 确定行、列交叉处的显示内容的字段。为了让交叉表统计每个学院的教师职称,应单击字段框中的"教师编号"字段,然后在"函数"框中选择"Count"函数。若要在交叉表的每行前面显示总计数,还应选中"是,包括各行小计"复选框,如图 4.32 所示,然后单击"下一步"按钮。

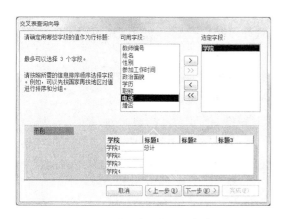

图 4.31　交叉表查询向导(a)

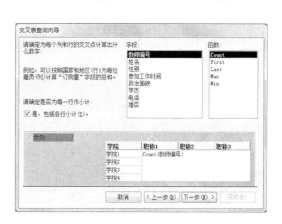

图 4.32　交叉表查询向导(b)

⑥ 在弹出的对话框的"请指定查询的名称"文本框中输入所需的查询名称，如"统计各学院教师职称人数交叉表查询"。然后单击"查看查询"选项按钮，再单击"完成"按钮。

4.5.2 使用设计视图创建

【例 4.14】在"学生管理"数据库中，创建交叉表查询，查询学生的各门课成绩。

操作步骤如下。

① 打开"学生管理"数据库，选择"创建"菜单中的"查询"选项组，单击"查询设计"按钮，打开"查询设计器"窗口，将查询所需要的表添加到查询设计视图的数据源窗格中。

② 将学生表的"学号""姓名"字段、课程表的"课程名称"字段以及成绩表的"分数"字段添加到查询定义窗口中。选择"查询工具"选项卡中的"查询类型"组，单击"交叉表"按钮，查询定义窗口中将出现"总计"和"交叉表"行。首先，在"交叉表"行，对应"学号"和"姓名"字段选择"行标题"，对应"课程名称"字段选择"列标题"，对应"分数"字段，选择"值"。然后，在"总计"行，对应"学号""姓名"和"课程名称"字段选择"Group By"，对应"分数"字段，选择"First"，如图 4.33 所示。

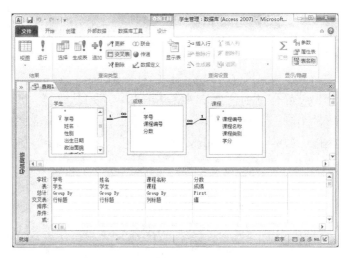

图 4.33 例 4.14 示意图

③ 保存运行查询。

【例 4.15】在"学生管理"数据库中，创建交叉表查询，查询各学院男、女教师的人数。

操作步骤如下。

① 打开"学生管理"数据库，选择"创建"菜单中的"查询"选项组，单击"查询设计"按钮，打开"查询设计器"窗口，将查询所需要的表添加到查询设计视图的数据源窗格中。

② 选择"查询工具"选项卡中的"查询类型"组，单击"交叉表"按钮，将"学院""性别"和"教师编号"字段添加到查询定义窗口中。在"总计"行，对应"学院"和"性别"字段选择"Group By"，对应"教师编号"字段选择"计数"；在"交叉表"行，对应"学院"字段选择"行标题"，对应"性别"字段选择"列标题"，对应"教师编号"字段选择"值"，如图 4.34 所示。

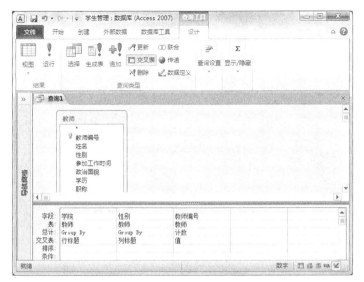

图 4.34　例 4.15 示意图

③ 保存运行查询。

4.6　操作查询

前面介绍的查询是按照用户的需求，根据一定的条件从已有的数据源中选择满足特定准则的数据形成一个动态集，将已有的数据源再组织或增加新的统计结果，这种查询方式不改变数据源中原有的数据状态。

操作查询是在选择查询的基础上创建的，可以对表中的记录进行追加、修改、删除和更新。操作查询包括生成表查询、更新查询、追加查询和删除查询。

4.6.1　生成表查询

生成表查询可以使查询的运行结果以表的形式存储，生成一个新表，这样就可以利用一个或多个表或已知的查询再创建表，从而利用数据库中的表创建新表，实现数据资源的多次利用及重组数据集合。

【例 4.16】在"学生管理"数据库中，创建生成表查询，查询"中共党员"教师的"编号""姓名""性别"和"政治面貌"字段，并生成"全校党员信息"表。

操作步骤如下。

① 打开"学生管理"数据库，选择"创建"菜单中的"查询"选项组，单击"查询设计"按钮，打开"查询设计器"窗口，将查询所需要的表添加到查询设计视图的数据源窗格中。

② 将教师表的"教师编号""姓名""性别"和"政治面貌"字段添加到查询定义窗口中。将"教师编号"标题改为"编号"，对应"政治面貌"字段，在"条件"行输入"中共党员"，然后选择"查询工具"的"查询类型"组，单击"生成表"按钮，则打开"生成表"对话框，如图 4.35 所示，在"表名称"文本框中输入"全校党员信息"，单击"确定"按钮，查询设置完成。

③ 保存并运行查询，生成相应的"全校党员信息"表。

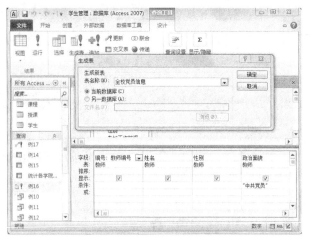

图 4.35　例 4.16 示意图

4.6.2　更新查询

在数据库操作中，如果只对表中少量数据进行修改，可以直接在表的"数据表视图"下，通过手工进行修改。如果需要成批修改数据，可以使用 Access 提供的更新查询功能来实现。更新查询可以对一个或多个表中符合查询条件的数据进行批量的修改。

【例 4.17】在"学生管理"数据库中，将所有专业课的学分减少 0.5 学分。

操作步骤如下。

① 打开"学生管理"数据库，选择"创建"菜单中的"查询"选项组，单击"查询设计"按钮，打开"查询设计器"窗口，将查询所需要的表添加到查询设计视图的数据源窗格中。

② 将"课程类别"和"学分"字段添加到查询定义窗口中，然后选择"查询工具"的"查询类型"组，单击"更新"按钮，则在查询定义窗口中出现"更新到"行。对应"课程类别"字段，在"条件"行输入""专业课""，然后对应"学分"字段，在"更新到"行输入"[学分]-.5"，如图 4.36所示。保存查询，输入查询名"将所有专业课的学分减少"，查询设置完成。

③ 运行查询。

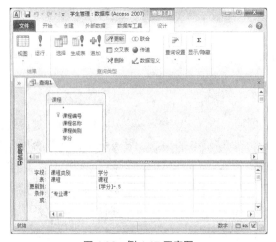

图 4.36　例 4.17 示意图

4.6.3 追加查询

追加查询可以从一个或多个表将一组记录追加到一个或多个表的尾部，可以大大提高数据输入的效率。追加记录时只能追加匹配的字段，其他字段将被忽略。其次，被追加的数据表必须是存在的表，否则无法实现追加，系统将显示相应的错误信息。

【例 4.18】通过追加查询，将"学生"表中所有"政治面貌"为"党员"的学生信息追加到"全校党员信息"表中。

操作步骤如下。

① 打开"学生管理"数据库，选择"创建"菜单中的"查询"选项组，单击"查询设计"按钮，打开"查询设计器"窗口，将查询所需要的表添加到查询设计视图的数据源窗格中。

② 将"学号""姓名""性别"和"政治面貌"字段添加到查询定义窗口中，然后选择"查询工具"的"查询类型"组，单击"追加"按钮，在弹出的"追加"对话框的"表名称"列表框中选择"全校党员信息"，如图 4.37 所示。单击"确定"按钮，则在查询定义窗口中出现"追加到"行。

③ 对应"学号"字段，在"追加到"行的下拉列表中选择"编号"；对应"政治面貌"字段，在"条件"行输入"党员"，如图 4.38 所示，保存查询，运行结果。

图 4.37 "追加"对话框

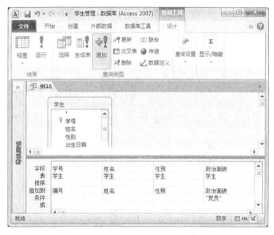

图 4.38 例 4.18 查询条件设置

4.6.4 删除查询

删除查询又称为删除记录的查询，可以从一个或多个数据表中删除记录。使用删除查询时，将删除整条记录，而非只删除记录中的字段值。记录一经删除将不能恢复，因此，在删除记录前要做好数据备份。删除查询设计完成后，需要运行查询才能将需要删除的记录删除。

如果要从多个表中删除相关记录，必须满足以下几点：已经定义了相关表之间的关系；在相应的编辑关系对话框中，选择"实施参照完整性"复选框和"级联删除相关记录"复选框。

【例 4.19】在"学生管理"数据库中，删除"成绩"表中所有不及格的学生信息。

操作步骤如下。

① 打开"学生管理"数据库，选择"创建"菜单中的"查询"选项组，单击"查询设计"按钮，打开"查询设计器"窗口，将查询所需要的表添加到查询设计视图的数据源窗格中。

② 选择"查询工具"的"查询类型"组，单击"删除"按钮。

③ 将"分数"字段添加到查询定义窗口中，在对应的"条件"行中输入"<60"，如图 4.39 所示。保存查询，运行结果。

图 4.39　例 4.19 查询条件设置

4.7　SQL 查询

SQL 查询是使用 SQL 创建的一种查询。在 Access 中，每个查询都对应着一个 SQL 查询命令。当用户使用查询向导或查询设计器创建查询时，系统会自动生成对应的 SQL 命令，可以在 SQL 视图中查看。除此之外，用户还可以直接通过 SQL 视图窗口输入 SQL 命令来创建查询。

4.7.1　SQL 简介

SQL（Structured Query Language）即结构化查询语言，是由博伊斯（Boyce）和钱柏林（Chamberlin）1974 年提出的。1975—1979 年，IBM 公司的 San Jose Research Laboratory 研制了著名的关系数据库管理系统原型 System R，并实现了这种语言。经过各公司的不断修改、扩充和完善，1987 年，SQL 最终成为关系数据库的标准语言。1986 年，美国颁布了 SQL 的美国标准，1987 年，国际标准化组织将其采纳为国际标准。SQL 由于使用方便、功能丰富、语言简洁易学等特点，很快得到推广和应用。目前，SQL 已被确定为关系数据库系统的国际标准，被绝大多数商品化关系数据库系统采用，如 Oracle、Sybase、DB2、Informix、SQL Server 这些数据库管理系统都支持 SQL 作为查询语言。SQL 成为国际标准后，对数据库以外的领域也产生了很大影响，不少软件产品已将 SQL 的数据查询功能与图形功能、软件工程工具、软件开发工具、人工智能程序结合起来。

SQL 的功能包括数据定义、数据查询、数据操纵和数据控制 4 个部分。SQL 具有以下特点。

（1）高度的综合

SQL 集数据定义、数据操纵和数据控制于一体，语言风格统一，可以实现数据库的全部操作。

（2）高度非过程化

SQL 在进行数据操作时，只需说明"做什么"，而不必指明"怎么做"，其他工作由系统完成。用户无需了解对象的存取路径，大大减轻了用户负担。

（3）交互式与嵌入式相结合

用户可以将 SQL 语句当作一条命令直接使用，也可以将 SQL 语句当作一条语句嵌入到高级语言程序中，两种方式语法结构一致，为程序员提供了方便。

（4）语言简洁，易学易用

SQL 结构简洁，只用了 9 个动词就可以实现数据库的所有功能，使用户易于学习和使用（见表 4.3）。

表 4.3　SQL 命令动词

功能分类	命令动词	命令动词
数据查询	SELECT	数据查询
数据定义	CREATE	创建对象
	DROP	删除对象
	ALTER	修改对象
数据操纵	INSERT	插入数据
	UPDATE	更新数据
	DELETE	删除数据
数据控制	GRANT	定义访问权限
	REVOKE	回收访问权限

4.7.2　数据查询语句

数据查询是 SQL 的核心功能。SQL 提供 SELECT 语句，用于检索和显示数据库中表的信息，该语句功能强大，使用方式灵活，可用一个语句实现多种方式的查询。

1. SELECT 语句的格式

```
SELECT [ALL|DISTINCT] [TOP <数值> [PERCENT]]<目标列表达式1> [AS <列标题1>][,<目标列表达式
2> [AS <列标题2>]…]
FROM <表或查询1> [[AS]<别名1>][,<表或查询2> [[AS]<别名2>]][[INNER|LEFT[OUTER]|RIGHT[OUTER]
JOIN <表或查询3> [[AS]<别名3>]ON <连接条件>]…]
[WHERE <条件表达式1> [AND|OR <条件表达式2>…]
[GROUP BY <分组项> [HAVING <分组筛选条件>]]
[ORDER BY <排序项1> [ASC|DESC][,<排序项2> [ASC|DESC]…]]
```

2. 语法描述的约定说明

"[ ]"内的内容为可选项；"< >"内的内容为必选项；"|"表示"或"，即前后的两个值"二选一"。

3. SELECT 语句中各子句的意义

① SELECT 子句：指定要查询的数据，一般是字段名或表达式。

ALL：表示查询结果中包括所有满足查询条件的记录，也包括值重复的记录。默认为 ALL。

DISTINCT：表示在查询结果中内容完全相同的记录只能出现一次。

TOP <数值> [PERCENT]：限制查询结果中包括的记录条数为当前<数值>条或占记录总数的百分比为<数值>。

AS <列标题 1>：指定查询结果中列的标题名称。

② FROM 子句：指定数据源，即查询所涉及的相关表或已有的查询。如果这里出现 JOIN…ON

子句，则表示要为多表查询指定多表之间的连接方式。

③ WHERE 子句：指定查询条件，在多表查询的情况下也可用于指定连接条件。

④ GROUP BY 子句：对查询结果进行分组，可选项 HAVING 表示要提取满足 HAVING 子句指定条件的那些组。

⑤ ORDER BY 子句：对查询结果进行排序。ASC 表示升序排列，DESC 表示降序排列。

SQL 数据查询语句与"查询视图"设计器中各选项间的对应关系如表 4.4 所示。

表 4.4　查询语句

SELECT 子句	"查询视图"设计器中对应的选项
SELECT<目标列>	"字段"栏
FROM<表或查询>	"显示表"对话框
WHERE<筛选条件>	"条件"栏
GROUP BY<分组项>	"总计"栏
ORDER BY<排序项>	"排序"栏

4.7.3　单表查询

1. 简单查询

【例 4.20】查询学生表中的所有记录。

```
SELECT * FROM 学生
```

2. 选择字段查询

【例 4.21】查询学生的学号、姓名和年龄。

```
SELECT 学号,姓名,Year(Date())-Year([出生日期]) AS 年龄 FROM 学生
```

3. 带有条件的查询

【例 4.22】在成绩表中查找课程编号为"J001"且分数在 80～90 分的学生。

```
SELECT 学号,课程编号,分数 FROM 成绩 WHERE 课程编号="J001" AND 分数>=80 AND 分数<=90
```

【例 4.23】查找课程编号为"J001"和"J003"的两门课的学生成绩。

```
SELECT 学号,课程编号,分数 FROM 成绩 WHERE 课程编号 IN ("J001","J003")
```

【例 4.24】在学生表中查找姓"王"的且全名为三个汉字的学生的学号和姓名。

```
SELECT 学号,姓名 FROM 学生 WHERE 姓名 LIKE "王??"
```

4. 统计查询

【例 4.25】从学生表中统计学生人数。

```
SELECT Count(学号) AS 学生总数 FROM 学生
```

【例 4.26】求选修课程编号为"Z002"的学生的最高分和最低分。

```
SELECT MAX(分数) AS 最高分,MIN(分数) AS 最低分 FROM 成绩 WHERE 课程编号="Z002"
```

5. 分组统计查询

可以根据指定的某个（或多个）字段将查询结果进行分组，使指定字段上有相同值的记录分在一组，再通过聚合函数等函数对查询结果进行统计计算。

【例 4.27】从成绩表中统计每个学生的所有选修课程的平均分。

```
SELECT 学号,Avg(分数) AS 平均分 FROM 成绩 GROUP BY 学号
```

【例 4.28】从成绩表中统计每个学生的所有选修课程的平均分，并且只列出平均分大于 80 分的学生的学号和平均分。

```
SELECT 学号,Avg(分数) AS 平均分 FROM 成绩 GROUP BY 学号 HAVING Avg(分数)>80
```

【例 4.29】查找选修课程超过 3 门的学生的学号。

```
SELECT 学号 FROM 成绩 GROUP BY 学号 HAVING COUNT(*)>3
```

6. 查询排序

按指定的某个（或多个）字段对结果进行排序的查询。

【例 4.30】从学生表中查询学生的信息，并将查询结果按出生日期升序排序。

```
SELECT * FROM 学生 ORDER BY 出生日期
```

【例 4.31】从成绩表中查找课程编号为"J005"的学生的学号和分数，并按分数降序排序。

```
SELECT 学号,分数 FROM 成绩 WHERE 课程编号="J005" ORDER BY 分数 DESC
```

7. 消除结果重复行的查询

【例 4.32】从成绩表中查询有选修课程的学生的学号（要求同一个学生只列出一次）。

```
SELECT DISTINCT 学号 FROM 成绩
```

4.7.4 多表查询

若查询涉及两个以上的表，即当要查询的数据来自多个表时，必须采用多表查询方法，该类查询方法也称为连接查询。连接查询是关系数据库最主要的查询功能。连接查询可以是两个表的连接，也可以是两个以上的表的连接，也可以是一个表自身的连接。

使用多表查询时必须注意以下问题。

① 在 FROM 子句中列出参与查询的表。

② 如果参与查询的表中存在同名的字段，并且这些字段要参与查询，必须在字段名前加表名。

③ 必须在 FROM 子句中用 JOIN 或 WHERE 子句将多个表用某些字段或表达式连接起来。

有两种方法可以实现多表的连接查询。

1. 用 WHERE 子句写连接条件

格式为：SELECT <目标列> FROM <表名 1>,<表名 2> [,<表名 3>] WHERE <连接条件 1> AND <连接条件 2> AND <筛选条件>

【例 4.33】查找学生信息以及所选修课的课程名称及分数。

```
SELECT 学生.*,课程名称,分数 FROM 学生,课程,成绩 WHERE 课程.课程编号=成绩.课程编号 AND 学生.学号=成绩.学号
```

2. 用 JOIN 子句写连接条件

在 Access 中，JOIN 连接主要分为 INNER JOIN 和 OUTER JOIN。

INNER JOIN 是最常用类型的连接。此连接通过匹配表之间共有的字段值来从两个或多个表中检索行。

OUTER JOIN 用于从多个表中检索记录，同时保留其中一个表中的记录，即使其他表中没有匹配记录。Access 数据库引擎支持 OUTER JOIN 有两种类型：LEFT OUTER JOIN 和 RIGHT OUTER JOIN。想象两个表彼此挨着：一个表在左边，一个表在右边。LEFT OUTER JOIN 选择右表中与关系比较条件匹配的所有行，同时也选择左表中的所有行，即使右表中不存在匹配项。RIGHT OUTER

JOIN 恰好与 LEFT OUTER JOIN 相反，右表中的所有行都被保留。

格式为：SELECT <目标列> FROM <表名 1> INNER|LEFT[OUTER]|RIGHT [OUTER] JOIN <表名 2> ON <表名 1>.<字段名 1>=<表名 2>.<字段名 2> WHERE <筛选条件>

【例 4.34】查询学生的所修课程成绩，输出学生的学号、姓名、课程名称、分数。

SELECT 学生.学号, 学生.姓名,课程.课程名称,成绩.分数;

FROM 学生 INNER JOIN 成绩 INNER JOIN 课程 ON 课程.课程编号=成绩.课程编号 ON 学生.学号=成绩.学号

 思考 如果将 INNER JOIN 换成两种不同类型的 OUTER JOIN，结果会有什么变化？

4.7.5 嵌套查询

在 SQL 中，当一个查询是另一个查询的条件时，即在一个 SELECT 语句的 WHERE 子句中出现另一个 SELECT 语句时，这种查询被称为嵌套查询。通常把内层的查询语句称为子查询，外层的查询语句称为父查询。

嵌套查询的运行方式是由里向外的，也就是说，每个子查询都先于它的父查询执行，而子查询的结果作为其父查询的条件。

子查询的 SELECT 语句中不能使用 ORDER BY 子句，ORDER BY 子句只能对最终查询结果排序。

1. 带关系运算符的嵌套查询

父查询与子查询之间用关系运算符（>、<、=、>=、<=、<>）进行连接。

【例 4.35】根据学生表，查询年龄大于所有学生平均年龄的学生，并显示其学号、姓名和年龄。

SELECT 学号,姓名,Year(Date())-Year(出生日期) AS 年龄 FROM 学生 WHERE Year(Date())-Year(出生日期)>(SELECT Avg(Year(Date())-Year(出生日期)) FROM 学生)

2. 带有 IN 的嵌套查询

【例 4.36】根据学生表和成绩表，查询没有选修课程编号为"J005"的学生的学号和姓名。

SELECT 学号,姓名 FROM 学生 WHERE 学号 NOT IN (SELECT 学号 FROM 成绩 WHERE 课程编号 ="J005")

3. 带有 EXISTS 的嵌套查询

【例 4.37】根据学生表和成绩表，查询所有选修了"J005"课程的学生的学号和姓名。

SELECT 学号,姓名 FROM 学生 WHERE EXISTS(SELECT * FROM 成绩 WHERE 成绩.学号=学生.学号 AND 课程编号="J005")

4.7.6 联合查询

联合查询可以将两个或多个独立查询的结果组合在一起。使用"UNION"连接的两个或多个 SQL 语句产生的查询结果要有相同的字段数目，但是这些字段的大小或数据类型不必相同。另外，如果需要使用别名，则仅在第一个 SELECT 语句中使用别名，别名在其他语句中将被忽略。

如果在查询中有重复记录，即所选字段值完全一样的记录，则联合查询只显示重复记录中的第一条记录；要想显示所有的重复记录，需要在"UNION"后加上关键字"ALL"，即写成"UNION ALL"。

【例 4.38】查询所有学生的学号和姓名以及所有教师的教师编号和姓名。

```
SELECT 学号,姓名 FROM 学生 UNION SELECT 教师编号,姓名 FROM 教师
```

4.8 其他 SQL 语句

4.8.1 数据定义语句

数据定义功能是 SQL 的主要功能之一。利用数据定义功能可以完成建立、修改、删除数据表结构以及建立、删除索引等操作。

1. 创建数据表

数据表定义包含定义表名、字段名、字段数据类型、字段的属性、主键、外键与参照表、表约束规则等。

在 SQL 中使用 CREATE TABLE 语句来创建数据表,使用 CREATE TABLE 定义数据表的格式为:

```
CREATE TABLE <表名>(<字段名 1><字段数据类型>[(<大小>)][NOT NULL][PRIMARY
KEY|UNIQUE][REFERENCES <参照表名>[(<外部关键字>)]][,<字段名2>[…][,…]][,主键])
```

说明:

① PRIMARY KEY 将该字段创建为主键,被定义为主键的字段其取值唯一; UNIQUE 为该字段定义无重复索引。

② NOT NULL 不允许字段取空值。

③ REFERENCES 子句定义外键并指明参照表及其参照字段。

④ 当主键由多字段组成时,必须在所有字段都定义完毕后,再通过 PRIMARY KEY 子句定义主键。

⑤ 所有这些定义的字段或项目用逗号隔开,同一个项目内用空格分隔。

⑥ 字段数据类型是用 SQL 标识符表示的。

【例 4.39】在"学生管理"数据库中,使用 SQL 语句定义一个名为"Student"的表,结构为:学号(文本,10 字符)、姓名(文本,6 字符)、性别(文本,2 字符)、出生日期(日期/时间)、简历(备注)、照片(OLE),学号为主键,姓名不允许为空值。

```
CREATE TABLE Student(学号 TEXT(10) PRIMARY KEY NOT NULL,姓名 TEXT(6)  NOT NULL,性别 TEXT(2),
出生日期 DATE,简历 MEMO,照片 OLEOBJECT)
```

【例 4.40】在"学生管理"数据库中,使用 SQL 语句定义一个名为"Grade"的表,结构为:学号(文本,10 字符)、课程编号(文本型,5 字符)、分数(单精度型),主键由学号和课程编号两个字段组成,并通过学号字段与"Student"表建立关系,通过课程编号字段与"Course"表建立关系。

```
CREATE TABLE Grade(学号 TEXT(10) NOT NULL REFERENCES Student(学号),课程编号 TEXT(5) NOT NULL
REFERENCES Course(课程编号),分数 SINGLE,PRIMARY KEY(学号,课程编号))
```

2. 修改表结构

ALTER TABLE 语句用于修改表的结构,主要包括增加、删除、修改字段的类型和大小等。

① 修改字段类型及大小,格式为:

```
ALTER TABLE <表名> ALTER <字段名> <数据类型>(<大小>)
```

② 添加字段，格式为：

```
ALTER TABLE <表名> ADD <字段名> <数据类型> (<大小>)
```

③ 删除字段，格式为：

```
ALTER TABLE <表名> DROP <字段名>
```

【例 4.41】使用 SQL 语句修改表，为 Student 表增加一个"电子邮件"字段（文本型，20 字符）。

```
ALTER TABLE Student ADD 电子邮件 TEXT(20)
```

【例 4.42】使用 SQL 语句修改表，修改 Student 表的"电子邮件"字段，将该字段长度改为 25 字符，并将该字段设置成唯一索引。

```
ALTER TABLE Student ALTER 电子邮件 TEXT(25) UNIQUE
```

【例 4.43】使用 SQL 语句修改表，删除 Student 表的"简历"字段。

```
ALTER TABLE Student DROP 简历
```

3. 删除数据表

DROP TABLE 语句用于删除表，格式为：

```
DROP TABLE <表名>
```

4. 建立索引

CREATE INDEX 语句用于建立索引，格式为：

```
CREATE [UNIQUE] INDEX <索引名称> ON <表名> (<索引字段 1>[ASC|DESC]
[,<索引字段 2>[ASC|DESC][,…]])[WITH PRIMARY]
```

使用可选项 UNIQUE 子句将建立无重复索引。可以定义多字段索引。ASC 表示升序，DESC 表示降序。WITH PRIMARY 子句将索引指定为主键。

5. 删除索引

DROP INDEX 用于删除索引，格式为：

```
DROP INDEX <索引名称> ON <表名>
```

4.8.2 数据操纵语句

SQL 中数据更新包括插入数据、修改数据和删除数据三条语句。

1. 插入数据

INSERT INTO 语句用于在数据库表中插入数据。通常有两种形式，一种是插入一条记录，另一种是插入子查询的结果。后者可以一次插入多条记录。

① 插入一条记录，格式为：

```
INSERT INTO <表名>[(<字段名 1>[,<字段名 2>[,…]])] VALUES (<表达式 1>[,<表达式 2>[,…]])
```

② 插入子查询结果，格式为：

```
INSERT INTO <表名>[(<字段名 1>[,<字段名 2>[,…]])] <SELECT 查询语句>
```

【例 4.44】使用 SQL 语句向 Course 表中插入一条课程记录。

```
INSERT INTO Course VALUES("J006","大学语文",3)
```

2. 修改数据

UPDATE 语句用于修改记录的字段值。

修改数据的语法格式为：

```
UPDATE <表名> SET <字段名 1>=<表达式 1>[,<字段名 2>=<表达式 2>[,…]][WHERE <条件>]
```

【例 4.45】使用 SQL 语句将 Course 表中课程编号为 "J006" 的学分字段值改为 4。

```
UPDATE Student SET 学分=4  WHERE 课程编号="J006"
```

3. 删除数据

DELETE 语句用于将记录从表中删除，删除的记录数据将不可恢复。

删除数据的语法格式为：

```
DELETE FROM <表名> [WHERE <条件>]
```

【例 4.46】使用 SQL 语句删除 Course 表中课程编号为 "J006" 的课程记录。

```
DELETE FROM Course WHERE 课程编号="J006"
```

4.9 思考与练习

1. 思考题

（1）查询设计器的作用是什么？

（2）查询可以更新数据表中的数据吗？

（3）SQL 具有哪些主要功能？

（4）SQL 中有哪些基本命令？

2. 选择题

（1）若要查询成绩为 60~80 分（包括 60 分，不包括 80 分）的学生的信息，成绩字段的查询准则应设置为（   ）。

    A. >60 Or <80   B. >=60 And <80   C. >60 And <80   D. In(60,80)

（2）操作查询不包括（   ）。

    A. 更新查询   B. 追加查询   C. 参数查询   D. 删除查询

（3）若上调产品价格，最方便的方法是使用以下（   ）查询。

    A. 追加查询   B. 更新查询   C. 删除查询   D. 生成表查询

（4）若要用设计视图创建一个查询，查找总分在 255 分以上（包括 255 分）的女同学的姓名、性别和总分，正确的设置查询准则的方法应为（   ）。

    A. 在准则单元格键入：总分>=255 And 性别="女"

    B. 在总分的准则单元格键入：总分>=255；在性别的准则单元格键入："女"

    C. 在总分的准则单元格键入：>=255；在性别的准则单元格键入："女"

    D. 在准则单元格键入：总分>=255 Or 性别="女"

（5）交叉表查询是为了解决（   ）。

    A. 一对多关系中，对"多方"实现分组求和的问题。

    B. 一对多关系中，对"一方"实现分组求和的问题。

    C. 一对一关系中，对"一方"实现分组求和的问题。

    D. 多对多关系中，对"多方"实现分组求和的问题。

（6）SQL 查询能够创建（   ）。

    A. 更新查询   B. 追加查询   C. 选择查询   D. 以上各类查询

（7）下列对 Access 查询叙述错误的是（　　　）。

    A. 查询的数据源来自于表或已有的查询

    B. 查询的结果可以作为其他数据库对象的数据源

    C. Access 的查询可以分析数据、追加、更改、删除数据

    D. 查询不能生成新的数据表

（8）SQL 的核心功能是（　　　）。

    A. 数据查询　　　　B. 数据修改　　　　C. 数据定义　　　　D. 数据控制

（9）向指定表中插入记录的 SQL 语句是（　　　）。

    A. INSERT　　　　B. INSERT BLANK　　C. INSERT INTO　　D. INSERT BEFORE

（10）下面表示修改表结构的语句是（　　　）。

    A. UPDATE TABLE 职工 SET 年龄=年龄+5

    B. ALTER TABLE 职工 ADD 备注 MEMO

    C. DELETE FROM 职工

    D. DROP TABLE 职工

第5章 窗 体

本章学习目标

熟练掌握窗体的组成、类型、视图和功能。

熟练掌握创建窗体的方法。

熟练掌握常用窗体控件的使用。

会使用窗体操作数据。

窗体是 Access 数据库的重要对象之一。它既是管理数据库的窗口，也是用户与数据库交互的桥梁，通过窗体可以输入、编辑、显示和查询数据。利用窗体可以将数据库中的对象组织起来形成一个功能完整、风格统一的数据库应用系统。本章将详细介绍窗体的概念和作用、组成和结构、创建和设计。

本章主要介绍窗体的组成、创建，重点介绍窗体控件的使用和属性，最后介绍如何修饰窗体和使用窗体操作数据。

5.1 窗体概述

窗体本身并不存储数据，但应用窗体可以直观、方便地对数据库中的数据进行输入、修改和查看。窗体中包含多种控件，通过这些控件可以打开报表或其他窗体、执行宏或 VBA 编写的代码程序。在一个数据库应用程序开发完成后，对数据库的所有操作都可以通过窗体这个界面来实现。所以，窗体是一个应用系统的组织者。

5.1.1 窗体的作用

窗体是应用程序和用户之间的接口，是创建数据库应用系统最基本的对象。通常有数据源的窗体中包括两类信息：一类是设计者在设计窗体时附加的一些提示信息，例如，一些说明性的文字或一些图形元素，这些信息对数据表中的每一条记录都是相同的，不随记录的变化而变化；另一类是所处理表或查询的记录，往往与所处理记录的数据密切相关，当记录内容变化时，这些信息也随之变化。利用控件可在窗体的信息和窗体的数据源之间建立链接。

① 输入和编辑数据。可以为数据库中的数据表设计相应的窗体，作为输入或编辑数据的界面，实现数据的输入和编辑。

② 显示和打印数据。在窗体中可以显示或打印来自一个或多个数据表或查询中的数据，可以显示警告或解释信息。窗体中数据显示的格式相对于数据表或查询更加自由和灵活。

③ 控制应用程序执行流程。窗体能够与函数、过程相结合，通过编写宏或 VBA 代码完成各种复杂的处理功能，控制程序的执行。

5.1.2　窗体的组成

窗体"设计视图"由 5 部分组成，每部分称为节，分别是窗体页眉、页面页眉、主体、页面页脚和窗体页脚，窗体的组成如图 5.1 所示。

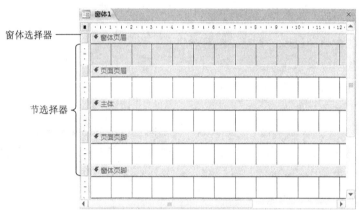

图 5.1　窗体的组成

1. 窗体页眉

窗体页眉用于设置或显示窗体的标题、使用说明，或打开相关窗体及执行其他功能的命令按钮等。其显示在窗体视图中顶部或打印页的头部。

2. 页面页眉

页面页眉一般用来设置窗体在打印时的页面头部信息，例如，每页的顶部要显示的标题、列标题、日期或页码。

3. 主体

主体用于显示窗体的主要部分，其通常包含绑定到记录源中字段的控件，或未绑定控件，如字段或标签等，可以在屏幕或页面上显示一条记录或多条记录。

4. 页面页脚

页面页脚一般用来设置窗体在打印时的页脚信息，例如，日期、页码或用户要在每一页下方显示的汇总、日期或页码等内容。

5. 窗体页脚

窗体页脚用于显示窗体的使用说明、命令按钮或接受输入的未绑定控件。其显示在窗体视图中的底部和打印页的尾部。

默认情况下，窗体"设计视图"只显示主体节，如图 5.2 所示。若要显示其他 4 个节，需要在主体节的空白区域单击鼠标右键，在弹出的快捷菜单中执行"窗体页眉/页脚"命令和"页面页眉/页脚"命令，如图 5.3 所示。

图 5.2 默认下的窗体设计器视图   图 5.3 快捷菜单

5.1.3 窗体的类型

在 Access 中，窗体的类型分为 6 种，分别是纵栏式窗体、表格式窗体、数据表窗体、主/子窗体、图表窗体和数据透视表窗体。

1. 纵栏式窗体

在窗体界面中每次只显示表或查询中的一条记录，可以占一个或多个屏幕页，记录中各字段纵向排列。纵栏式窗体通常用于输入数据，每个字段的字段名称都放在字段左边。纵栏式窗体布局如图 5.4 所示。

2. 表格式窗体

在窗体中显示表或查询中的记录。记录中的字段横向排列，记录纵向排列。每个字段的字段名称都放在窗体顶部，做窗体页眉。可通过滚动条来查看其他记录。表格式窗体布局如图 5.5 所示。

图 5.4 纵栏式窗体   图 5.5 表格式窗体

3. 数据表窗体

从外观上看，数据表窗体与数据表或查询显示数据界面相同，主要作用是作为一个窗体的子窗体。数据表窗体布局如图 5.6 所示。

4. 主/子窗体

窗体中的窗体称为子窗体，包含子窗体的窗体称为主窗体。其通常用于显示多个表或查询的数据，这些表或查询中的数据具有一对多的关系。主窗体显示为纵栏式的窗体，子窗体可以显示为数据表窗体或表格式窗体。子窗体中可以创建二级子窗体。主/子窗体布局如图 5.7 所示。

班级

班级编号	班级名称	人数	班主任
2018001	经济1801	40	王强
2018002	经济1802	38	李刚
2018003	商务1801	42	张宏
2018004	商务1802	41	王丽娟
2018005	设计1801	20	宋文君
2018006	设计1802	19	杨晓亮
2018007	财务1801	35	赵辉
2018008	财务1802	36	张丽云

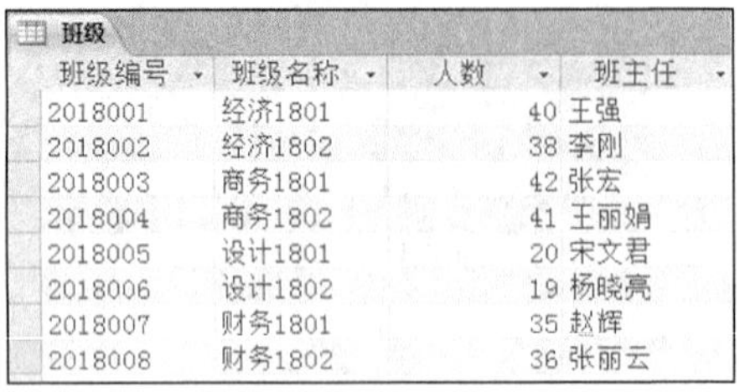

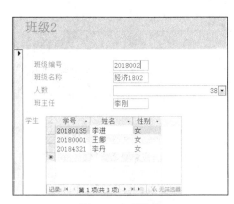

图 5.6　数据表窗体

图 5.7　主/子窗体

5. 图表窗体

Access 2010 提供了多种图表，包括折线图、柱形图、饼图、圆环图、面积图、三维条形图等。可以单独使用图表窗体，也可以将它嵌入到其他窗体中作为子窗体。图表窗体布局如图 5.8 所示。

图 5.8　图表窗体

6. 数据透视表窗体

数据透视表窗体是一种交互式表，可动态地改变版面布置，以按不同方式计算、分析数据。数据透视表窗体布局如图 5.9 所示。

成绩

将筛选字段拖至此处

学号	J001 分数	J002 分数	J003 分数	J004 分数	J005 分数	Z001 分数	Z002 分数	Z003 分数	Z004 分数	Z005 分数	总计 无汇总信息
20180001					90					100	
20180010	98						80				
20180111				95					80		
20180135			80					85			
20181445					78					99	
20182278	80					95					
20183228			90					50			
20183245				88					55		
20183500		70					70				
20184321		75					60				
总计											

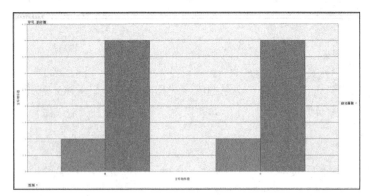

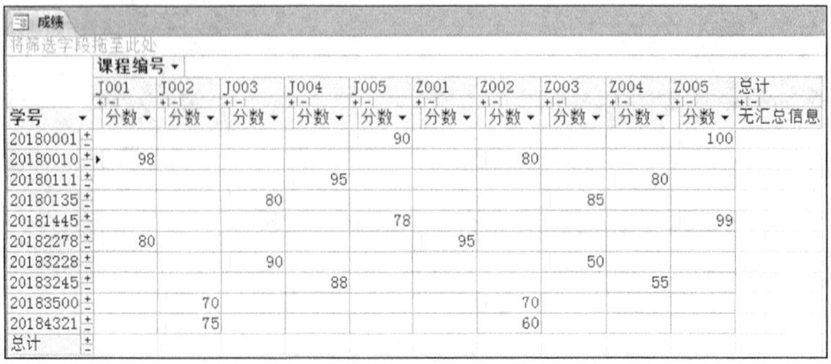

图 5.9　数据透视表窗体

5.1.4 窗体的视图

窗体有窗体视图、数据表视图、数据透视图视图、数据透视表视图、布局视图和设计视图 6 种视图,如图 5.10 所示。最常用的是窗体视图、布局视图和设计视图。不同类型的窗体具有的视图类型有所不同。窗体在不同的视图中完成不同的任务,在不同视图之间可以方便地进行切换。

图 5.10　窗体的视图

1. 窗体视图

窗体视图是最终面向用户的视图,是用于输入、修改或查看数据的窗口,在设计过程中用来查看窗体运行的效果。

2. 数据表视图

数据表视图是显示数据的视图,同样也是完成窗体设计后的结果。数据表视图以表格形式显示表、窗体、查询中的数据,显示效果与表和查询对象的数据表视图相似,可用于编辑字段、添加和删除数据、查找数据等。在这种视图中,可以一次浏览多条记录,也可以使用滚动条或利用"导航"按钮浏览记录,方法与在表和查询的数据表视图中浏览记录的方法相同。

3. 数据透视图视图

在数据透视图视图中,把表中的数据信息及数据汇总信息以图形化的方式直观显示出来。

4. 数据透视表视图

在数据透视表视图中,可以动态地更改窗体的版面布局,重构数据的组织方式,从而方便地以各种不同方法分析数据,这种视图是一种交互式的表,可以重新排列行标题、列标题和筛选字段,直到形成所需的版面布局。

5. 布局视图

布局视图是 Access 2010 新增加的一种视图,主要用于调整和修改窗体设计。可以根据实际数据调整列宽,也可以在窗体上放置新的字段,并设置窗体及其控件的属性、调整控件的位置和宽度等。窗体的布局视图界面与窗体视图界面几乎一样,区别仅在于在布局视图中各控件的位置可以移动,但不能添加控件。切换到布局视图后,可以看到窗体的控件四周被虚线围住,表示这些控件可以调整位置和大小。

6. 设计视图

设计视图是 Access 数据库对象 (包括表、查询、窗体和宏) 都具有的一种视图。在设计视图中,不仅可以创建窗体,还可以调整窗体的版面布局,在窗体中添加控件,设置数据来源等。

5.1.5 "窗体设计工具" 选项卡

打开窗体 "设计视图" 后,在功能区中会出现 "窗体设计工具" 选项卡,这个选项卡由 "设计" "排列" 和 "格式" 三个子选项卡组成。其中,"设计" 选项卡提供了设计窗体时用到的主要工具,包括 "视图" "主题" "控件" "页眉/页脚" 以及 "工具" 等五个组,如图 5.11 所示。

图 5.11　窗体设计工具

五个组的基本功能如表 5.1 所示。

表 5.1　五个组的基本功能

组名称	功　　　　能
视图	只有一个带有下拉列表的"视图"按钮。直接单击按钮，可切换窗体视图和布局视图，单击其下方下拉箭头，可以选择进入其他视图
主题	可设置整个系统的视觉外观，包括"主题""颜色"和"字体"3 个按钮。单击每一个按钮，均可以打开相应的下拉列表，在列表中选择命令进行相应的格式设置
控件	是设计窗体的主要工具，由多个控件组成。限于空间的大小，在控件组中不能显示出所有控件。单击"控件"组右侧下方的"其他"箭头按钮，可以打开"控件"对话框
页眉/页脚	用于设置窗体页眉/页脚和页面页眉和页面页脚
工具	提供设置窗体及控件属性等的相关工具，包括"添加现有字段""属性表""Tab 键次序"等按钮。单击"属性表"按钮可以打开/关闭"属性表"对话框

5.2　创建窗体

在"创建"选项卡的"窗体"组中，提供了多种创建窗体的功能图标。其中包括"窗体""窗体设计"和"空白窗体"3 个主要的按钮，除此之外，还有"窗体向导""导航"和"其他窗体"3 个辅助按钮图标，如图 5.12 所示。

图 5.12　窗体"创建"选项卡

部分按钮图标的功能如下。

① 窗体：最快速地创建窗体的工具，只需单击便可以创建窗体，使用这个工具创建窗体，来自数据源的所有字段都放置在窗体上。

② 窗体设计：利用窗体设计视图设计窗体。

③ 空白窗体：以布局视图的方式设计和修改窗体，如果在窗体上放置很少几个字段时，使用这种方法最为适宜。

④ 窗体向导：一种辅助用户创建窗体的工具。

⑤ 多个项目：使用"窗体"工具创建窗体时，所创建的窗体一次只显示一个记录。而使用多个项目可创建显示多个记录的窗体。

⑥ 数据表：生成数据表形式的窗体。

⑦ 分割窗体：可以同时提供数据的两种视图，即窗体视图和数据表视图。分割窗体不同于窗体/子窗体的组合（子窗体将在后面介绍），它的两个视图连接到同一数据源，且保持同步。如果在窗体的某个视图中选择了一个字段，则在窗体的另一个视图中会选择相同的字段。

⑧ 数据透视图：生成基于数据源的数据透视图窗体。

⑨ 数据透视表：生成基于数据源的数据透视表窗体。

5.2.1　使用按钮快速创建窗体

Access 提供了多种方法自动创建窗体。它们的基本步骤都是先打开（或选定）一个表或者查询，再选用某种自动创建窗体的工具创建窗体。

1. 使用"窗体"按钮

单击"窗体"按钮所创建的窗体，其数据源来自某个表或某个查询，其布局结构简单整齐，这种方法创建的窗体是一种显示单个记录的窗体。

【例 5.1】在"学生管理"数据库中，以"班级"为数据源，用"窗体"按钮创建窗体。

操作步骤如下。

① 打开"学生管理"数据库，在"导航"窗格选定"班级"表。

② 在"创建"选项卡的"窗体"组中，单击"窗体"按钮 ，窗体创建完成后的效果如图 5.13 所示。

③ 保存窗体，窗体名为"班级 1"。

2. 使用"多个项目"工具创建窗体

"多个项目"即在窗体上显示多个记录的一种窗体布局形式。

【例 5.2】在"学生管理"数据库中，以"班级"为数据源使用"多个项目"创建窗体。

操作步骤如下。

① 打开"学生管理"数据库，在"导航"窗格选定"班级"表。

② 在"创建"选项卡的"窗体"组中，单击"其他窗体"按钮，选择"多个项目" 选项，窗体创建完成后的效果如图 5.14 所示。

③ 保存窗体，窗体名为"班级 2"。

图 5.13 使用"窗体"按钮创建的"班级"窗体

图 5.14 使用"多个项目"创建的窗体

3. 使用"分割窗体"工具创建窗体

"分割窗体"用于创建一种具有两种布局形式的窗体。窗体的上半部分是单一记录布局方式，在窗体的下半部分是多个记录的数据表布局方式。这种分割窗体为用户浏览记录带来了方便，既可以宏观上浏览多条记录，又可以微观上明细地浏览一条记录。分割窗体特别适合于数据表中记录很多，又需要浏览某一条记录明细的情况。

【例 5.3】在"学生管理"数据库中，以"班级"为数据源使用"分割窗体"创建窗体。

操作步骤如下。

① 打开"学生管理"数据库，在"导航"窗格选定"班级"表。

② 在"创建"选项卡的"窗体"组中，单击"其他窗体"按钮，选择"分割窗体" 选项，窗体创建完成后如图 5.15 所示。

③ 保存窗体，窗体名为"班级 3"。

4. 使用"模式与对话"工具创建窗体

使用"模式对话框"工具可以创建模式对话框窗体。这种形式的窗体是一种交互信息窗体，带有"确定"和"取消"功能两个命令按钮。这类窗体的特点是，其运行方式是独占的，在退出窗体之前不能打开或操作其他数据库对象。

【例 5.4】创建一个图 5.16 所示的"模式对话框"窗体。操作步骤如下。

① 在"创建"选项卡的"窗体"组中，单击"其他窗体"按钮。

② 在弹出的下拉列表中选择"模式对话框"选项，系统自动生成模式对话框窗体。

③ 保存窗体，窗体名为"模式对话框"。

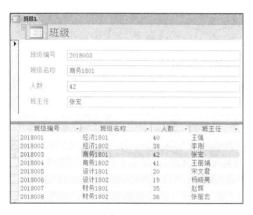

图 5.15　使用"分割窗体"创建的窗体

图 5.16　用"模式对话框"工具生成的窗体

5.2.2　使用向导创建窗体

使用按钮创建窗体虽然方便快捷，但在内容和外观上都受到很大限制，不能满足用户的要求。因此，可以使用窗体向导来创建内容更为丰富的窗体。

【例 5.5】在"学生管理"数据库中，以"教师"表为数据源使用向导创建窗体。操作步骤如下。

① 打开"学生管理"数据库，在"导航"窗格选定"教师"表。

② 在"创建"选项卡的"窗体"组中，单击"窗体向导"按钮，打开"窗体向导"对话框，如图 5.17 所示。

③ 选定要在窗体中显示的字段，此处单击 >> 按钮选择所有字段，单击"下一步"按钮，如图 5.18 所示。

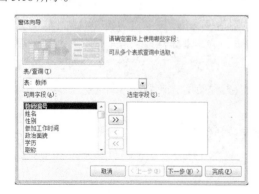

图 5.17　"窗体向导"对话框一

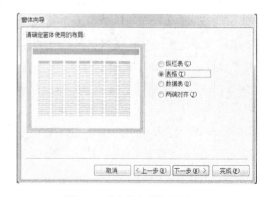

图 5.18　"窗体向导"对话框二

④ 选择窗体布局为“表格”，单击“完成”按钮，效果如图 5.19 所示。

⑤ 保存窗体，窗体名为“教师”。

教师

教师	姓名	性	参加工作时间	政治面	学历	职称	学院	电话
0221	孙同	男	1990/7/1	中共党	大学	教授	信息	26660570
0310	张丽	女	2010/9/5	群众	硕士	讲师	艺术	24503721
0457	刘玲	女	1998/10/10	中共党	博士	副教	会计	26670528
0530	王强	男	1995/1/10	群众	大学	教授	管理	23688088
0678	李刚	男	2012/3/1	群众	博士	讲师	信息	24582456
1100	张宏	男	2013/7/25	中共党	博士	讲师	艺术	28764521
1211	王丽	女	1990/9/1	群众	大学	教授	信息	26678888
1420	宋文	女	2014/5/25	群众	博士	讲师	管理	26654062
1511	杨晓	男	1996/5/27	群众	大学	副教	会计	26671234
1600	赵辉	男	2000/8/8	中共党	硕士	教授	管理	23657045

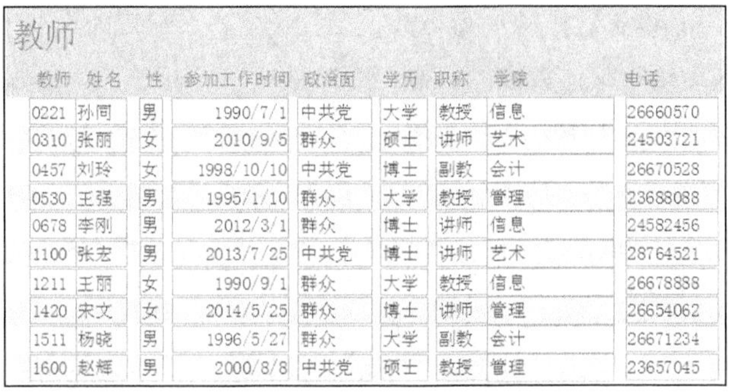

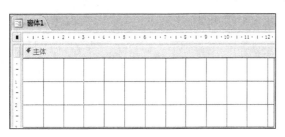

图 5.19 “教师”窗体

5.2.3 使用设计视图创建窗体

使用向导或者其他方法创建的窗体只能满足一般的需要，更多的时候需要使用窗体“设计视图”来创建窗体。这种方法自主、灵活，可以完全控制窗体的布局和外观，准确地将控件放到合适的位置，设置相应的格式以达到满意的效果，设计完成后可以在窗体设计视图中进行修改。

【例 5.6】在“学生管理”数据库中，以“课程”表为数据源，使用设计视图创建“课程”窗体。

操作步骤如下。

（1）打开窗体设计视图

打开“创建”选项卡，单击“窗体”选项组中的“窗体设计”按钮，进入窗体设计视图，如图 5.20 所示。

图 5.20 窗体设计视图

在设计视图中，包括“设计”选项卡和“排列”选项卡，如图 5.21 和图 5.22 所示。

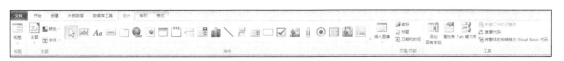

图 5.21 “设计”选项卡

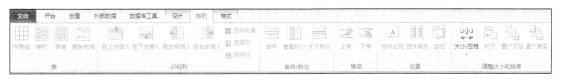

图 5.22 “排列”选项卡

（2）指定窗体数据源

如果创建的窗体用于显示或向数据表中输入数据，则必须为窗体设定数据源；如果创建的窗体是用于切换面板的，则不必设定数据源。窗体数据源的设定主要有以下两种方法。

① 通过"字段列表"指定窗体数据源。操作方法如下。

• 在"设计"选项卡中，单击"工具"组中的"添加现有字段"按钮，打开"字段列表"，单击显示所有表，如图 5.23 所示。

• 通过指定字段列表中的字段，确定数据源。在本例中，将"学生"表中的"学号"字段拖至窗体中，就将"学生"表指定为了窗体的数据源。而后将"学生"表的其他字段也拖动至窗体中。

② 通过"属性表"窗口指定窗体数据源。打开属性表的方法有以下几种。

图 5.23 "字段列表"窗格

• 双击设计视图左上方的"窗体选择器"。

• 单击设计视图中的"窗体选择器"，然后切换到"设计"选项卡，单击"工具"组中的"属性表"按钮。

• 右键单击窗体设计视图中非工作区域，选择快捷菜单中的"属性"命令。

 说明 指定数据源的这两种方法，Access 会根据字段的数据类型自动生成相应的控件，并在控件和字段之间建立关联。

（3）调整控件布局

在窗体的设计过程中，会经常添加或删除控件，或调整控件布局。添加至窗体的控件分为单一控件和组合控件两种。组合控件是由两种控件组合而成的控件，如图 5.24 所示。

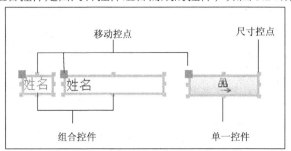

图 5.24 "组合控件"和"单一控件"

① 选定控件。当"设计"选项卡"控件"组中的"选择"按钮处在选中状态时，在设计视图中单击某控件，该控件的四周出现 8 个控点，表示该控件已被选定。

• 选定多个控件：若要选择多个不相邻的控件，按住 Shift 键的同时，逐个单击要选择的控件。若要选择多个相邻的控件，可按住鼠标左键不放，在窗体上拖动一个矩形选择框，将这些相邻控件包围起来，松开鼠标左键，包含在该矩形范围内的控件都被选定；或者将鼠标指针移到水平标尺或垂直标尺上，当指针变为向下或向右的黑色实心箭头时，按下鼠标左键拖动，拖动经过范围内的所有控件都将被选定。

• 选定全部控件：按 Ctrl+A 组合键，或者使用选择多个相邻控件的方法将窗体中全部控件包围起来。

　　● 取消控件选定：单击已选定控件的外部任一区域即可取消控件选定。

　　② 移动控件：选定单一控件或组合控件，将鼠标指针移到控件边框上的非控制点处，指针变成小十字形状时，按下左键移动鼠标，将控件拖动到新的位置上。

　　● 分别移动组合控件中的控件：选定组合控件，将鼠标指针指向组合控件中的控件或附加标签控件左上角的移动控点上，指针变成小十字形状时，按下鼠标左键拖动，可分别将组合控件中的控件拖至新位置。

　　● 同时移动多个控件：选定多个控件，将鼠标指针移到任一选定控件上的非控制点处，指针变成小十字形状时，按下鼠标左键拖动，将多个控件同时拖至新位置。

　　③ 调整控件和对齐控件。调整控件和对齐控件都是在"排列"选项卡的"调整大小和排序"组中进行的，如图 5.25 所示。

　　● 调整控件：选定一个控件后，将鼠标指针指向控件的一个尺寸控点，当指针变成双向箭头时可以调整控件的大小。如果选定了多个控件，则所有控件的大小、间距都会随着一个控件大小的变化而变化。也可以切换到"排列"选项卡，单击"调整大小和排序"组中的选项按钮调整控件大小或控件的间距。

　　● 控件对齐：首先选定要调整的控件，然后切换到"排列"选项卡，单击"调整大小和排序"组中的对齐按钮，出现图 5.26 所示的 5 种对齐方式。

图 5.25　"调整大小和排序"组

图 5.26　对齐方式

　　④ 删除控件。选择要删除的控件，按 Delete 键；或者右键单击要删除的控件，在快捷菜单中选择"删除"命令。

　　（4）设置对象属性

　　通过 Access 的"属性表"窗口，可以对窗体、节和控件的属性进行设置。选定窗体对象或某个控件对象，切换到"设计"选项卡，单击"工具"组中的"属性表"按钮，即可打开当前选中窗体对象或某个控件对象的"属性表"窗口。根据需要切换到"格式""数据""事件""其他"或"全部"选项卡，进行窗体或控件的属性设置。

　　在本例中，仅对窗体对象的"标题"属性进行设置，打开窗体"属性表"窗口，切换至"格式"选项卡，在"标题"文本框中输入"学生"，如图 5.27 所示。

图 5.27　窗体属性表

（5）查看窗体效果

在"设计"选项卡中，单击"视图"按钮，选择"窗体视图"选项，进入窗体视图中查看设计效果，如图 5.28 所示。

（6）保存窗体

单击"文件"→"对象另存为"，在打开的"另存为"窗口输入"学生"，保存类型为"窗体"，单击"确定"按钮，如图 5.29 所示。

图 5.28　学生窗体

图 5.29　"另存为"窗口

5.2.4　使用数据透视图创建窗体

数据透视图是一种交互式的图，利用它可以把数据库中的数据以图形方式显示，从而可以直观地获得数据信息。

单击"数据透视图"按钮，创建数据透视图窗体，根据用户需要，还需通过选择填充有关信息，进行进一步的创建工作，整个窗体才创建完成。

【例 5.7】在"学生管理"数据库中，以"教师"表为数据源，使用数据透视图创建窗体，根据学历统计教师人数。

操作步骤如下。

① 打开"学生管理"数据库，在"导航"窗格中选定"教师"表。

② 在"创建"选项卡的"窗体"组中，单击"其他窗体"按钮，选择"数据透视图" 选项，效果如图 5.30 所示。

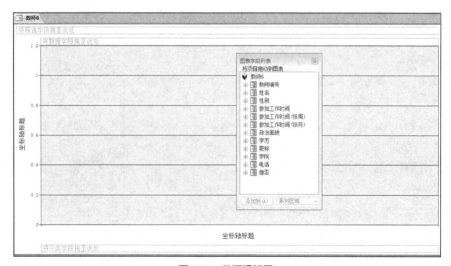

图 5.30　数据透视图

③ 将"图表字段列表"中的"学历"字段拖动至"将分类字段拖至此处","教师编号"字段拖动至"将数据字段拖至此处",如图 5.31 所示。

④ 保存窗体,窗体名为"教师数据透视图"。

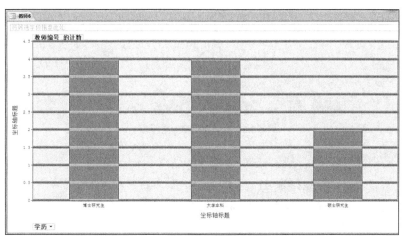

图 5.31　图表字段布局

5.2.5　使用数据透视表创建窗体

数据透视表是一种特殊的表,用于进行数据计算和分析。

【例 5.8】以"教师"表为数据源,创建计算各学院不同职称人数的数据透视表窗体。操作步骤如下。

① 在导航窗格中选中"教师"表。

② 在"其他窗体"按钮 ![其他窗体] 的下拉列表中选择"数据透视表"选项,进入数据透视表的设计界面,如图 5.32 所示。

图 5.32　"数据透视表"设计窗口

③ 将"数据透视表字段列表"中的"学院"字段拖至"行字段"区域,将"职称"字段拖至"列字段"区域,选中"教师编号"字段,在右下角的下拉列表中选择"数据区域",单击"添加到"按钮,如图 5.33 所示。

图 5.33 "教师"数据透视表

从"教师"数据透视表中可以看到在字段列表中生成了一个"总计"字段，该字段的值是选中的"教师编号"数值，同时在数据区域产生了在"学院"（行字段）和"职称"（列字段）分组下有关"教师编号"的计数，也就是各学院不同职称的人数。

④ 保存窗体，窗体名为"教师数据透视表"。

5.2.6 主/子窗体

在 Access 中，有时需要在一个窗体中显示另一个窗体中的数据。窗体中的窗体称为子窗体，包含子窗体的窗体称为主窗体。主/子窗体的作用是以主窗体的某个字段为依据，在子窗体中显示与此字段相关的记录，而在主窗体中切换记录时，子窗体的内容也会随着切换。因此，两个表之间存在"一对多"的关系时，则可以使用主/子窗体显示两表中的数据。主窗体使用"一"方的表作为数据源，子窗体使用"多"方的表作为数据源。创建主/子窗体的方法有两种：一是利用"窗体向导"或"快速创建窗体"同时创建主/子窗体，二是将数据库中存在的窗体作为子窗体添加到另一个已建窗体中。

 提示 子窗体中还可以包含子窗体，但是一个主窗体最多只能包含两级子窗体。

1. 利用"快速创建窗体"同时创建主/子窗体

如果一个表中嵌入了子数据表，那么以这个主表作为数据源，使用"快速创建窗体"的方法可以迅速创建主/子窗体。

操作步骤如下。

① 打开数据库，单击导航窗格中已嵌入子数据表的主表。

② 切换到"创建"选项卡，单击"窗体"组中的"窗体"按钮，立即生成主/子窗体，并在布局视图中打开窗体。主窗体中显示主表中的记录，子窗体中显示子表中的记录。

2. 利用"窗体向导"同时创建主/子窗体

【例 5.9】在"学生管理"数据库中创建一个主/子窗体，命名为"班级-学生信息"，主窗体显示"班级"表的全部信息，子窗体显示"学生"表中的"学号""姓名""性别""政治面貌"字段。

操作步骤如下。

① 打开"学生管理"数据库，在"创建"选项卡的"窗体"组中单击"窗体向导"按钮，进入

"窗体向导"对话框一,将"班级"表中所有字段和"学生"表中的"学号""姓名""性别""政治面貌"等字段添加到"选定字段"列表框中,如图 5.34 所示。

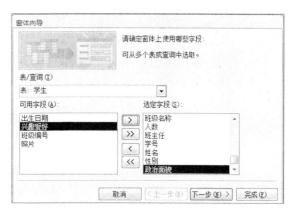

② 单击"下一步"按钮,若两表之间尚未建立关系,则会出现提示对话框,要求建立两表之间的关系,确认后可打开关系视图同时退出窗体向导;如果两表之间已经正确设置了关系,进入"窗体向导"对话框二,如图 5.35 所示。

③ 单击"下一步"按钮,进入图 5.36 所示的"窗体向导"对话框。

图 5.34 "窗体向导"对话框一

④ 单击"下一步"按钮,进入图 5.37 所示的"窗体向导"对话框。

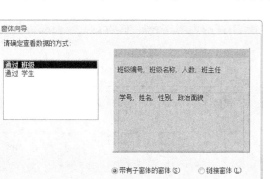

图 5.35 "窗体向导"对话框二

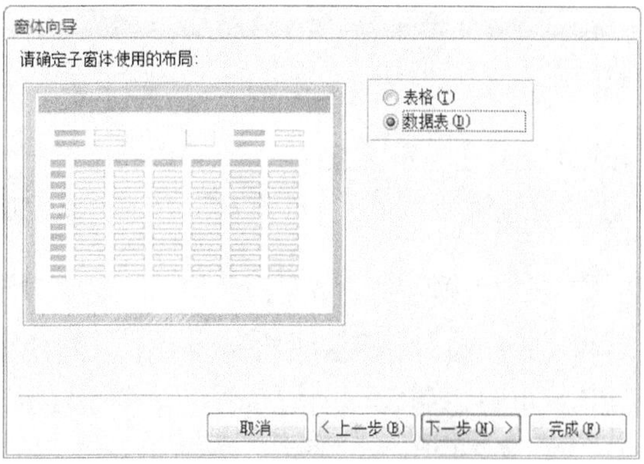

图 5.36 "窗体向导"对话框三

⑤ 单击"完成"按钮,完成创建主/子窗体,并在窗体视图中打开。窗体效果如图 5.38 所示。

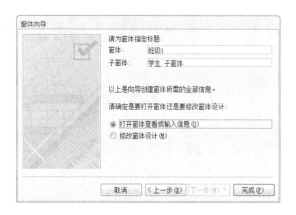

图 5.37 "窗体向导"对话框四

图 5.38 窗体显示界面

⑥ 切换到布局视图或设计视图,调整控件布局,保存窗体,窗体名为"班级学生信息"。

3. 将子窗体插入到主窗体创建主/子窗体

对于数据库中存在的窗体,如果其数据源表之间已建立了"一对多"的关系,可以将具有"多"

端的窗体作为子窗体添加到具有"一"端的主窗体中。将子窗体插入到主窗体中有两种办法：使用"子窗体/子报表"控件或者使用鼠标直接将子窗体拖到主窗体中。

- 利用"子窗体/子报表"控件将数据库中的窗体作为子窗体添加到另一个窗体中。

【例 5.10】在"学生管理"数据库中，以"教师"表为数据源，创建"教师信息"窗体作为主窗体，以"授课"表为数据源，创建"授课信息"窗体作为子窗体，创建"教师授课信息"主/子窗体。

操作步骤如下。

① 在"学生管理"数据库中，以"授课"表为数据源，创建数据表式窗体，命名为"授课信息"，调整控件布局，如图 5.39 所示。

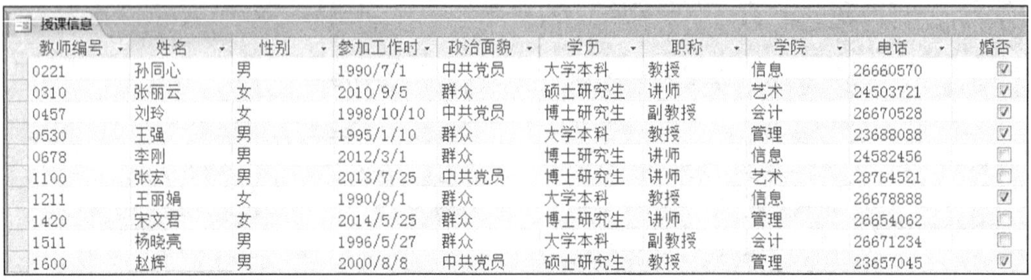

教师编号	姓名	性别	参加工作时	政治面貌	学历	职称	学院	电话	婚否
0221	孙同心	男	1990/7/1	中共党员	大学本科	教授	信息	26660570	☑
0310	张丽云	女	2010/9/5	群众	硕士研究生	讲师	艺术	24503721	☑
0457	刘玲	女	1998/10/10	中共党员	博士研究生	副教授	会计	26670528	☑
0530	王强	男	1995/1/10	中共党员	大学本科	教授	管理	23688088	☑
0678	李刚	男	2012/3/1	群众	博士研究生	讲师	信息	24582456	☐
1100	张宏	男	2013/7/25	中共党员	博士研究生	讲师	艺术	28764521	☐
1211	王丽娟	女	1990/9/1	群众	大学本科	教授	信息	26678888	☑
1420	宋文君	女	2014/5/25	中共党员	博士研究生	讲师	管理	26654062	☐
1511	杨晓亮	男	1996/5/27	群众	大学本科	副教授	会计	26671234	☐
1600	赵辉	男	2000/8/8	中共党员	硕士研究生	教授	管理	23657045	☑

图 5.39 "授课信息"窗体

② 以"教师"表为数据源，使用"窗体向导"创建纵栏表式窗体，命名为"教师信息"，并在设计视图中打开窗体，调整控件布局，如图 5.40 所示。

③ 在设计视图下，"控件"选项组中的"使用控件向导"按钮处在选中状态，单击"子窗体/子报表"控件按钮 ，如图 5.41 所示。

④ 再单击窗体中要放置子窗体的位置，进入"子窗体向导"对话框一，选择用于子窗体或子报表的数据来源。这里选择"使用现有的窗体"列表中的"授课信息"，如图 5.42 所示。

⑤ 单击"下一步"按钮，进入图 5.43 所示的"子窗体向导"对话框。

图 5.40 "教师信息"窗体

图 5.41 "控件"选项组

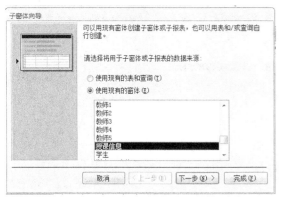

图 5.42 "子窗体向导"对话框一

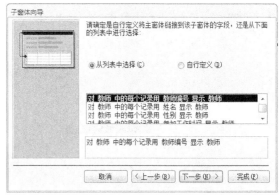

图 5.43 "子窗体向导"对话框二

⑥ 单击"下一步"按钮,进入图 5.44 所示的"子窗体向导"对话框。

⑦ 单击"完成"按钮,切换到布局视图,调整主/子窗体控件布局,保存窗体,另存为"教师授课信息",如图 5.45 所示。

图 5.44 "子窗体向导"对话框三

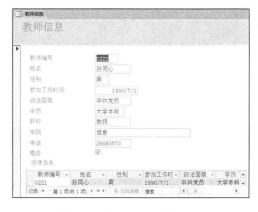

图 5.45 "教师授课信息"主/子窗体

- 使用鼠标将数据库中的子窗体直接拖动至已打开的主窗体中,创建主/子窗体。

操作步骤如下。

① 在设计视图中打开作为主窗体的窗体。

② 从数据库导航窗格中将作为子窗体的窗体直接拖动到主窗体中。

【例 5.11】使用"窗体向导"创建窗体,显示所有学生的"学生编号""姓名""课程名称"和成绩。窗体名为"学生选课成绩"。操作步骤如下。

① 打开"窗体向导"第 1 个对话框。

② 选择数据源。在"表/查询"下拉列表中,选择"学生"表,将"学号""姓名"字段添加到"选定字段"列表中;使用相同方法将"课程"表中的"课程名称"字段和"成绩"表中的"分数"字段添加到"选定字段"列表中,选择结果如图 5.46 所示,单击"下一步"按钮,打开"窗体向导"第 2 个对话框。

③ 确定查看数据的方式。选择"通过学生"表查看数据方式,单击"带有子窗体的窗体"单选按钮,设置结果如图 5.47 所示。单击"下一步"按钮,打开"窗体向导"第 3 个对话框。

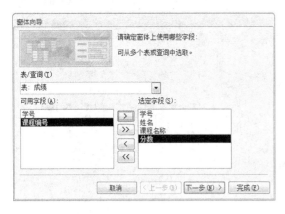

图 5.46　选定字段　　　　　　　　图 5.47　选择查看数据的方式及子窗体形式

④ 指定子窗体所用布局。单击"数据表"单选按钮，如图 5.48 所示。单击"下一步"按钮，在打开的"窗体向导"的最后一个对话框中指定窗体名称及子窗体名称。

⑤ 单击"完成"按钮，创建的窗体如图 5.49 所示。

图 5.48　确定子窗体使用的布局　　　　　　　图 5.49　主/子窗体创建结果

在此例中，数据来源于三个表，且这三个表之间存在主从关系，因此，选择不同的查看数据方式会产生不同结构的窗体。

5.3　窗体控件

控件是窗体上用于显示数据、执行操作、装饰窗体的对象。在窗体中添加的每一个对象都是控件。常用的窗体控件包括：文本框、标签、选项组、复选框、切换按钮、组合框、列表框、按钮、图像控件、绑定对象框、未绑定对象框、子窗体/子报表、插入分页符、线条和矩形等，各种控件都可以在"控件"组中访问到。

要创建满足个性化需求的控件，就需要在设计视图中自行添加使用窗体控件。控件是构成窗体的基本元素，在窗体中对数据的操作都是通过控件实现的。其功能包括显示数据、执行操作和装饰窗体。控件分为绑定型、未绑定型和计算型三种类型。

① 绑定型控件：其数据源是表或查询中字段的控件称为绑定型控件。使用绑定型控件可以显示数据库中字段的值。值可以是文本、日期、数字、是/否值、图片或图形。

② 未绑定型控件：不具有数据源（如字段或表达式）的控件称为未绑定型控件。可以使用未绑定型控件显示信息、图片、线条或图形。

③ 计算型控件：其数据源是表达式（而非字段）的控件称为计算型控件。通过定义表达式来指定要用作控件的数据源的值。表达式可以是运算符、控件名称、字段名称、返回单个值的函数以及常数值的组合。

在控件组中可以添加控件并设置其属性，如图 5.50 所示。

图 5.50 "控件"组

在"控件"组中的控件介绍如表 5.2 所示。

表 5.2 控件按钮

控 件	名 称	功 能
	选择	用于选择控件、节或窗体。单击该按钮释放以前选定的控件或区域
ab|	文本框	用于输入、输出和显示数据源的数据，显示计算结果和接受用户输入的数据
Aa	标签	用于显示说明文本，如窗体的标题或指示文字，Access 会自动为创建的控件附加标签
xxxx	按钮	用于完成各种操作，如查找记录、打印记录或应用窗体筛选
	选项卡	用于创建一个多页的带选项卡的窗体或选项卡对话框，可以在选项卡附件上复制或添加其他控件
	超链接	在窗体中插入超链接控件
	Web 浏览器	在窗体中插入浏览器控件
	导航	在窗体中插入导航条
XYZ	选项组	与复选框、选择按钮或切换按钮搭配使用，可以显示一组可选值
	分页符	使窗体或报表上分页符所在的位置开始新页
	组合框	结合列表框和文本框的特性，在窗体视图中可以从列表中选择值输入到新记录中，或者更改现有记录的值
	图表	在窗体中插入图表对象
\\	直线	创建直线，用以突出显示数据或者分隔显示不同的控件
	切换按钮	在单击时可以在开/关两种状态之间切换，或者用来接收用户在自定义对话框中输入数据的未绑定控件，或者选项组的一部分
	列表框	显示可滚动的数值列表。可以从列表中选择值输入到新记录中，或者更改现有记录的值
	矩形框	显示图形效果。创建矩形框，将一组相关的控件组织在一起
✓	复选框	绑定到是/否字段，可以从一组值中选出多个。也可以用于接收用户在自定义对话框中输入数据的未绑定控件，或者选项组的一部分
	未绑定对象框	在窗体中插入未绑定对象。例如 Excel 电子表格、Word 文档
	附件	在窗体中插入附件控件
◉	选项按钮	绑定到是/否字段，其行为和复选框按钮相似
	子窗体/子报表	用于在主窗体和主报表中添加子窗体或子报表，以显示来自多个表的数据
XYZ	绑定对象框	用于在窗体或报表上显示 OLE 对象
	图像	用于在窗体中显示静态的图形

续表

控 件	名 称	功 能
（图）	控件向导	用于打开和关闭控件向导，控件向导帮助用户设计复杂的控件
𝒻𝓍	ActiveX 控件	打开一个 ActiveX 控件列表，在窗体中创建具有特殊功能的控件

在窗体中添加控件的方法有以下两种。

① 添加一个控件：单击"控件"选项组中某个控件按钮，然后在窗体的合适位置上单击，即可添加某控件。

② 重复添加某控件：采用锁定控件的方法，在"控件"选项组中双击要锁定的控件按钮。如果要解锁，可再次单击"控件"选项组中被锁定的控件按钮或按 Esc 键即可。

5.3.1 常用控件的功能

1. 标签控件

标签控件可以在窗体、报表中显示一些说明性的文本，如标题或说明等。

标签控件分为两种：一种可附加到其他类型控件上，和其他控件一起创建组合型控件的标签控件；另一种是利用标签工具创建的独立标签。在组合型控件中，标签的文字内容可以随意更改，但是用于显示字段值的文本框中的内容是不能随意更改的，否则将不能与数据源表中的字段相对应，不能显示正确的数据。

添加标签的操作步骤如下。

① 打开已有窗体或新建一个窗体。

② 在"设计"选项卡下，单击"控件"组中的"标签"控件按钮。

③ 在窗体上单击要放置标签的位置，输入内容即可。对于附加标签，将会添加一个包含附加标签的组合空间。

2. 文本框控件

文本框控件不仅用于显示数据，还可以输入或者编辑信息。文本框可以是绑定型的、未绑定型的或计算型的。

● 绑定型文本框控件主要用于显示表或查询中的信息，输入或修改表中的数据。绑定型文本框可以通过"字段列表"创建，或通过设置"属性表"窗口中的属性创建。在窗体中添加绑定型文本框的操作步骤如下。

① 打开已有窗体或新建一个窗体。

② 单击"设计"选项卡的"工具"组中的"添加现有字段"按钮。

③ 设计视图中"字段列表"显示出当前数据库所有数据表和查询目录，将相关字段拖动到窗体。

④ 单击"视图"组中的"视图"按钮，在下拉列表中选择"窗体视图"选项，通过绑定文本框查看或编辑数据。

● 在窗体中添加未绑定型文本框的操作步骤如下。

① 单击"设计"选项卡的"控件"组中的"文本框"按钮。

② 创建一个文本框控件，并激活"文本框向导"。

③ 进入输入法向导界面设置输入法模式后，确定文本框名称并保存。

• 在窗体中添加计算型文本框控件,操作步骤同添加未绑定型文本框控件,但是要在属性的"数据"选项卡中进行设置。

【例 5.12】在"学生管理"数据库中,以"学生"表为数据源,使用标签控件及绑定型文本框控件创建"学生信息查询"窗体,要求显示学生的学号、姓名、性别和政治面貌。

操作步骤如下。

① 打开"学生管理"数据库,在"窗体"组中单击"窗体设计"按钮 ,出现窗体设计界面。

② 在"控件"组中单击"标签"按钮。

③ 在窗体上单击放置标签的位置,输入"学生信息查询",单击"工具"组中的"属性表" ,如图 5.51 所示。

④ 单击"设计"选项卡的"工具"组中的"添加现有字段"按钮 ,在"字段列表"中选择"学生"表作为数据源,如图 5.52 所示。

图 5.51　窗体控件标签　　　　　　　　　　图 5.52　添加字段

⑤ 将相关字段拖动至窗体上,Access 将会为选择的每个字段创建文本框,文本框绑定在窗体来源表的字段上,如图 5.53 所示。

⑥ 切换至"窗体视图",就可以通过绑定文本框查看或编辑数据了,如图 5.54 所示。

图 5.53　文本框与字段的绑定

图 5.54　查看或编辑数据

⑦ 保存窗体,窗体名为"学生信息查询"。

3. 复选框、选项按钮和切换按钮控件

复选框、选项按钮和切换按钮作为控件,用于显示表或查询中的"是/否"类型的值,选中复选框、选项按钮时，可设置为"是"或"否"。对于切换按钮，如果按下，其值为"是"，否则为"否"。

4. 选项组控件

选项组控件是由一个组框和一组复选框、选项按钮或切换按钮组成的，选项组使选择某一组确定值变得很容易，在选项组中每次只能选择一个选项。如果选项组绑定了某个字段，则只有组框架本身绑定此字段。选项组可以设置为表达式或未绑定选项组，也可以在自定义对话框中使用未绑定选项组来接收用户的输入，再根据输入的内容来执行相应的操作。

【例 5.13】在已建立的"学生信息查询"窗体中，添加选项组输入或修改学生的"政治面貌"字段。

操作步骤如下。

① 打开"学生信息查询"窗体，在"控件"组中单击"选项组"控件，在窗体中添加一个选项组按钮，系统自动打开"选项组向导"对话框，输入相关信息，如图 5.55 所示。

② 在弹出的对话框中，将"群众"选定为默认选项，如图 5.56 所示。

图 5.55 "选项组向导"对话框一

图 5.56 "选项组向导"对话框二

③ 为默认选项赋值。本例中将"群众"字段设为逻辑值，如图 5.57 所示。

④ 确定选项值的保存方式，此处选择"在此字段中保存该值"，字段选为"政治面貌"，如图 5.58 所示。

图 5.57 "选项组向导"对话框三

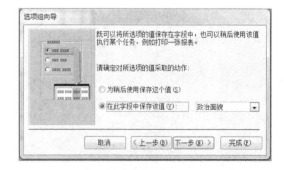

图 5.58 "选项组向导"对话框四

⑤ 设置选项组中使用的控件类型，如图 5.59 所示，可以选择"复选框""选项按钮"和"切换按钮"三种类型，此处选择"选项按钮"。

⑥ 为选项组指定标题"政治面貌"，如图 5.60 所示。

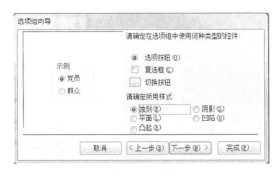

图 5.59 "选项组向导"对话框五

图 5.60 为选项组指定标题

⑦ 单击"完成"按钮,切换到窗体视图,显示结果如图 5.61 所示。

⑧ 保存窗体(按原文件名)。

图 5.61 "学生信息查询"窗体

5. 选项卡控件

当窗体中的内容较多无法在一页全部显示时,可以使用选项卡进行分页,操作时只需单击选项卡上的标签,就可以在多个页面间进行切换。"选项卡"控件主要用于将多个不同格式的数据操作窗体封装在一个选项卡中,或者说,它是能够使一个选项卡中包含多页数据操作的窗体,而且在每页窗体中又可以包含若干个控件。

【例 5.14】使用选项卡控件建立"班级信息",使用"选项卡"分别显示两页信息:一页是班级信息,另一页是学生信息。

操作步骤如下。

① 新建一个窗体,单击"控件"组中的"选项卡"按钮,在窗体中放置选项卡,在"字段列表"中会显示可以添加的表及其字段,如图 5.62 所示。

② 将班级信息的字段拖动至选项卡控件的"页 1"界面中,如图 5.63 所示。

图 5.62 选项卡的放置

③ 单击"页 1",再单击"工具"组中的"属性表"按钮,在全部选项卡中的"名称"属性文本框中输入"班级信息",显示结果如图 5.64 所示。

④ 重复第②、③步,将字段列表中"学生"表的字段拖至"页 2",制作学生信息选项卡,如

图 5.65 所示。

⑤ 保存窗体，窗体名为"学生班级信息"。

图 5.63 选项卡 1 中添加字段

图 5.64 "页 1"命名

图 5.65 选项卡 2 中添加字段，并将"页 2"命名

6. 组合框与列表框控件

在窗体中输入的数据一般来自数据库的某一个表或查询。为保证输入数据的准确性，提高输入效率，可以使用组合框与列表框控件。

"组合框"控件能够将一些内容罗列出来供用户选择，其分为绑定型与未绑定型两种。如果要保存在"组合框"中选择的值，一般创建绑定型"组合框"；如果要使用"组合框"中选择的值来决定其他控件内容，就可以建立一个未绑定型"组合框"。

"列表框"控件像下拉菜单一样，在屏幕上显示一列数据并以选项的形式出现，如果选项较多，在"列表框"的右侧会出现滚动条。列表框也可以分为绑定型与未绑定型两种。

【例 5.15】在"学生信息查询"窗体中，使用"组合框"控件显示学生的性别。

操作步骤如下。

① 打开【例 5.13】创建的"学生信息查询"窗体，单击"控件"组中的"组合框"控件，在窗体内添加一个组合框，系统自动打开"组合框向导"对话框，如图 5.66 所示。

② 在出现的选择获取数值方式的选项中选择一种方式，本例选择"自行键入所需的值"，单击"下一步"按钮，弹出图 5.67 所示的对话框。

③ 确定数值的保存方式，本例中选择"将该数值保存在这个字段中"，在下拉列表中选定"性别"字段，如图 5.68 所示。

④ 为组合框指定标签，切换至窗体视图，显示结果如图 5.69 所示。

⑤ 保存窗体（按原文件名）。

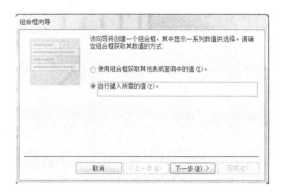

图 5.66　"组合框向导"对话框一

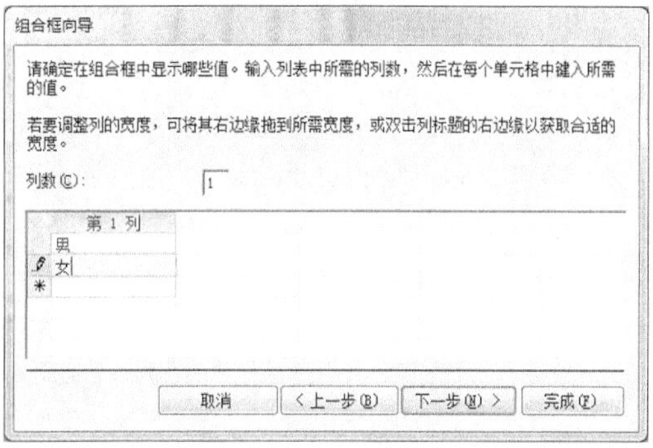

图 5.67　"组合框向导"对话框二

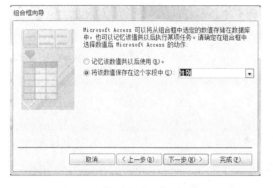

图 5.68　"组合框向导"对话框三

图 5.69　"学生信息查询"窗体

【例 5.16】在【例 5.10】所创建的"教师授课信息"窗体中，使用"列表框"控件显示教师的"职称"。操作步骤如下。

① 打开"教师授课信息"窗体，单击"控件"组中的"列表框"控件，在窗体上单击要放置"列表框"的位置，打开"列表框向导"第 1 个对话框，如果选择"使用列表框获取其他表或查询中的值"单选按钮，则在所建列表框中显示所选表的相关值；如果选择"自行键入所需的值"单选按钮，则在所建列表中显示输入的值。本例选择后者，如图 5.70 所示。

② 单击"下一步"按钮，打开"列表框向导"第 2 个对话框，在"第 1 列"列表中依次输入"教授""副教授""讲师""助教"和"其他"，每输入完一个值，按 Tab 键，弹出图 5.71 所示的对话框。

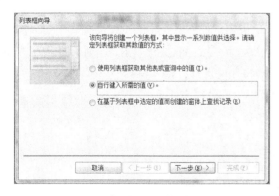

图 5.70　"列表框向导"对话框一

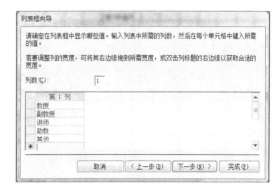

图 5.71　"列表框向导"对话框二

③ 单击"下一步"按钮，打开"列表框"向导第 3 个对话框，选择"将该数值保存在这个字段中"单选按钮，并单击右侧向下箭头按钮，从打开的下拉列表中，选择"职称"字段，设置结果如图 5.72 所示。

④ 为"列表框"指定标签为"职称"，单击"完成"按钮，如图 5.73 所示。

⑤ 保存窗体，窗体名为"教师信息查询"。

图 5.72 "列表框向导"对话框三

图 5.73 "教师信息"查询窗体

提 示

如果用户在创建"职称"列表框控件第 1 步选择了"使用列表框获取表或查询中的值"选项，那么接下来的创建步骤与此例介绍的步骤有差异。在具体创建时，是选择"自行键入所需的值"单选按钮，还是选择"使用列表框获取表或查询中的值"单选按钮，需要具体问题具体分析。如果用户创建输入或修改记录的窗体，那么一般情况下应选择"自行键入所需的值"单选按钮，这样列表框中列出的数据不会重复，此时从列表中直接选择即可；如果用户创建的是显示记录窗体，那么可以选择"使用列表框获取表或查询中的值"单选按钮，这时列表框中将反映存储在表或查询中的实际值。

7. 命令按钮控件

命令按钮主要用来控制程序的流程或执行某个操作。Access 2010 提供了 6 种类型的命令按钮：记录导航、记录操作、窗体操作、报表操作、应用程序和杂项。在窗体设计过程中，既可以使用控件向导创建命令按钮，也可以直接创建命令按钮。

（1）使用控件向导创建命令按钮

在设计视图中打开窗体，切换到"设计"选项卡，确定"控件"组中的"使用控件向导"按钮处在选中状态，单击"按钮"控件按钮，在窗体中要添加命令按钮的位置单击，添加默认大小的命令按钮，然后在"命令按钮向导"对话框中设置该命令按钮的属性，使其具有相应的功能。

【例 5.17】创建"课程"窗体（参见【例 5.6】创建学生窗体的方法），使用控件向导添加记录浏览按钮，另存为"课程 A"窗体。

操作步骤如下。

① 在"设计"视图中创建"课程"窗体，如图 5.74 所示。

② 切换到"设计"选项卡，确定"控件"组中的"使用控件向导"按钮处在选中状态，单击"按钮"控件按钮。

图 5.74 "课程"窗体

③ 在窗体页脚中单击要放置命令按钮的位置，将添加一个默认大小的命令按钮，同时进入"命令按钮向导"对话框一，选择按下按钮时执行的操作。这里选择"类别"为"记录导航"，"操作"为"转至第一项记录"，如图 5.75 所示。

④ 单击"下一步"按钮，进入"命令按钮向导"对话框二，如图 5.76 所示。

图 5.75 "命令按钮向导"对话框一

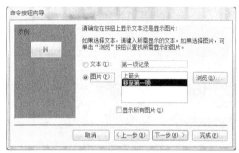

图 5.76 "命令按钮向导"对话框二

⑤ 单击"下一步"按钮，进入"命令按钮向导"对话框三，如图 5.77 所示。单击"完成"按钮。

⑥ 重复步骤②、③、④、⑤，在窗体页脚中添加其他按钮："转至前一项记录""转至下一项记录"和"转至最后一项记录"，创建后另存为"课程 A"窗体，如图 5.78 所示。

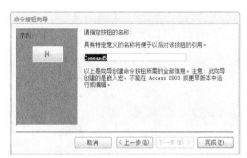

图 5.77 "命令按钮向导"对话框三

图 5.78 "课程 A"窗体

（2）直接创建命令按钮

在"设计"视图中打开窗体，切换到"设计"选项卡，确定"控件"组中的"使用控件向导"按钮处在未选中状态，单击"按钮"控件按钮，在窗体中要添加命令按钮的位置单击，添加默认大小的命令按钮，然后设置该命令按钮的属性，并编写事件代码，使其具有相应的功能。使用这种方法创建命令按钮会牵扯到宏的创建及 VBA 编程设计，具体内容将会在后续章节中介绍。

8. 创建图像控件

为了使窗体显示更加美观，可以创建"图像"控件。

【例 5.18】在图 5.73 所示的"教师信息查询"窗体设计视图中创建图像。

操作方法如下。

① 将图 5.73 所示窗体切换至窗体设计视图，单击"图像"按钮，在窗体上单击要放置图片的位置，打开"插入图片"对话框。

② 在对话框中找到并选中所需图片文件，单击"确定"按钮，设置结果如图 5.79 所示。

图 5.79 创建图像控件

9. 控件的基本操作

窗体的布局主要取决于窗体中的控件。Access 将窗体中的每个控件都看作是一个独立的对象,用户可以使用鼠标单击控件进行选择，被选中的控件四周将出现小方块状的控制柄。可以将鼠标放置在控制柄上拖曳以调整控件的大小，也可以将鼠标放置在控件左上角的移动控制柄上拖曳来移动控件。如果要改变控件的类型，则需先选择该控件，然后单击鼠标右键，在打开的快捷菜单中选择"更改为"级联菜单中所需的新控件类型。如果希望删除不用的控件，则可以选中要删除的控件，按 Delete 键。如果只想删除控件中附加的标签，则可以只单击该标签，然后按 Delete 键。

5.3.2 窗体和控件的属性

属性用于决定表、查询、字段、窗体及报表的特性。窗体及窗体中的每一个控件都有其各自的属性，这些属性决定了窗体及控件的外观、所包含的数据，以及对鼠标或键盘事件的响应。

1. 窗体的属性设置

（1）"属性表"对话框

在窗体"设计视图"中，窗体和控件的属性可以在"属性表"对话框中进行设置。通过"设计"选项卡的"工具"组中的"属性表"按钮，打开"属性表"窗格或单击鼠标右键，从打开的快捷菜单中执行"属性"命令，打开"属性表"对话框，如图 5.80 所示。

对话框上方的下拉列表是当前窗体上所有对象的列表，可从中选择要设置属性的对象，也可以直接在窗体上选中对象，列表框会显示被选中对象的控件名称。

"属性表"对话框包含 5 个选项卡，分别是"格式""数据""事件""其他"和"全部"。其中，"格式"选项卡包含了窗体或控件的外观属性，"数据"选项卡包含了与数据源、数据操作相关的属性，"事件"选项卡包含了窗体或当前控件能够响应的事件，"其他"选项卡包含了"名称""制表位"等其他属性。选项卡左侧是属性名称，右侧是属性值。

图 5.80　窗体的"属性表"窗格

在"属性表"对话框中，设置某一属性时，先单击要设置的属性，然后在属性框中输入一个设置值或表达式。如果属性框中显示有下拉箭头，也可以单击该箭头，并从列表中选择一个数值。如果属性框右侧显示"生成器"按钮，单击该按钮，显示一个生成器或显示一个可用以选择生成器的对话框，通过该生成器可以设置其属性。

涉及窗体和控件格式、数据等属性很多，下面简单介绍几种常用的属性，更详细的属性及其功能请参见附录。

（2）"格式"属性

"格式"属性主要用于设置窗体和控件的外观或显示格式。

控件的"格式"属性包括标题、字体名称、字号、字体粗细、倾斜字体、前景色、背景色、特殊效果等。"标题"属性用于设置控件中显示的文字，"前景色"和"背景色"属性分别用于设置控件的底色和文字的颜色，"字体名称""字号""字体粗细""倾斜字体"等属性用于设置控件中显示文字的格式。

窗体的"格式"包括标题、默认视图、滚动条、记录选定器、浏览按钮、分割线、自动居中、控制框、最大最小化按钮、关闭按钮、边框样式等。

窗体的常用格式属性如表 5.3 所示。

表 5.3 窗体的常用格式属性

属性名称	属 性 值	作 用
标题	字符串	设置窗体标题所显示的文本
默认视图	连续窗体、单一窗体、数据表、数据透视表、数据透视图、分割窗体	决定窗体的显示形式
滚动条	两者均无、水平、垂直、水平和垂直	决定窗体显示时是否具有滚动条，或滚动条的形式
记录选定器	是/否	决定窗体显示时是否具有记录选定器
浏览按钮	是/否	决定窗体运行时是否具有记录浏览按钮
分割线	是/否	决定窗体显示时是否显示窗体各个节间的分割线
自动居中	是/否	决定窗体显示时是否在 Windows 窗口中简单居中
控制框	是/否	决定窗体显示时是否显示控制框

【例 5.19】设置图 5.79 所示窗体中的标题"教师信息"和"教师编号"标签的格式属性。其中，标题的"字体名称"为"楷体"，"字号"为"20"，前景色为"黑色"，背景色为"黄色"。"教师编号"标签的背景色为"蓝色"，前景色为"白色"。操作步骤如下。

① 用窗体"设计视图"打开"教师信息"窗体。如果此时没有打开"属性表"对话框，则单击"工具"组中的"属性表"按钮，打开"属性表"对话框。

② 选中"教师信息"标签，单击"格式"选项卡，在"字体名称"框中选择"楷体"，在"字号"框中选择"20"，单击"前景色"栏，并单击右侧的"生成器"按钮，从打开的"颜色"对话框中选择"黑色"，背景色设置为"黄色"。"属性表"对话框的设置结果如图 5.81 所示。

图 5.81 "教师信息"标签属性的设置

③ 选中"教师编号"标签，使用相同的方法设置标签的"前景色"和"背景色"，"属性表"对话框的设置结果如图 5.82 所示。

④ 切换到"窗体视图"，显示结果如图 5.83 所示。

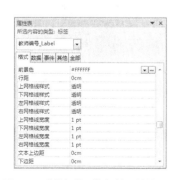

图 5.82 "教师编号"标签属性的设置

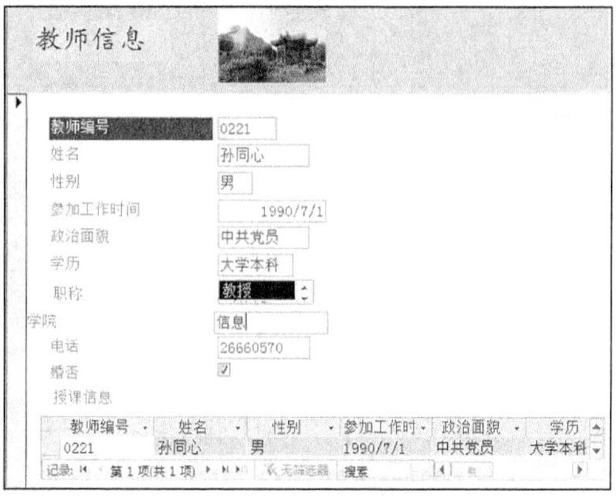

图 5.83 显示结果

（3）常用的"数据"属性

"数据"属性决定了一个控件或窗体中的数据来源，以及操作数据的规则，而这些数据均为绑定在控件上的数据。控件的"数据"属性包括控件来源、输入掩码、有效性规则、有效性文本、默认值、是否有效、是否锁定等。

窗体的常用数据属性如表 5.4 所示。

表 5.4　窗体的常用数据属性

属性名称	属性值	功　　能
记录源	表或查询名	指明窗体的数据源
筛选	字符串表达式	表示从数据源筛选数据的规则
排序依据	字符串表达式	指定记录的排序规则
允许编辑	是/否	决定窗体运行时是否允许对数据进行编辑
允许添加	是/否	决定窗体运行时是否允许对数据进行添加
允许删除	是/否	决定窗体运行时是否允许对数据进行删除

【例 5.20】将图 5.83 所示窗体中的"参加工作时间"改为"工龄"，"工龄"由工作时间计算得到（要求保留至整数）。操作步骤如下。

① 打开图 5.83 所示窗体的"设计视图"，删除"参加工作时间"文本框。

② 在相同位置上创建一个文本框，标签改为"工龄"。

③ 在"属性表"对话框中，单击"数据"选项卡，单击"控件来源"栏，输入计算工龄的公式"= Year(Date())-Year([参加工作时间])"，设置结果如图 5.84 所示。

④ 切换到"窗体视图"，设置结果如图 5.85 所示。

图 5.84　控件的"控件来源"属性设置结果

图 5.85　"窗体视图"下的显示结果

（4）事件属性

事件属性可以为一个对象发生的事件指定命令，完成指定任务。通过"事件"选项卡可以设置窗体的宏操作或 VBA 程序。窗体的事件属性如图 5.86 所示。

（5）常用的"其他"属性

"其他"属性表示了控件的附加特征。控件的"其他"属性包括名称、状态栏文字、自动 Tab 键、控件提示文本等。其他属性包含控件的名称等属性，如图 5.87 所示。

图 5.86 窗体的事件属性

图 5.87 窗体的其他属性

2. 控件的属性设置

控件只有经过属性设置以后，才能正常发挥作用。通常，设置控件可以有两种方法：一种是在创建控件时弹出的"控件向导"中设置，另一种就是在控件的"属性表"窗格中设置。属性表设置方法与窗体的属性表设置方法一样。控件的常用属性如表 5.5 所示。

表 5.5　控件的常用属性

类型	属性名称	属性标识	功　　能
格式属性	标题	Caption	
	格式	Format	用于自定义数字、日期、时间和文本的显示方式
	可见性	Visible	是/否
	边框样式	Borderstyle	
	左边距	Left	
	背景样式	Backstyle	常规/透明
	特殊效果	Specialeffect	平面、凸起、凹陷、蚀刻、阴影、凿痕
	字体名称	Fontname	
	字号	Fontsize	
	字体粗细	Fontweight	
	倾斜字体	Fontitalic	是/否
	背景色	Backcolor	用于设定标签显示时的底色
	前景色	Forecolor	用于设定显示内容的颜色
数据属性	控件来源	Controlsource	告诉系统如何检索或保存在窗体中要显示的数据。如果控件来源中包含一个字段名，则在控件中显示的是数据表中该字段的值，对窗体中的数据所进行的任何修改都将被写入字段中；如果该属性值设置为空，除非编写了一个程序，否则控件中显示的数据不会写入数据表中。如果该属性含有一个计算表达式，那么该控件显示计算结果
	输入掩码	Inputmask	设定控件的输入格式（文本型或日期型）
	默认值	Defaultvalue	设定一个计算型控件或非结合型控件的初始值，可使用表达式生成器向导来确定默认值
	有效性规则	Validationrule	
	有效性文本	validationtext	
	是否锁定	Locked	指定是否可以在"窗体"视图中编辑数据
	可用	Enabled	决定是否能够单击该控件，若为否，则显示为灰色

续表

类型	属性名称	属性标识	功　　能
其他属性	名称	Name	用于标识控件名，控件名称必须唯一
	状态栏文字	Statusbartext	
	允许自动校正	Allowautocorrect	用于更正控件中的拼写错误
	自动 Tab 键	Autotab	用以指定当输入文本框控件的输入掩码所允许的最后一个字符时，是否发生自动 Tab 键切换。自动 Tab 键切换会按窗体的 Tab 键顺序将焦点移到下一个控件上
	Tab 键索引	Tabindex	设定该控件是否自动设定 Tab 键的顺序
	控件提示文本	Controltiptext	设定用户在仿真一个对象上后是否显示提示文本，以及显示的提示文本信息内容

5.3.3　窗体和控件的事件与事件过程

事件是指在窗体和控件上进行能够识别的动作而执行的操作，事件过程是指在某事件发生时执行的代码。

1. 窗体的事件

窗体的事件可以分为 8 种类型，分别是：鼠标事件、窗口事件、焦点事件、键盘事件、数据事件、打印事件、筛选事件、错误与时间事件。前 5 种类型如表 5.6 所示。

表 5.6　窗体的事件

事件类型	事件名称	说　　明
鼠标事件	Click	在窗体上，单击一次所触发的事件
	DbClick	在窗体上，双击所触发的事件
	MouseDown	在窗体上，按下鼠标所触发的事件
	MouseUp	在窗体上，放开鼠标所触发的事件
	MouseMove	在窗体上，移动鼠标所触发的事件
窗口事件	Open	打开窗体，但数据尚未加载所触发的事件
	Load	打开窗体，且数据已加载所触发的事件
	Close	关闭窗体所触发的事件
	Unload	关闭窗体，且数据被卸载所触发的事件
	Resize	窗体大小发生改变所触发的事件
	Activate	窗体成为活动的窗口所触发的事件
	Timer	窗体所设置的计时器间隔达到时间所触发的事件
焦点事件	Deactivate	焦点移到其他的窗口所触发的事件
	GotFocus	控件获得焦点所触发的事件
	LostFocus	控件失去焦点所触发的事件
	Current	焦点移到某一记录，使其成为前记录，或者当对窗体进行刷新或重新查询时所触发的事件
键盘事件	KeyDown	对象获得焦点时，用户按下键盘上任意一个键时所触发的事件
	KcyPrcss	对象获得焦点时，用户按下并释放一个会产生 ASCII 码键时所触发的事件
	KeyUp	对象获得焦点时，放开键盘上的任何键所触发的事件
数据事件	BeforeUpdate	当记录或控件被更新时所触发的事件
	AfterUpdate	当记录或控件被更新后所触发的事件

2. 命令按钮的事件

命令按钮常用事件如表 5.7 所示。

表 5.7　命令按钮常用事件

事件类型	事件名称	说　明
常用事件	Click	单击命令按钮时所触发的事件
	MouseDown	鼠标在命令按钮上按下时所触发的事件
	MouseUp	鼠标在命令按钮上释放时所触发的事件
	MouseMove	鼠标在命令按钮上移动时所触发的事件

3. 文本框的事件

文本框常用事件如表 5.8 所示。

表 5.8　文本框常用事件

事件类型	事件名称	说　明
常用事件	Change	当用户输入新内容，或程序对文本框的显示内容重新赋值时所触发的事件
	LostFocus	当用户按下 Tab 键时光标离开文本框，或用鼠标选择其他对象时触发该事件

5.4　修饰窗体

窗体的基本功能设计完成后，要对窗体上的控件及窗体本身的一些格式进行设定，使窗体界面更友好、布局更合理、使用更方便。除了通过设置窗体或控件的"格式"属性来对窗体及窗体中的控件进行修饰外，还可以通过应用主题和条件格式等功能进行格式设置。

5.4.1　主题的应用

"主题"是修饰和美化窗体的一种快捷方法，它是一套统一的设计元素和配色方案，可以使数据库中的所有窗体具有统一的色调。在"窗体设计工具-设计"选项卡中的"主题"组包括"主题""颜色"和"字体"3 个按钮。Access 2010 提供了 44 套主题供用户选择。

【例 5.21】对"学生管理"数据库应用主题。操作步骤如下。

① 打开"学生管理"数据库，在"设计视图"打开某一个窗体。

② 在"窗体设计工具"的"设计"选项卡中，单击"主题"组中的"主题"按钮 ，打开"主题"列表，在列表中双击所需的主题，如图 5.88 所示。

图 5.88　"主题"列表

5.4.2　条件格式的使用

除可以使用"属性表"对话框设置控件的"格式"属性外，还可以根据控件的值，按照某个条件设置相应的显示格式。

【例 5.22】在【例 5.11】的"学生选课成绩"窗体中，应用条件格式，使子窗体中各类成绩字段值用不同颜色显示。60 分以下（不含 60 分）用红色显示，60～90（不含 90）分用蓝色显示，90 分

（含 90 分）以上用绿色显示。操作步骤如下。

① 用"设计视图"打开需修改的窗体，选中子窗体中绑定"分数"字段的文本框控件。

② 在"窗体设计工具-格式"选项卡的"条件格式"组中，单击"条件格式"按钮 ，打开"条件格式规则管理器"对话框。

③ 在对话框上方的下拉列表中选择"分数"字段，单击"新建规则"按钮，打开"新建格式规则"对话框。设置字段值小于 60 时，字体颜色为"红色"，单击"确定"按钮。重复此步骤，设置字段值介于 60～89 和字段值大于等于 90 的条件格式。设置结果如图 5.89 所示。

图 5.89　条件及条件格式设置结果

④ 切换到窗体视图，显示结果。

⑤ 保存窗体，窗体名为"学生选课条件格式"。

5.4.3　提示信息的添加

为了使界面更加友好、清晰，需要为窗体中的一些字段数据添加帮助信息，也就是在状态栏中显示的提示信息。

【例 5.23】在"学生选课成绩"窗体中，为"学号"字段添加提示信息。操作步骤如下。

① 用"设计视图"打开要设置的窗体，选中要添加状态栏提示信息的字段控件"学号"文本框。

② 打开"属性表"对话框，单击"其他"选项卡，在"状态栏文字"属性行中输入提示信息"是唯一标识记录的字段"。

③ 保存所做的设置，切换到"窗体视图"。当焦点落在指定控件上时，状态栏中就会显示出提示信息，如图 5.90 所示。

图 5.90　设置状态栏提示信息显示效果

5.4.4 窗体的布局

在窗体的布局阶段，需要调整控件的大小、排列或对齐控件，以使界面有序、美观。

1. 选择控件

要调整控件首先要选定控件。在选定控件后，控件的四周出现 8 个黑色方块，称为控制柄。其中，左上角的控制柄由于作用特殊，因此比较大。使用控制柄可以调整控件的大小，移动控件的位置。选定控件的操作有以下 5 种。

① 选择一个控件。鼠标左键单击该对象。

② 选择多个相邻控件。从空白处拖动鼠标左键拉出一个虚线框，虚线框包围的控件全部被选中。

③ 选择多个不相邻控件。按住 Shift 键，用鼠标分别单击要选择的控件。

④ 选择所有控件。按 Ctrl+A 组合键。

⑤ 选择一组控件。在垂直标尺或水平标尺上，按下鼠标左键，这时出现一条竖直线（或水平线），松开鼠标后，直线所经过的控件全部被选中。

2. 移动控件

移动控件的方法有两种：鼠标和键盘。用鼠标移动控件时，首先选定要移动的一个或多个控件，然后按住鼠标左键移动。当鼠标放在控件的左上角以外的其他地方时，会出现一个十字箭头，此时拖动鼠标即可移动选中的控件。这种移动是将相关联的两个控件同时移动。将鼠标放在控件的左上角，拖动鼠标时能独立地移动控件本身。

3. 调整控件大小

调整控件大小的方法有两种：鼠标和"属性表"对话框。

① 使用鼠标。将鼠标放在控件的控制柄上，当鼠标指针变为双箭头时，拖动鼠标可以改变控件的大小。当选中多个控件时，拖动鼠标可以同时改变多个控件的大小。

② 使用"属性表"对话框。打开"属性表"对话框，在"格式"选项卡的"高度""宽度""左"和"上边距"中输入需要的值。

4. 对齐控件

当窗体中有多个控件时，控件的排列布局不仅直接影响窗体的美观，而且还影响工作效率。使用鼠标拖动来调整控件的对齐是最常用的方法。但是这种方法效率低，很难达到理想的效果。对齐控件最快捷的方法是使用系统提供的"控件对齐方式"命令。具体操作步骤如下。

① 选定需要对齐的多个控件。

② 在"窗体设计工具/排列"选项卡的"调整大小和排列"组中，单击"对齐"按钮。在打开的列表中，选择一种对齐方式。

5. 调整间距

调整多个控件之间水平和垂直间距的最简便方法是：在"窗体设计工具/排列"选项卡中，单击"调整大小和排列"组中的"大小/空格"按钮，在打开的列表中，根据需要选择"水平相等""水平增加""水平减少""垂直相等""垂直增加"和"垂直减少"等按钮。

5.5 使用窗体操作数据

窗体作为数据库和用户交互的主要界面，最主要的作用就是对各种数据进行操作。在窗体中操作数据，一般是在窗体的"窗体视图"中进行。

1. 浏览数据

在窗体的"窗体视图"中，最下方是记录导航栏，如图 5.91 所示。

记录: ⊩ ◀ 第 1 项(共 10 项 ▶ ▶Ⅰ ▶⊩ 🍃 无筛选器 | 搜索

图 5.91 记录导航栏

利用导航栏可以使窗体显示第一条记录、上一条记录、下一条记录、最后一条记录或新记录等，记录编号框显示当前一条记录的编号。在记录编号框中输入数字并按 Enter 键，可以直接移动到指定的记录。

2. 编辑数据

编辑数据是指在窗体上添加、删除、修改记录。

① 添加记录。单击记录导航栏的"新（空白）记录"按钮 ，窗体上将显示一条空白记录，输入相关数据后单击保存或按 Shift+Enter 组合键，就可以将输入的新记录保存在数据源中。

② 删除记录。先定位需要删除的记录，选中后右键单击，在弹出的快捷菜单中选择"删除"命令，或者直接按 Delete 键。

③ 修改记录。先定位需要修改的记录，而后对需要修改的数据选项进行修改。

3. 查找和替换数据

在记录比较多的情况下，要想快速、准确地查找到相关的记录，可以通过"查找"选项组来实现。如果需要替换数据，将"查找和替换"选项卡切换到"替换"即可。

5.6 思考与练习

1. 思考题

（1）简述窗体的功能及类型。

（2）窗体有哪几种视图？简述其作用。

（3）简述窗体控件的作用，常用的窗体控件包括哪些？

（4）创建窗体有哪几种方法？

（5）如何设置控件的属性？

2. 选择题

（1）用于创建窗体或修改窗体的窗口是窗体的（   ）。

　　A. 设计视图　　　　B. 窗体视图　　　　C. 数据表视图　　　D. 数据透视表视图

（2）要为一个表创建一个窗体，并尽可能多地在窗体中浏览记录，那么适宜创建的窗体是（   ）。

　　A. 纵栏式窗体　　　B. 表格式窗体　　　C. 主/子窗体　　　D. 数据透视表窗体

（3）下列选项不属于 Access 控件类型的是（   ）。

A．绑定型　　　　　B．未绑定型　　　　　C．计算型　　　　　D．查询型

（4）在 Access 数据库中，用于输入或编辑字段数据的交互控件是（　　）。

A．文本框　　　　　B．标签　　　　　C．复选框　　　　　D．列表框

（5）通过窗体对数据库中的数据进行操作的是（　　）。

A．添加　　　　　B．查询　　　　　C．删除　　　　　D．以上三项都是

（6）在 Access 中已建立了"雇员"表，其中有可以存放照片的字段，在使用向导为该表创建窗体时，"照片"字段所使用的默认控件是（　　）。

A．图像框　　　　　B．绑定对象框　　　　　C．非绑定对象框　　　D．列表框

（7）用来显示与窗体关联的表或查询中字段值的控件类型是（　　）。

A．绑定型　　　　　B．计算型　　　　　C．关联型　　　　　D．未绑定型

（8）Access 的控件对象可以设置某个属性来控制对象是否可用。以下能够控制对象是否可用的属性是（　　）。

A．Default　　　　　B．Cancel　　　　　C．Enabled　　　　　D．Visible

（9）在已建"教师"表中有"出生日期"字段，以此表为数据源创建"教师基本信息"窗体。假设当前教师的出生日期为"1978-05-19"，如在窗体"出生日期"标签右侧文本框控件的"控件来源"属性中输入表达式：=Str(Month([出生日期]))+"月"，则在该文本框控件内显示的结果是(　　)。

A．"05"+"月"　　　B．1978-05-19 月　　　C．05 月　　　D．5 月

3．填空题

（1）窗体是一个_____，可用于为数据库创建用户界面。窗体既是数据库的窗口，又是用户和数据库之间的桥梁。

（2）控件的类型有_____、_____、_____。

（3）控件的功能包括_____、_____、和_____。

（4）添加至窗体的控件分为_____和_____两种。

（5）创建主/子窗体的方法有_____和_____两种。

（6）能够唯一标识某一控件的属性是_____。

（7）分别运行使用"窗体"按钮和使用"多个项目"工具创建的窗体，将窗体最大化后显示记录最多的窗体是使用_____创建的窗体。

（8）控件的类型可以分为绑定型、未绑定型与计算型。绑定型控件主要用于显示、输入、更新数据表中的字段；未绑定型控件没有_____，可以用来显示信息、线条、矩形或图像；计算型控件用表达式作为数据源。

（9）在创建主/子窗体之前，必须设置_____之间的关系。

（10）在 Access 数据库中，如果窗体上输入的数据总是取自表或查询中的字段数据，或者取自某固定内容的数据，可以使用_____控件来完成。

06 第6章 报表

本章学习目的

熟知报表的作用。

熟知 Access 2010 报表对象的每一种创建方式以及所适应的需求。

熟知 Access 2010 报表中各种报表形式的特点。

熟练掌握 Access 2010 报表的设计与运用。

熟练使用报表的各种设计工具。

报表是 Access 2010 数据库对象之一，报表对象的作用是按一定的布局格式打印输出基于数据表的数据。

本章主要介绍报表的创建和编辑。在介绍报表的各种创建方式的基础之上，重点介绍使用报表设计视图对报表进行设计与编辑，从而获得形式多样的报表。

> 🕐 **说明** 本章示例所使用的数据表较以前章节略有改动，以便于报表功能的呈现。

6.1　报表概述

报表是由数据源和布局组成的。

报表的数据源就是要显示或者打印输出的数据的来源，它可以是数据表的字段，也可以是查询或者 SQL_Select 语句的输出列，但不必一定要包含全部字段列，只需选择那些需要出现在报表当中的字段列即可。因此，报表通常都被绑定到数据库中的一个或多个数据表、查询。

报表的布局是指数据源的打印显示方式和格式，以及各种页面修饰。其可以按数据表原样呈现，也可以按字段分组呈现，同时可以添加需要的计算并显示计算结果。报表的形式可以是表格形式、纵栏形式、图表形式，或者标签形式等。另外，通过添加各种修饰元素，例如，线条、徽标、背景图像等，可以获得格式美观、图文并茂的数据报表。

6.1.1　报表的一般类型

Access 2010 报表有表格报表、图表报表和标签报表几种类型。

1. 表格形式的报表

表格报表就是以规整的表格形式显示数据的报表，可分为横列式和纵栏式两种。

（1）横列式

横列式是一条记录占一行，每页显示多行记录的方式。表格的每一列有列标题，列标题是对应数据列的字段名，或者被命名的数据列标题，形同表对象以数据表视图显示，示例如图 6.1 所示，是最基本的报表形式。

学生基本信息

学号	姓名	性别	出生日期	民族	班级
20180010	李政新	男	1999/3/8	汉族	经济1801
20183228	陈志达	男	1998/12/10	汉族	经济1801
20180015	卞迪刘	男	2000/4/1	汉族	经济1801
20180027	林晓阳	女	2000/10/23	汉族	经济1801
20180135	李进	女	1999/11/11	壮族	经济1802
20180001	王娜	女	1999/10/10	汉族	经济1802
20184321	李丹	女	1998/8/8	汉族	经济1802
20180002	赵霖	女	2001/4/5	汉族	经济1802

图 6.1　表格报表示例——横列式

（2）纵栏式

纵栏式是每条记录占多行的排列。列名在左侧纵列，列数值在其右侧纵列，适合于需要显示的字段值占位较宽、字段数量又多的情形，示例如图 6.2 所示。

教师基本信息

教师编号	0221
姓名	孙同心
性别	男
参加工作时间	1990/7/1
政治面貌	中共党员
学历	博士研究
职称	教授
学院	信息工程学院
电话	26660570
婚否	☑
教师编号	0310
姓名	张丽云
性别	女
参加工作时间	2010/9/5
政治面貌	无党派
学历	硕士研究
职称	讲师
学院	艺术设计学院
电话	24503721
婚否	☑

图 6.2　表格报表示例——纵栏式

2. 图表形式的报表

图表报表就是用图表的形式显示数据的报表，示例如图 6.3 所示。图表报表适合于以图块、几何图形、数据点分布图、趋势线等方式展示数据的相对大小、分布、变化趋势、占比等信息的需求，图表报表使得报表数据的呈现方式更加丰富多样。

3. 标签形式的报表

标签报表是以卡片形式显示每条记录的报表形式。如图 6.4 所示的标签报表，打印之后可沿虚线剪裁，成为一个个学生基本信息卡片。由此可见，标签报表适用于需要把每条要输出的记录信息组织成一个个卡片的需求，例如，制作名片、商品标签、快递单、各种信息卡片等。

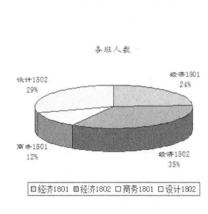

图 6.3　图表报表示例

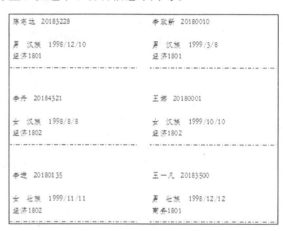

图 6.4　标签报表示例

6.1.2　报表的视图

Access 2010 报表总共有 4 种视图，它们分别是：报表视图、打印预览视图、布局视图和设计视图，如图 6.5 所示的箭头所指虚线框内。

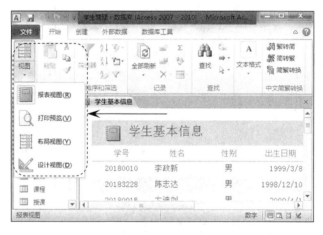

图 6.5　报表的视图方式

1. 报表视图

报表视图侧重于查看报表数据记录内容，可以用"查找"和"转至"等功能定位到要查看的报表记录位置，或者使用"筛选器"按条件筛选出要查看的报表记录，例如，仅查看男生的基本信息，即可按性别进行筛选。针对具体的报表对象，可以设置报表视图为其默认视图，也可以设置是否允许报表视图。

2. 打印预览视图

打印预览视图用于查看和调整报表在纸页上的实际打印效果，如图 6.6 所示，可以调整页面大小、页面布局，启动打印，或者把报表输出到其他目标当中，比如，Excel 表格、文本文件或者 PDF 文件等。打印预览视图也可以被设置为具体报表对象的默认视图。

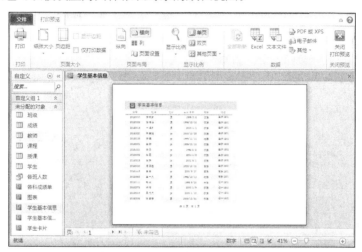

图 6.6　打印预览视图

3. 布局视图

布局视图看上去和报表视图差不多，而布局视图下可用的报表布局工具又和设计视图下可用的报表设计工具有很多重合。因此，布局视图是在显示报表具体数据记录的情况下，允许对报表控件进行调整的视图方式。针对具体报表对象，可以设置其是否允许布局视图。

4. 设计视图

设计视图用于设计和修改报表的全部架构，包括设置数据源、构建报表布局、编辑控件与表达式、设置控件属性、添加修饰元素，以及打印输出的各种设置等，报表的设计视图如图 6.7 所示。在设计视图中是不显示报表记录的具体数值的，如果要查看报表设计结果，需要切换到报表视图、布局视图或者打印预览视图。

图 6.7　设计视图

对于每个报表来讲，最少是两种视图：设计视图和打印预览，打印预览为默认视图；最多是全部 4 种视图，以报表视图或者打印预览两种视图中的某一个作为默认视图。具体选择可以当报表于设计视图打开时，在属性表中进行设置。

6.1.3 报表的组成

Access 2010 报表总共有 7 个设计区，分别是：报表页眉、报表页脚、页面页眉、页面页脚、组页眉、组页脚、主体。设计在不同区域当中的内容将出现在报表的不同位置上，每个设计区也称为一个节，节的名称出现在分节标志上，如图 6.8 所示。

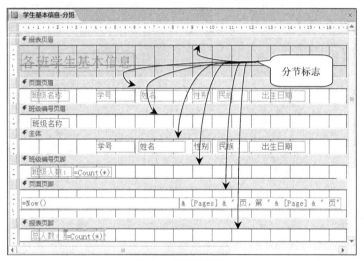

图 6.8 报表的组成

1. 报表页眉节

放置在报表页眉节当中的所有内容，仅在报表的开始位置显现一次。例如，报表标题、LOGO 图标、报表打印日期、打印时间等，通常放在报表页眉节。

2. 报表页脚节

放置在报表页脚节当中的内容，仅在报表结尾位置显示一次。通常可以使用标签控件来显示结束语、制表者、机构名称，或者使用文本框控件来显示整个报表的某些汇总值、打印日期、打印时间等。

3. 页面页眉节

页面页眉节用来设置需要出现在每一页开始位置的内容，通常使用标签控件来显示需要在每页重复出现的标题行。

4. 页面页脚节

页面页脚节用来设置需要在每页下方页脚位置出现的内容，例如，使用文本框等控件来显示页码、页数等信息。

5. 主体节

主体节顾名思义是用来设置报表主体内容和相应格式的区域。把报表记录的输出字段或者计算列与文本框、复选框或绑定对象框等控件绑定，放置在主体节中，每条报表记录将按相应设计格式，显示在报表的正文当中。

6. 组页眉节

当主体分组显示记录时，组页眉节用于设置需要显示在每一组记录开始位置的内容。通常把分组依据字段与文本框等控件绑定，用以显示各分组的名称等信息。

7. 组页脚节

与组页眉节类似，组页脚节是在主体分组并使用汇总、总计功能时使用，放置在组页脚节当中的内容，将出现在主体的每一个分组之后。通常使用文本框控件与组汇总计算数据源绑定，用以显示组汇总信息。

图 6.9 是图 6.8 报表的打印预览结果。如图 6.9 所示，以虚线和放置在括号中的文字，指示并说明了报表显示结果的各个部分与图 6.8 所示的节以及节当中所放置控件的对应关系。

以下是图 6.9 的扼要说明。

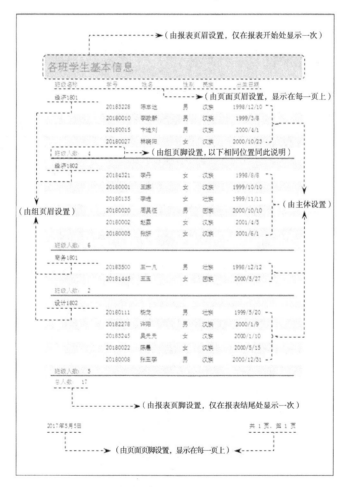

图 6.9　报表打印结果与设计区的对应关系

① 无论报表有多少页，报表标题"各班学生基本信息"仅在首页开始位置出现一次，"总人数：17"仅在全部记录显示完毕的结尾处出现一次，因为它们是报表的页眉和页脚。

② 记录标题行和报表打印日期、页码是逐页显示的，因为它们是页面页眉和页面页脚。

③ 设计时选择了按班级分组，并且将班级名称和计数函数设置为组页眉和组页脚，故而班级名

和班级人数出现在每班学生记录行的首、尾处。

④ 报表的主体是逐条显示学号、姓名、性别、民族和出生日期几个字段的数值。

思考 每组数据之间还有一条分隔线，对应的是一个线条控件，读者可以考虑一下，这个线条控件可以放置在哪些节当中？

6.2 创建报表

Access 2010 有多种创建报表的方式，在系统"创建"选项卡的"报表"组里，给出了 5 个直观地创建报表的按钮，如图 6.10 所示的箭头所指虚线框，分别是"报表""报表设计""空报表""报表向导"和"标签"。

图 6.10 报表创建方式

6.2.1 使用"报表"创建报表

使用"报表"是最快捷的创建报表的方式。简单来讲，就是先选中一个数据表，然后单击"报表"按钮，即可得到一个包含该数据表全部数据的基本报表。

【例 6.1】使用"报表"方式为"学生管理"数据库的"学生"表创建报表。

操作步骤如下。

① 打开"学生管理"数据库。

② 在导航窗格选中"学生"表。

③ 在"创建"选项卡的"报表"组中，单击"报表"按钮，名为"学生"的报表即创建完成，同时显示其布局视图，如图 6.11 所示。

学生					
				2017年5月6日 14:44:13	
学号	姓名	性别	出生日期	民族	班级
20180010	李政新	男	1999年3月8日	汉族	2018001
20181445	王玉	女	2000年5月27日	回族	2018003
20180111	杨龙	男	1999年5月20日	壮族	2018006
20183228	陈志达	男	1998年12月10日	汉族	2018001
20182278	许阳	男	2000年1月9日	汉族	2018006
20183500	王一凡	男	1998年12月12日	壮族	2018003
20180135	李进	女	1999年11月11日	壮族	2018002
20183245	吴元元	女	2000年1月10日	汉族	2018006
20180001	王卿	女	1999年10月10日	汉族	2018002
20184321	李丹	女	1998年8月8日	汉族	2018002
20180002	赵露	女	2001年4月5日	汉族	2018002
20180005	张妍	女	2001年6月1日	汉族	2018002
20180008	张王李	男	2000年12月31日	汉族	2018006
20180015	卞迪刘	男	2000年4月1日	汉族	2018001
20180020	周昊征	男	2000年10月10日	回族	2018002
20180022	陈晨	女	2000年5月15日	汉族	2018006
20180027	林晓阳	女	2000年10月23日	汉族	2018001

17

共 1 页，第 1 页

图 6.11 "报表"方式创建报表示例

④ 关闭布局视图，默认的报表名称为"学生"。

上述操作结束之后，在导航窗格的报表对象组出现一个名为"学生"的报表，双击可再次打开该报表，切换到"设计视图"可以修改报表设计，切换到"打印预览"视图可以预览或打印报表。

用"报表"方式创建的报表，其数据仅基于一个数据表，而且是该数据表的全部数据，没有其他选择余地。

6.2.2 使用"报表向导"创建报表

"报表向导"就是在系统向导的辅助之下，创建简单的自定义报表。用向导方式创建报表，可以在多个数据源中选择字段，也可以选择记录分组、记录排序方式、记录汇总值、显示布局方式等。

【例 6.2】使用"报表向导"，由"学生管理"数据库的数据表创建按班级分组，并计算每个学生所有课程平均成绩的"成绩总表"报表。

操作步骤如下。

① 打开"学生管理"数据库，在"创建"选项卡的"报表"组中，单击"报表向导"按钮，出现"报表向导"对话框，开始以下向导步骤。

② 报表向导步骤 1——从数据源中选择要在报表中显示的字段。如图 6.12 所示，从相应数据表分别选择了"学号""姓名""班级名称""课程名称""成绩"和"学分"6 个字段，单击"下一步"按钮。

③ 报表向导步骤 2——确定查看数据的方式。如图 6.13 所示，左侧列出了输出数据所涉及的 4 个数据源表，选择"通过 学生"，单击"下一步"按钮。

图 6.12　报表向导步骤 1——选择输出字段　　　　图 6.13　报表向导步骤 2——确定查看数据方式

④ 报表向导步骤 3——确定是否分组以及选择分组级别。如图 6.14 所示，在左侧列出的全部 6 个输出字段中双击"班级名称"，将其添加到右侧分组依据中，单击"下一步"按钮。

图6.14　报表向导步骤3——选择是否添加分组级别

⑤ 报表向导步骤 4——确定明细信息使用的排序次序和汇总信息。如图 6.15（a）所示，选择"成绩""降序"为明细记录的第一也是唯一的排序依据。单击"汇总选项"按钮，在图 6.15（b）所示的"汇总选项"对话框中，勾选"成绩"字段的"平均"汇总值，单击"下一步"按钮。

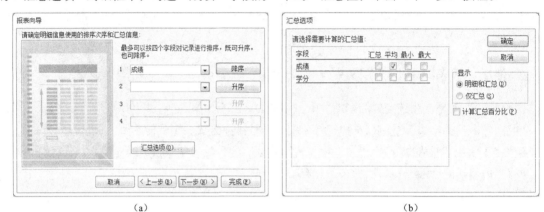

（a） （b）

图 6.15 报表向导步骤 4——确定明细的排序和汇总

⑥ 报表向导步骤 5——确定报表的布局方式。如图 6.16 所示，选择"递阶"布局，"纵向"输出。每选定一种"布局"或"方向"，在左侧即显示相应的预览示意图。单击"下一步"按钮。

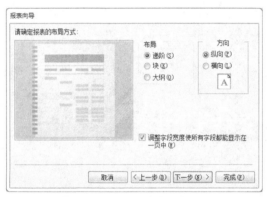

图 6.16 报表向导步骤 5——选择报表的布局方式

⑦ 报表向导步骤 6——为报表指定标题。如图 6.17 所示，编辑报表标题为"成绩总表"，选择生成报表之后"预览报表"。单击"完成"按钮，显示报表预览结果如图 6.18 所示。

图 6.17 报表向导步骤 6——选定报表标题

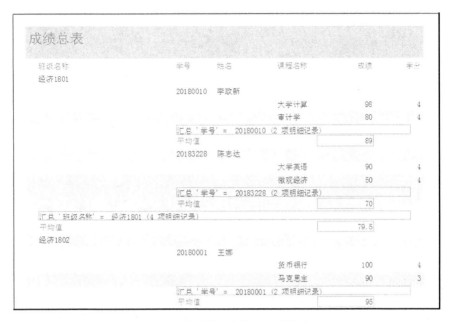

图 6.18　报表向导完成——预览报表

结合例 6.2，对报表向导补充说明以下几点。

① 在报表向导步骤的最后一步——步骤 6 中所确定的报表标题就是所生成报表对象的名称。

② 如果在报表向导步骤 6 中选择"修改报表设计"，则直接将生成的报表在"设计视图"中打开，可做各种调整与修改。

③ 只要在报表向导步骤 1 中选定了输出字段，在随后的任一向导步骤当中，都可直接单击"完成"按钮进入最后一步进行报表预览，而忽略某些中间步骤当中的设置。

④ 如果使用单一数据源且没有设置分组，则报表向导步骤 5 的布局方式会有所不同，会出现"纵栏表""表格"和"两端对齐"方式。

6.2.3　使用"空报表"创建报表

使用"空报表"创建的报表就是一个以布局视图显示的空白报表，没有任何数据和布局，但是可以把现有字段直接添加到空报表当中，一个直观可见的报表随之生成。"空报表"也是一种快速生成简单报表的方法。

【例 6.3】使用"空报表"创建包含"学生"表中的"学号""姓名""性别"以及"班级"表中的"班级名称"和"班主任"5 列数据的"学生-班主任对应表"报表。

操作步骤如下。

① 打开"学生管理"数据库，在"创建"选项卡的"报表"组中，单击"空报表"按钮，以布局视图显示一个空报表。

② 当"报表布局工具组"中"工具"组的"添加现有字段"处于选中状态时，"字段列表"窗格打开，在"学生"表和"班级"表中依次双击需要的字段，显示结果参见图 6.19。

③ 关闭报表视图或者选择快捷工具中的"保存"按钮，在"另存为"对话框中输入报表名称"学生-班主任对应表"，参见图 6.19，单击"确定"按钮，至此，报表已生成。

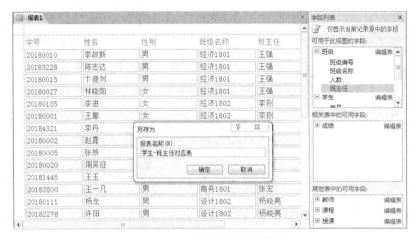

图 6.19　用"空报表"生成的报表

6.2.4　使用"标签"创建标签报表

使用"标签"可以创建标签报表，标签报表就是把数据记录布局为一个个标签模样，然后可以用标准型号标签纸或者自定义尺寸的标签纸打印输出。

【例 6.4】使用"标签"创建教师的"监考工作证"标签报表，包含教师的"姓名""工号"和"所在部门"三项数据。

操作步骤如下。

① 打开"学生管理"数据库，在"创建"选项卡的"报表"组中，单击"标签"按钮，打开"标签向导"对话框，进入标签向导步骤 1。

② 标签向导步骤 1——确定标签型号规格。如图 6.20 所示，选择 Avery 的 C91149 型号标签，单击"下一步"按钮。

③ 标签向导步骤 2——选择标签文本的字体和颜色。如图 6.21 所示，所选文本的字体与颜色在左侧有预览，单击"下一步"按钮。

图 6.20　标签向导步骤 1——选择标签型号　　图 6.21　标签向导步骤 2——选择标签文本的字体和颜色

④ 标签向导步骤 3——确定标签的显示内容。如图 6.22 所示，把固定不变的标题文本逐个输入（"监考工作证""教师姓名："等），在左侧可用字段中逐个双击"姓名""教师编号"和"学院"到对应标题的位置，单击"下一步"按钮。

图 6.22　标签向导步骤 3——添加标签的显示内容

⑤ 标签向导步骤 4——选择标签的排序依据。如图 6.23 所示，选择"学院"为第一排序依据，"教师编号"为第二排序依据，单击"下一步"按钮。

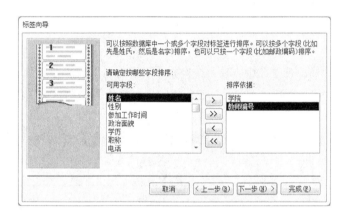

图 6.23　标签向导步骤 4——选择标签排序依据

⑥ 标签向导步骤 5——指定标签报表的名称。如图 6.24 所示，在文本框里输入标签报表的名字、选择"查看标签的打印预览"，单击"完成"按钮，通过上述"标签向导"创建的标签报表"教师监考工作证"如图 6.25 所示。

图 6.24　标签向导步骤 5——编辑标签报表的名称

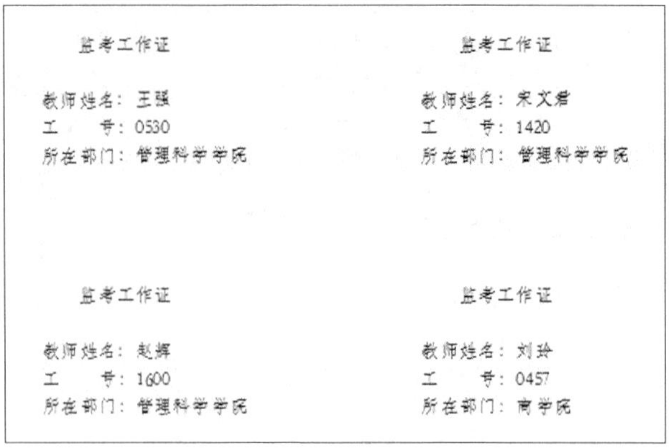

图 6.25　标签报表预览（局部）

6.2.5　使用“报表设计”创建报表

尽管前面介绍的 4 种创建报表的方法都可以便捷地生成报表，但是总还是有各种不尽如人意的地方，每种方法都有其局限性，而“报表设计”提供的是从零开始，对报表进行所有可能设计的创建方式。

“报表设计”是在“设计视图”中新建一个空报表，不仅可以像前面几种方法那样，向报表中添加基本的字段，进行排序、分组，计算汇总值，添加各种修饰等，而且可以添加自定义控件类型，还可以编写代码。

【例 6.5】使用“报表设计”创建“学生基本信息”报表，使得报表预览结果为图 6.26 所示的样子，并且在页脚显示页码。

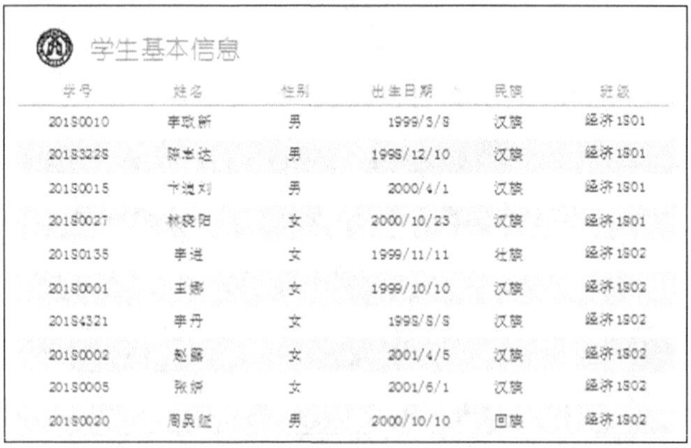

学号	姓名	性别	出生日期	民族	班级
20180010	李政新	男	1999/3/8	汉族	经济1801
20183228	陈志达	男	1998/12/10	汉族	经济1801
20180015	卞进刘	男	2000/4/1	汉族	经济1801
20180027	林晓阳	女	2000/10/23	汉族	经济1801
20180135	李进	女	1999/11/11	壮族	经济1802
20180001	王娜	女	1999/10/10	汉族	经济1802
20184321	李丹	女	1998/8/8	汉族	经济1802
20180002	赵露	女	2001/4/5	汉族	经济1802
20180005	张婷	女	2001/6/1	汉族	经济1802
20180020	周吴征	男	2000/10/10	回族	经济1802

图 6.26　例 6.5 报表预览结果（局部）

操作步骤如下。

① 打开“学生管理”数据库，在“创建”选项卡的“报表”组中，单击“报表设计”按钮，打开一个以默认名命名的报表的设计视图，并且只有“页面页眉”“主体”和“页面页脚”三个节，如图 6.27 左侧区域所示。

② 向主体区添加要显示的字段。在“设计”选项卡的“工具”组中选中“添加现有字段”按钮，显示“字段列表”对话框，如图 6.27 所示的右侧区域。在“字段列表”对话框中，展开“学

生"表,把"学号""姓名""性别""出生日期"和"民族"5 个字段依次拖到主体区,展开"班级"表,再把"班级名称"字段也拖到主体区。默认状态下,字段名在左、字段值在右,字段名对应着标签控件。

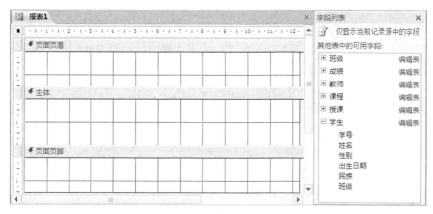

图 6.27　报表基本设计视图与"字段列表"对话框

③ 设置页面页眉区要显示的列标题。把主体区里表示字段名的标签控件依次移动到页面页眉区,用拖曳或者剪切再粘贴方式均可。

④ 设置页面页脚区要显示的页码格式。在"设计"选项卡的"页眉/页脚"组中单击"页码"按钮,打开"页码"对话框,设置结果如图 6.28(a)所示,单击"确定"按钮,在页面页脚区出现一个显示页码的文本框控件。

⑤ 向报表页眉区添加报表标题等内容。在报表任一设计区域的空白处单击鼠标右键,在弹出的快捷菜单中选中"报表页眉/页脚",首先使报表页眉区和报表页脚设计区域显示出来。在 "设计"选项卡的"控件"组中单击"标签"按钮,在报表页眉区添加一个标签控件,输入控件标题"学生基本信息"。单击"插入图像"按钮,选择准备好的图片文件,在报表页眉区显示校徽图标,与之相对应的是图像控件。

⑥ 向报表页脚区添加报表日期。在"设计"选项卡的"页眉/页脚"组中单击"日期和时间"按钮,打开"日期和时间"对话框,设置结果如图 6.28(b)所示,单击"确定"按钮。所添加的对应着日期的文本框控件通常自动出现在页面页眉区,把它剪切并粘贴到报表页脚区。

（a）

（b）

图 6.28　页眉/页脚选项

⑦ 调整控件格式。在 "设计"选项卡的"工具"组中选中"属性表"按钮，显示"属性表"对话框，如图 6.29 右侧所示。对于上述已经被添加到各个设计区域的每个控件，单击选中之后，即可在属性表中进行各种需要的设置，例如，显示位置、对齐方式、宽度高度、字体字号、前景背景颜色、有无边框等，设计结果如图 6.29 左侧所示。

⑧ 设置每个区的高度。单击分节标志选中相应区，在"属性表"中选择"高度"属性，输入需要的高度数值即可。另外，用鼠标上下拖动各个区的下边也可以粗略地设置对应区的高度。设置结果如图 6.29 所示，至此，报表设计完成。

图 6.29　例 6.5 报表设计结果——设计视图

⑨ 单击"文件"菜单中的"保存"按钮，输入报表名称：学生基本信息，保存报表设计。

⑩ 在"开始"选项卡的"视图"组中选择其他视图方式，可浏览报表的设计效果，其中"打印预览"视图显示结果如前面图 6.26 所示。

6.3　报表设计

报表设计指的是使用报表设计视图设计报表，以及对已有报表进行编辑修改的操作。通常情况下，可以首先使用便捷的方式创建报表，例如"报表"或者"报表向导"等方式，但是这样创建的报表中很多报表参数是由系统自动设置的，往往并不能完全满足实际需求，这时候可以使用报表的"设计视图"对报表做进一步修改，使报表完全符合实际需要。

6.3.1　报表设计中的常用控件

报表当中所显示的所有内容都与一定的控件相对应，用于报表最多的控件是标签控件和文本框控件，其他还有复选框控件、绑定对象框控件、图像控件、直线和矩形控件等。

1.　标签控件

在报表中使用标签控件主要是为了显示标题、注释等固定文本，其显示内容设置在标签控件的"标题"属性中，其他常用属性还有：标签控件的大小、显示位置、显示字体、字号、字型、前景色、背景色、有无边框及边框样式、颜色、宽窄等。

当报表为"设计视图"时，在"设计"选项卡的"控件"组选中 Aa 按钮，再在需要放置的节中单击，即添加了一个标签控件，然后在"属性表"中定义其各个需要的属性值。

2.　文本框控件

报表中的文本框控件通常与以文本字符显示的数据源相关联，以显示其对应的文本或数字。例如，在报表主体当中的文本类、数值类字段和计算表达式，在报表组页眉/页脚当中的分组字段/汇总值表达式，在报表页眉/页脚当中常常显示的页码、报表时间、报表日期等。

在报表当中的文本框控件，其主要需要设置的属性是"控件来源"，其他常用属性包括：显示格式、控件的大小、显示位置、显示字体、字号、字型、前景色、背景色、有无边框及边框样式、颜色、宽窄等。

当报表为"设计视图"时，在"设计"选项卡的"控件"组选中 abl 按钮，再在需要放置的节中单击，即添加了一个文本框控件，然后在"属性表"中定义必要的属性值。

3. 复选框控件

报表中的复选框控件通常与是/否型数据源相关联，以"√"表示"是"，以空白框表示"否"。

当报表为"设计视图"时，在"设计"选项卡的"控件"组选中 ☑ 按钮，再在需要放置的节中单击，即添加了一个复选框控件，然后在"属性表"中定义需要的属性值，主要是显示位置和大小。

4. 图像、矩形和直线控件

（1）图像控件。在报表当中，使用图像控件来显示一个固定图片。例如，例 6.5 在报表标题旁边显示的校徽就是通过添加图像控件，插入一个 jpg 图像文件而得到的。在报表中通过添加图像控件来显示图片的途径还有另外两个，一个是在"设计"选项卡的"控件"组单击"插入图像"按钮再选择图像文件，另一个是在"设计"选项卡的"页眉/页脚"组单击"徽标"按钮再选择图像文件。

如果报表主体有 OLE 对象字段，通常对应的控件是绑定对象框。例如，如果"学生"表的"照片"字段是报表数据源，它对应的并不是图像控件而是绑定对象框控件，而且只有嵌入或者链接的是 bmp 文件照片才能正常显示出来。

（2）矩形和直线控件。矩形控件用于在报表上显示框线，直线控件用于显示线条，通常需要设置的属性是显示位置、线型、颜色、尺寸、透明度等。图像、矩形、直线这些控件通常用于修饰报表。

5. 分页符控件

插入分页符控件作用显而易见，就是报表在分页符控件所在位置另起一页——分页。

当报表为"设计视图"时，在"设计"选项卡的"控件"组选中 ▐ ，即"插入分页符"控件按钮，然后在需要分页的相应节的位置单击，即添加了一个插入分页符控件。

6.3.2 报表节的使用

在报表的"设计视图"中，节代表着一定的设计区域，在前面 6.1.3 小节中提到过，最多可以有 7 个节。

1. 节的添加或删除

默认状态下，单击"报表设计"打开的"设计视图"会显示"页面页眉""页面页脚"和"主体" 3 个节。在报表"设计视图"的空白处单击鼠标右键，在弹出的快捷菜单中，可以选择显示或不显示"页面页眉/页脚""报表页眉/页脚"。在选择了"设计"选项卡的"分组和汇总"组中的分组、总计功能的情况下，还会显示组页眉、组页脚。

2. 节大小的设置

① 节宽度设置。报表所有节的宽度是唯一的，改变一个节的宽度意味着改变整个报表的宽度，节宽度通过设置节或者报表的"宽度"属性值确定，用鼠标左右拖动节右边界也可粗略调整节宽度。

② 节高度设置。方法有二，一是选中一个节，在"属性表"中设置"高度"属性，二是用鼠标上下拖动节的下边界。

3. 节颜色与显示效果设置

对于选中的节，在"属性表"中设置"背景色"或者"备用背景色"来设置节的显示颜色，"特殊效果"可设置节的显示效果是平面、凸起或凹陷。

4. 节的显示与隐藏

节的"可见"属性用来设置报表输出时，该区域内容是否显示，默认值为"是"，如果改为"否"，则设计放置在该区域的内容将不会显示输出。极端情况是，当所有节的"可见"属性值都为"否"，则输出的报表是空白纸页。

提示 在报表设计视图，单击分节标志可以选中相应节。如果要选择整个报表，可以单击选中报表左上角的方块■，也就是当显示有水平标尺时，位于水平标尺左侧的报表选择标识。

6.3.3　报表记录的排序和分组

默认状态下，报表记录是按照对应数据源记录的存储顺序显示的，如果需要报表记录按指定的顺序输出，例如学生基本信息记录按出生日期降序输出，需要对报表记录做"排序"设置。另外，如果需要报表记录按某字段分组，并一组一组地显示记录，则需要对报表记录设置"分组"，设置分组的同时还可以设置要不要做分组汇总计算，例如计算各分组的记录个数、占比等。

1. 报表记录排序

报表记录排序就是设置报表记录按什么顺序输出。

【例 6.6】对例 6.5 生成的"学生基本信息"报表设置记录输出顺序：首先按"民族"降序排序，相同民族按"出生日期"升序排序。

操作步骤如下。

① 在"学生基本信息"报表对象上单击鼠标右键，在弹出的快捷菜单中选择"设计视图"，把报表在设计视图中打开，在"设计"选项卡的"分组和汇总"组单击选中"分组和排序"按钮，显示结果如图 6.30 所示，在原设计区下方出现"分组、排序和汇总"对话框。

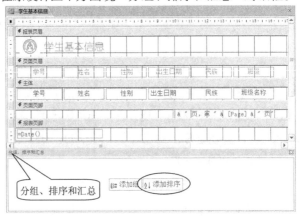

图 6.30　例 6.6 设计视图——设置记录排序

② 单击"添加排序"按钮，在弹出的"选择字段"下拉列表中单击"民族"，其右侧的排序方式选择"降序"。同样地，再次单击"添加排序"按钮，在"选择字段"列表中选择"出生日期"，排序方式默认"升序"，设置结果如图 6.31 所示。

③ 保存报表，切换到"打印预览"视图，显示结果如图 6.32 所示。

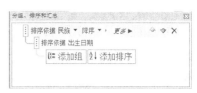

图 6.31 例 6.6 记录排序设置

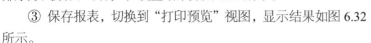

图 6.32 例 6.6 报表预览结果（局部）

排序依据既可以是报表的输出字段，也可以是报表的计算表达式，这两者统称为排序依据。在报表的"设计视图"方式下，排序依据最多可以选择 10 个，当选择的排序依据超过 4 个时，"分组、排序和汇总"区右侧出现 ▼ 和 ▲ 箭头，单击可查看先后设置的排序依据。

提示 使用"报表向导"创建报表时，排序依据最多为 4 个。

2. 报表记录分组

报表记录分组也是一种改变报表记录默认顺序的方式，例如希望对学生基本信息报表按民族分组，并统计每个民族组的学生人数。在实际应用中，对报表记录进行分组、排序和汇总常常是一起来使用。

【**例 6.7**】对例 6.5 生成的"学生基本信息"报表设置按"民族"分组，在每个分组中，报表记录按"学号"升序排列，并汇总每个民族学生的人数。

操作步骤如下。

① 在"学生基本信息"报表对象上单击鼠标右键，在弹出的快捷菜单中选择"设计视图"，把报表在设计视图中打开，在"设计"选项卡的"分组和汇总"组单击选中"分组和排序"按钮，显示结果参考前图 6.30。

② 单击"添加组"按钮，在弹出的"选择字段"下拉列表中单击"民族"，其右侧的排序方式选择"降序"，与此同时，在页面页眉节和主体节之间出现名为"民族页眉"的组页眉节。

③ 单击"添加排序"按钮，在"选择字段"列表中选择"学号"，排序方式默认"升序"，设置

结果如图 6.33 所示。

④ 单击"分组形式"行右端的 更多 ▶ 按钮，如图 6.34 所示，展开了更多设置选项。单击汇总选择右侧的下拉箭头，打开"汇总"设置，选择"汇总方式"为"学号"，"类型"为"记录计数"，勾选"在组页脚中显示小计"，设置结果如图 6.35 所示。

图 6.33　例 6.7 分组、排序设置结果

图 6.34　报表分组形式设置选项

图 6.35　例 6.7 分组汇总设置

当选择了"在组页脚中显示小计"汇总方式后，在主体节之后出现名为"民族页脚"的组页脚节，如图 6.36 所示，同时，在"民族页脚"区自动出现一个文本框控件，其"控件来源"属性为=Count(*)，即引用系统内置的计数函数 Count 来显示组内记录数。

图 6.36　有分组汇总的设计视图

⑤ 保存报表，切换到"打印预览"视图，显示结果如图 6.37 所示，可以看到，在每组记录输出结束之后有组记录数显示。

学号	姓名	性别	出生日期	民族	班级
20180111	杨龙	男	1999/5/20	壮族	设计 1802
20180135	李进	女	1999/11/11	壮族	经济 1802
20183500	王一凡	男	1998/12/12	壮族	商务 1801
3					
20180020	周昊征	男	2000/10/10	回族	经济 1802
20181445	王玉	女	2000/5/27	回族	商务 1801
2					
20180001	王娜	女	1999/10/10	汉族	经济 1802
20180002	赵露	女	2001/4/5	汉族	经济 1802
20180005	张妍	女	2001/6/1	汉族	经济 1802
20180008	张王李	男	2000/12/31	汉族	设计 1802

图 6.37　例 6.7 报表预览结果（局部）

排序和分组可交错进行，例如首先设置一个分组依据，在分组内再设置一个排序依据，再进一步设置分组，组内还可以设置各级分组或排序依据……依次形成错落层级。但需注意，排序和分组加在一起最多 10 层。

6.3.4　报表中的计算控件

计算控件指的是"控件来源"属性是计算表达式的控件，其作用是在报表的相应位置显示表达式的计算结果。计算控件在报表中的作用是多样的，例如，用于显示报表页码、报表日期和报表时间，用于各种统计汇总计算的函数，以及在报表主体添加的自定义计算列等。

通常，文本框是最常见的用来显示计算表达式值的计算控件，不过只要有"控件来源"属性的控件就都可以和计算表达式绑定，因此，一般意义上，计算控件是所有这类控件的统称。

以下重点列举计算控件在报表中的常见应用。

1. 计算控件用于显示报表页码

在报表的页眉或者页脚中显示报表页码是很常见的需求，添加页码的方法在前面例 6.5 中有过提示，就是当报表为"设计视图"时，在"设计"选项卡的"页眉/页脚"组单击"页码"按钮，"页码"对话框参见图 6.28（a），在"页码"对话框中选择需要的页码格式及显示位置即可。查看页码所对应文本框控件的"控件来源"属性，可以看到表示页码的计算表达式。常见页码格式所对应的计算表达式见表 6.1。其中，Page 和 Pages 是内置变量，[Page] 表示当前页页码，[Pages] 表示报表总页数。

表 6.1　常见页码格式及其表达式

页码表达式	页码显示格式
="共 " & [Pages] & " 页，第 " & [Page] & " 页"	共（总页数）页，第（页码）页
=[Page] & "/" & [Pages]	（页码）/（总页数）
="页" & [Page]	页（页码）

2. 计算控件用于显示报表日期和报表时间

例 6.5 当中提到在报表页脚中显示报表输出日期，此外，还可以在报表当中显示报表输出的时间。当报表为"设计视图"时，在"设计"选项卡的"页眉/页脚"组单击"日期和时间"按钮，"日期和时间"对话框参见图 6.28（b），按需要选择即可。查看日期或时间所对应文本框控件的"控件来源"属性，可看到所对应的计算表达式。常见的是系统内置函数 Date()、Time() 或者 Now()，对应的是系统日期或者时间。

3. 计算控件用于报表统计汇总计算

对报表的汇总计算通常有以下两种。

（1）分组汇总。当报表分组时，可以对每组记录做汇总计算，例如，组记录计数、数值列的平均值或和值等，汇总计算结果出现在组页眉/页脚中。如例 6.7，将学生基本信息按"民族"字段分组，选择汇总方式为按"学号"做"记录计数"，显示在组页脚中（见图 6.35），结果就是在每组记录输出之后显示该组记录数。

（2）报表汇总。对整个报表记录做汇总统计，例如，全部记录计数、数值列的总平均值或总和等，报表汇总计算结果通常出现在报表页脚中。

无论是分组汇总计算还是报表汇总计算，都是由计算控件来实现的，即计算表达式与文本框控件的"控件来源"属性绑定，在计算表达式当中使用系统内置函数，实现各种统计计算。

【例 6.8】为例 6.5 生成的"学生基本信息"报表添加人数总计数值，显示在报表结尾处。

操作步骤如下。

① 在"学生基本信息"报表对象上单击鼠标右键，在弹出的快捷菜单中选择"设计视图"，把报表在设计视图中打开。

② 在"设计"选项卡的"控件"组选中"文本框"控件按钮，在报表页脚区单击添加一个文本框，把文本框的标题修改为"人数总计:"。单击选中文本框控件，设置其"控件来源"属性为表达式：=Count([学生]![学号])。

 提示

用表达式生成器来构造表达式更加简便准确一些。在如图 6.38 所示的属性表中，单击"控件来源"行右侧的表达式生成器按钮 ，在打开的"表达式生成器"对话框做如下操作，如图 6.39 所示。

- 在下部左侧的"表达式元素"列表框中，选择"函数"类当中的"内置函数"；在中间的"表达式类别"列表框当中选择"SQL 聚合函数"；在右侧的"表达式值"列表框当中选中"Count"函数，双击该函数名使之出现在上部的表达式编辑框当中。

- 在下部左侧的"表达式元素"列表框中，单击"学生管理.accdb"左侧加号，依次展开，直至选中"学生"表。当中间的"表达式类别"列表框当中显示学生表的所有字段之后，把 Count 函数的自变量位置全部选中成为 Count(《expression》)，然后双击下部中间"表达式类别"列表框当中的"学号"字段使之出现在 Count 函数自变量位置，得到表达式：=Count([学生]![学号])，最后单击"确定"按钮。

图 6.38　表达式生成器按钮位置

图 6.39　表达式生成器

③ 为步骤②中添加的计算控件及其标题设置显示位置和显示外观所对应的各种属性，设计视图如图 6.40 所示。

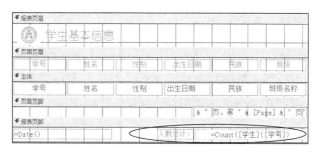

图 6.40 例 6.8 报表设计视图

④ 保存报表，切换到"打印预览"视图，查看报表打印效果如图 6.41 所示。

图 6.41 例 6.8 报表打印预览（局部）

4. 计算控件用于报表记录的计算字段

在报表主体当中，可以用计算控件来添加计算字段。

【例 6.9】将例 6.5 生成的"学生基本信息"报表中的出生日期改为显示年龄，通过计算控件实现。
操作步骤如下。

① 把"学生基本信息"报表以"设计视图"打开。

② 把"页面页眉"中的标题"出生日期"改为"年龄"。

③ 删除"主体"区当中"出生日期"字段对应的文本框控件。

④ 在"主体"区原"出生日期"字段位置，重新添加文本框控件，删除其标题标签控件，选中剩下的文本框控件，打开"属性表"对话框，单击"数据"标签页，设置其"控件来源"属性为=Year(Date())-Year([出生日期])，以此计算控件来显示年龄。

提示
- 使用表达式生成器构造表达式的方法请参考例 6.8 步骤②当中的介绍。
- 所生成的表达式中，Year 和 Date 都是日期/时间类函数，Year 函数值为自变量的年份，Date 函数值为当前日期，该表达式表示以当前年份减去出生的年份，因而得到年龄。

⑤ 调整计算控件的显示位置、外观等属性，得到图 6.42 所示的设计视图。

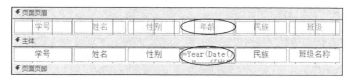

图 6.42 例 6.9 报表设计视图（局部）

⑥ 保存并预览报表，结果如图 6.43 所示。

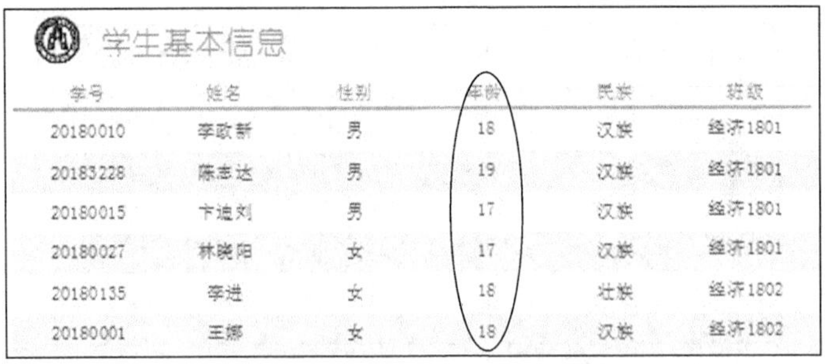
学生基本信息

学号	姓名	性别	年龄	民族	班级
20180010	李欧新	男	18	汉族	经济1801
20183228	陈志达	男	19	汉族	经济1801
20180015	卞迪刘	男	17	汉族	经济1801
20180027	林晓阳	女	17	汉族	经济1801
20180135	李进	女	18	壮族	经济1802
20180001	王娜	女	18	汉族	经济1802

图 6.43 例 6.9 报表打印预览（局部）

通过以上几个示例可以注意到，计算控件的“控件来源”属性都是以等号“=”打头的表达式。

5. **报表常用内置函数**

在报表计算控件的“控件来源”属性表达式中，一般用到的系统内置函数包括日期/时间类、统计汇总类，例如，求和、平均值或计数等。

报表常用函数及其功能列表见表 6.2。

表 6.2 报表常用内置函数

函 数 名	功 能	所属类别
Avg	计算一组数值数据的平均值	SQL 聚合函数
Count	计算记录数量	SQL 聚合函数
Max	给出一组值当中的最大值	SQL 聚合函数
Min	给出一组值当中的最小值	SQL 聚合函数
Sum	计算一组数值数据的和	SQL 聚合函数
Date	表示系统当前日期	日期/时间
Now	表示系统当前日期和时间	日期/时间
Time	表示系统当前时间	日期/时间

6.4 主/子报表和图表报表

Access 2010 的主/子报表和图表报表赋予了报表更丰富的数据组织和表现形式。

6.4.1 主/子报表

在一个报表当中嵌入其他报表，这种形式的报表被称为主/子报表。嵌入的报表称为子报表，包含其他报表的报表称为主报表。通常情况下，主报表的记录和子报表的记录具有一对多的关系。

【例 6.10】创建一个主/子报表，在“学生基本信息”报表当中嵌入“已修课程信息”报表，学生基本信息在报表左侧纵栏显示，已修课程信息在报表右侧横列显示。

操作步骤如下。

① 使用“报表向导”生成主报表。报表字段选择为“学生”表和“班级”表中的“学号”“姓名”“性别”“民族”和“班级名称”5 个字段，按“学号”升序排序，布局选择“纵栏表”，报表

标题为"学生基本信息及修课成绩",最后选择"修改报表设计",完成报表向导。至此,生成了包含学生基本信息的纵栏式报表,名为"学生基本信息及修课成绩",以设计视图显示,如图 6.44 所示。

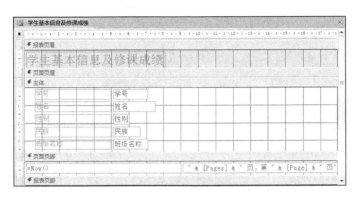

图 6.44 例 6.10 生成的主报表

② 展开"设计"选项卡的"控件"组,首先确保"使用控件向导"按钮是选中状态。然后选中"子窗体/子报表"控件按钮,在主体区右侧空白处画出一个矩形,这个矩形就是子报表在主报表当中的显示区域,随之展开子报表向导。首先选择用于子报表的数据来源,可以用现有表和查询自行创建数据来源,也可以用现有报表做数据来源,显示结果如图 6.45 所示,在此选择第一种,单击"下一步"按钮。

③ 选择子报表字段。如图 6.46 所示,分别从"课程"和"成绩"表选择了 4 个字段,这些字段将显示在子报表当中,单击"下一步"按钮。

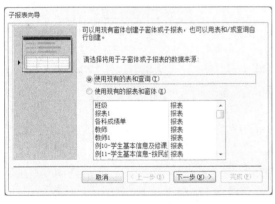

图 6.45 子报表向导 1——选择子报表数据来源

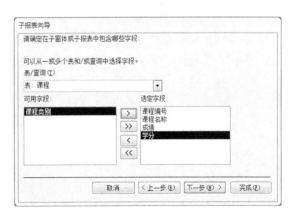

图 6.46 子报表向导 2——选择子报表字段

④ 选择主/子报表的链接方法。这一步要确定的是,主报表到子报表的链接是有还是无,如果有,是从列表中选还是自行定义。在此选择主/子报表以"学号"字段链接,如图 6.47 所示,单击"下一步"按钮。

⑤ 子报表向导最后一步——指定子报表名称。如图 6.48 所示,输入"已修课程"作为子报表名称,单击"完成"按钮。至此,在设计视图中出现"已修课程"子报表视图,如图 6.49 所示。

图 6.47　子报表向导 3——选择主/子报表的链接方法　　　　图 6.48　子报表向导 4——指定子报表名称

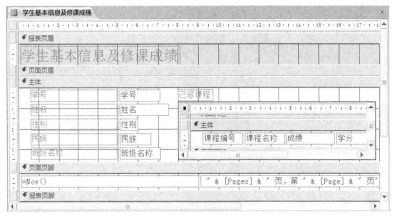

图 6.49　主/子报表设计视图

⑥ 调整主、子报表当中控件的位置和显示外观，调整节高度等数值，直到满意为止。

⑦ 保存并预览报表，显示结果如图 6.50 所示。

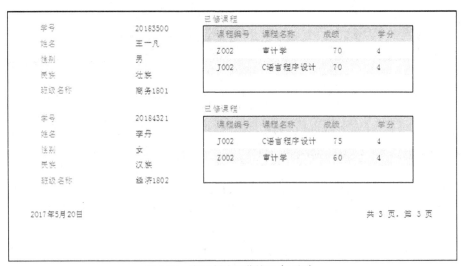

图 6.50　主/子报表预览结果（局部）

例 6.10 的主/子报表设计完成之后,可以看到作为子报表的"已修课程"报表也同时生成。

结合例 6.10,对主/子报表进一步说明以下几点。

① 除了例 6.10 所示方法之外,创建主/子报表的方法还可以是把已有报表作为子报表,添加到主报表当中,从而形成主/子报表关系,这一点从图 6.45 所示的对子报表数据来源的选项当中也可以体会到。

② 主报表可以包含多个子报表,而子报表也可以再包含子报表形成层级关系,但一个主报表最多包含两级子报表。

③ 主报表记录和子报表记录可以具有一对多的关系,也可以没有关系,这时,主报表仅仅作为一个容器,容纳多个无关联子报表。

6.4.2 图表报表

以图的形式呈现数据表称为图表,以图表的形式呈现报表数据称为图表报表。图表报表使报表形式更加丰富,从单纯地以文本字符显示数值,变为以图块或者趋势线等方式表现数值,从而更加直观地表现数据之间的对比、变化趋势和占比大小等。

1. 记录列表与图表相结合的图表报表

【例 6.11】在例 6.7 生成的按民族分组的"学生基本信息"报表中,添加一个饼图,显示各民族学生比例,在整个报表的尾部显示。

操作步骤如下。

① 以设计视图打开按民族分组的"学生基本信息"报表,用鼠标向下拖动报表页脚区的下边到适当高度。

② 在"设计"选项卡的"控件"组选中"图表"控件按钮,在报表页脚区用鼠标拖出一个矩形,矩形大小即为图表区大小,随之进入图表向导 1——选择图表报表数据源,如图 6.51 所示,选择"学生"表,单击"下一步"按钮。

图 6.51 图表报表向导 1——选择数据源

③ 图表向导 2——选择用于图表的字段,如图 6.52 所示,选择"民族"字段用于图表,单击"下一步"按钮。

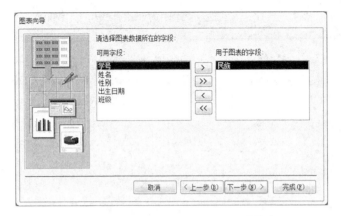

图 6.52 图表报表向导 2——选择用于图表的字段

④ 图表向导 3——选择图表类型，如图 6.53 所示，选择图表类型为三维饼图，单击"下一步"按钮。

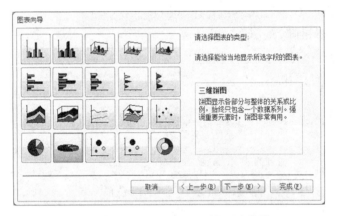

图 6.53 图表报表向导 3——选择图表类型

⑤ 图表向导 4——指定数据在图表中的布局方式，如图 6.54 所示，单击左上角的"预览图表"按钮可查看在当前布局下图表的显示结果，单击"下一步"按钮。

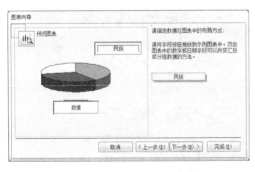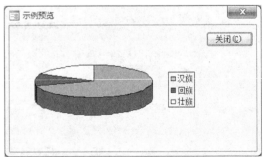

图 6.54 图表报表向导 4——指定数据在图表中的布局方式

⑥ 图表向导 5——选择链接文档和图表的字段，如图 6.55 所示，不选择任何链接字段，单击"下一步"按钮。

图 6.55　图表报表向导 5——选择链接文档和图表的字段

⑦ 图表向导 6——指定图表的标题，如图 6.56 所示，输入"各民族学生比例"，单击"完成"按钮。

图 6.56　图表报表向导 6——指定图表的标题

⑧ 图表向导结束，在报表页脚区生成一个三维饼图示意图，双击图表区，进入图表设计模式，对三维饼图的各个组成部分做适当修饰，使之成为希望的样貌，修饰结果如图 6.57 所示。

图 6.57　例 6.11 图表设计结果

⑨ 保存并预览报表，报表结尾处显示结果如图 6.58 所示。

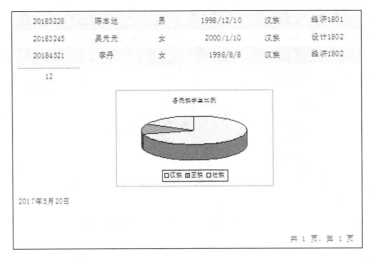

20183228	陈志达	男	1998/12/10	汉族	经济1801
20183245	吴元元	女	2000/1/10	汉族	设计1802
20184321	李丹	女	1998/8/8	汉族	经济1802
12

2017年5月20日

共 1 页，第 1 页

图 6.58　例 6.11 图表报表预览结果（局部）

例 6.11 是在一般报表当中又添加了图表报表，使得按民族分组的报表具有了更直观的占比显示，丰富了报表的呈现方式。

2. 单纯的图表报表

除了上面记录列表与图表相结合的图表报表，也可以设计单纯只有图表的报表，步骤更加简单，不需要例 6.11 步骤⑥对应的图表报表向导 5，也就是说，根本没有"选择链接文档和图表的字段"这一步，其他向导步骤相同。

创建单纯图表报表的大致步骤是，先创建空报表，然后切换到设计视图，在主体区添加图表控件进入图表报表向导，按向导步骤设计完成图表报表，其他报表元素，比如报表标题、页眉页脚等，在设计视图添加即可。

6.5　思考与练习

1. 思考题

（1）什么是报表？报表有什么作用？

（2）创建报表的方法有哪些？

（3）使用"报表""报表向导"和"报表设计"创建报表的区别是什么？这三种方式又有什么联系？

（4）报表由哪些部分组成？

（5）报表页眉和页面页眉的作用分别是什么？

（6）报表页脚和页面页脚的区别是什么？

（7）标签报表的特点和通常的用途是什么？

2. 选择题

（1）可以设置为报表默认视图的是（　　）或（　　）。

    A．报表视图　　　　B．打印预览　　　　　　C．布局视图　　　　　　D．设计视图

（2）可以设置为不使用的报表视图是（　　　）或（　　　）。

  A．报表视图　　　B．打印预览　　　　　　C．布局视图　　　　　D．设计视图

（3）报表设计时，仅在报表记录输出完毕之后显示的信息，应该设置在（　　　）区域。

  A．报表页眉　　　B．组页脚　　　　　　C．页面页脚　　　　　D．报表页脚

（4）报表的数据源可以是（　　　）。

  A．表、报表和查询　　　　　　　　　B．表、查询和窗体

  C．表、查询和 SQL 语句　　　　　　D．只有表

（5）在报表页面页脚中，要显示格式为"第 i 页，总 n 页"的页码，则对应文本框控件"控件来源"属性的正确表达式是（　　　）。

  A．="第 " [Page] " 页，总 " [Pages] " 页"

  B．="第 "，[Pages]，" 页，总 "，[Page] " 页"

  C．="第 " & [Page] & " 页，总 " & [Pages] & " 页"

  D．="第 " + [Pages] + " 页，总 " + [Page] + " 页"

（6）报表设计视图中，必出现的节（设计区域）有（　　　）。

  A．报表页眉节、页面页眉节和页面页脚节

  B．报表页眉节、页面页眉节和组页眉节

  C．报表页眉节、主体节和页面页脚节

  D．页面页眉节、主体节和页面页脚节

（7）把报表主体节的"可见"属性设置为"否"，则以下叙述正确的是（　　　）。

  A．在报表的设计视图，主体节不再存在

  B．在报表的设计视图，仍然出现主体节，但无法向主体节区域添加控件

  C．在报表的设计视图，仍然出现主体节，但主体节的所有内容不出现在输出的报表中

  D．即使其他所有节的"可见"属性为"是"，打印预览时，整个报表也永远是空白纸页

（8）在报表设计时，如果要统计并显示报表所有记录的计数值，则计算表达式应放置在（　　　）。

  A．主体节末尾　　B．组页脚节　　　　　C．页面页脚节　　　　D．报表页脚节

（9）如果在报表的某个区域，需要显现报表输出日期前一天的日期，则该计算控件的"控件来源"属性是（　　　）。

  A．Date()-1　　　B．=Date()-1　　　　　C．Date()+1　　　　　D．=Date()+1

（10）报表无法完成的工作是（　　　）。

  A．向数据表中输入数据　　　　　　B．由数据表输出数据

  C．汇总数据表中的数据　　　　　　D．以图表表示数据表中的数据

第7章 宏

本章学习目的

掌握宏的概念、分类及常用宏操作。

熟练掌握创建含有 If 块或子宏的宏、嵌入宏。

熟练掌握宏的几种运行方式。

熟练掌握宏的编辑和调试。

熟知宏转换为 VBA 模块。

熟知宏的应用。

宏是一种工具，具有自动执行重复任务的功能，可以将 Access 数据库中各自独立处理数据的 4 个对象表、查询、窗体和报表有机地整合在一起完成特定任务。

本章主要介绍宏的创建、编辑、运行、调试以及如何把宏转换为 VBA 模块，以便在 Access 中独立运用宏。在介绍宏的概念及常用的宏操作基础上，本章重点介绍了宏的创建、运行和应用。创建嵌入宏、调用子宏及通过触发事件调用宏是本章的难点。

7.1 宏概述

利用 Access 数据库完成实际工作时，常常会重复进行某一项工作，可以用宏执行重复或复杂的任务。利用宏的自动执行重复任务的功能，可以保证工作的一致性，提高工作效率。宏是 Access 数据库的对象之一，但它并不能直接处理数据库中的数据。而 Access 数据库中具有处理数据功能的 4 个对象表、查询、窗体和报表，各自工作，不能相互协调、相互调用。宏可以完成对数据库对象的各种操作，及整合这些对象完成特定任务。

与 Access 的早期版本相比，Access 2010 包含许多新的宏操作，这些新操作可以生成功能更强大的宏，如创建和使用全局、临时变量，利用错误处理宏操作更好地处理错误，直接将宏嵌入到对象或控件的事件属性，使得宏成为对象或控件的一部分，随该对象或控件一起移动或复制。

宏是已命名的一组宏操作，可以利用宏生成器生成。Access 宏操作仅代表 VBA 中可用命令的一个子集。宏为许多编程任务提供了更简单的方法，并且只需很少语法就可以绑定到对象或控件的事件上，只需给出操作的名称、条件和参数，就可以自动完成指定操作。

7.1.1 宏的基本概念

宏是 Access 的基本对象之一，使用宏不但能完成 Access 数据库的大部分操作，而且还可以设计自定义工具栏、自定义窗体等用户界面。

宏是一个或多个操作的集合，自动执行特定任务。它没有控制转移的功能，也不能直接操作变量，但能将其他各种对象有机地组织起来，按照某个顺序执行操作步骤，完成一系列操作，从而自动执行重复或复杂的任务。

宏操作是宏的基本单位，由 Access 数据库定义，包括操作名称和参数两部分，用于完成某一项特定功能。不同的宏操作具有不同的操作参数，操作参数用以控制操作的执行方式。

7.1.2 宏的设计视图

选择"创建"选项卡的"宏与代码"选项组，单击"宏"命令按钮，进入宏设计视图界面，其中包括"宏生成器""宏工具/设计"选项卡和"操作目录"窗格 3 个部分。

1. 宏生成器

Access 2010 使用宏生成器创建和编辑宏，宏生成器类似于 VBA 事件过程的开发界面，具有智能感知功能。宏生成器减少了编码错误，提高了工作效率。

宏生成器中包含"添加新操作"下拉式组合框，可以直接输入宏操作名或通过组合框右侧的下拉列表框按字母顺序（除"程序流程"的前 4 项）选择宏操作名进行宏操作的添加，宏名显示在宏生成器的左上角，如图 7.1 所示。

图 7.1　宏生成器

"添加新操作"组合框中确定宏操作名后，其相应的操作参数会展开。大多数宏操作都至少包含一个参数，也有少数宏操作没有参数，如 Beep。参数是一个值，它向宏提供相关信息，如 MessageBox 宏操作需要提供消息框中的消息、发声、类型及标题 4 个参数。有的参数必填，而有的参数可选。

当关闭宏生成器时，会提示用户是否保存修改及按输入的宏名称进行保存。

2. "宏工具/设计"选项卡

图 7.2 所示为"宏工具/设计"选项卡，其包含的三个选项组分别是"工具""折叠/展开"和"显示/隐藏"。利用展开和折叠操作可以浏览和隐藏宏操作，每个按钮及其功能如下。

运行：执行当前宏。

单步：单步执行，一次执行一条宏。

宏转换：将当前宏转换为 Visual Basic 代码。

展开操作：展开宏生成器中选中的宏操作。

折叠操作：折叠宏生成器中选中的宏操作。

全部展开：展开宏生成器全部的宏操作。

全部折叠：折叠宏生成器全部的宏操作。

操作目录：显示或隐藏宏生成器的操作目录。

显示所有操作：显示或隐藏所有宏操作，包括数据库中尚未受信任的操作。

图 7.2 "宏工具/设计"选项卡

3. 操作目录

"操作目录"窗格如图 7.3 所示，由"程序流程""操作"和"在此数据库中"三部分组成，每部分均以树视图形式呈现，可以通过+/-进行展开或折叠。"操作目录"窗格顶部的"搜索"文本框可以按照输入的宏操作名或描述筛选出包含该字母的宏操作。

（1）程序流程

"程序流程"包括 4 部分。

① Comment 用于对选中的宏操作添加注释。注释只有在宏未运行时显示，是对宏的整体或一部分进行说明，注释不是必须的，但是添加注释可以方便对宏的维护及提高宏的可读性。

② Group 可以对创建的宏操作划分成组块，便于数据库对宏的管理。

③ If 用于创建条件宏。

④ Submacro 用于添加子宏。

图 7.3 "操作目录"窗格

（2）操作

"操作"部分把宏操作划分成 8 个类别分别显示，展开类别可以浏览操作。鼠标指向操作会显示操作功能。当选中操作后，"操作目录"最下方也可以显示该操作功能。

（3）在此数据库中

"在此数据库中"列出了当前数据库中的所有宏以及宏绑定的对象列表，以便对宏管理。

7.1.3 宏的类型

可以按宏所依附的位置以及宏操作的组织方式进行分类。

1. 根据宏所依附的位置分类

根据宏所依附的位置，可以分为独立宏、嵌入宏和数据宏三类。

（1）独立宏

独立宏独立于窗体、报表等对象之外，通过宏名就可以引用宏，以对象的形式存在于导航窗格的对象中。

（2）嵌入宏

嵌入宏是嵌入对象事件属性中的宏，存储于窗体、报表或控件的事件属性中，作为事件的属性直接绑定到对象上，是所嵌入对象的一部分，不显示在导航窗格中。

（3）数据宏

数据宏是 Access 2010 中新增的一项功能，该功能允许在表事件中自动运行。数据宏用于验证和确保数据的正确性，不显示在导航窗格中。数据宏包含由表事件驱动的数据宏和已命名的数据宏两种类型。

在表中添加、更新或删除数据时，都会发生表事件，可以在选中表的设计视图模式下，如图 7.4 所示的"表格工具/设计"选项卡的"创建、记录和表格事件"选项组的"创建数据宏"按钮，将事件驱动的数据宏绑定到表事件中。已命名的数据宏与特定宏有关，和表事件无关，可以选择"创建已命名的宏"从任何其他数据宏或标准宏调用已命名的数据宏。

图 7.4　数据宏相关事件

2. 根据宏操作的组织方式分类

根据宏操作的组织方式分类，可以分为基本宏、Group 块、子宏和条件宏。

（1）基本宏

基本宏是只有操作序列的宏，运行时按顺序从上向下依次执行。

（2）Group 块

为了执行某项任务，需要使用多个宏操作，可以将完成其中某项功能的操作组成一个 Group 块，以便于数据库的管理。宏中每个 Group 块相互独立，互不相关。

（3）子宏

由 Submacro 创建，可以包含一个或一组操作。一个宏可以包含多个子宏，子宏必须定义唯一的名称，以便调用。子宏可以减少"导航"窗格中的宏个数，方便数据库更加轻松地管理宏。

（4）条件宏

通常宏按顺序由上到下依次执行，但某些情况下要求宏能按照给定的条件判断是否执行某些操作，这就用到了条件宏。条件是一个计算结果为逻辑值的表达式，通过设置 If 操作的执行条件控制宏的流程，条件为真时执行 If 块的操作序列，条件为假时执行 Else 块的操作，Else 块项可选。

3. 几者之间的关系

宏操作、宏、Group 块和子宏之间有如下的关系。

宏操作是 Access 数据库自定义的，不可更改；宏、Group 块、子宏由用户定义。

宏操作是宏的基本单位，宏是宏操作的集合，Group 块是功能相近宏操作的分组。

宏可以包含一个或多个 Group，每个 Group 又可以包含一个或多个宏操作。

宏可以包含子宏，子宏只有通过调用才能执行。

7.1.4　常用的宏操作

Access 2010 提供了 86 个宏操作，按照宏的用途分为以下 8 类，表 7.1 按宏操作首字母排序列出了常用的宏操作及主要功能。

① 窗口管理，包含 5 个宏操作。

② 宏命令，包含 18 个宏操作。

③ 筛选/查询/搜索，包含 13 个宏操作。

④ 数据导入导出，包含 11 个宏操作。

⑤ 数据库对象，包含 16 个宏操作。

⑥ 数据输入操作，包含 3 个宏操作。

⑦ 系统命令，包含 10 个宏操作。

⑧ 用户界面命令，包含 10 个宏操作。

表 7.1　常用宏操作及主要功能

宏 操 作	主 要 功 能
AddMenu	为窗体或报表创建菜单
ApplyFilter	应用筛选、查询或 SQL Where 子句在表、窗体或报表中显示满足条件的记录
Beep	计算机发出嘟嘟声
CancelEvent	取消导致宏运行的 Access 事件
ClearMacroError	清除 MacroError 中的上一错误
CloseDatabase	关闭当前数据库
CloseWindow	关闭指定的窗口，如果无指定窗口，则关闭当前活动窗口
CopyObject	复制数据库对象
DeleteRecord	删除当前记录
DisplayHourglassPointer	宏运行时，将光标变为沙漏型状
DeleteObject	删除数据库对象
Echo	隐藏或显示执行过程中宏的结果
EmailDatabaseObject	将指定的数据库对象包含在电子邮件中发送
ExportWithFormatting	将制定对象中的数据导出为指定格式的文件
FindNextRecord	查找对话框中指定条件的下一条记录
FindRecord	查找符合指定条件的第一条记录
GotoControl	将光标移到活动对象的指定字段或控件上
GotoPage	将光标移到活动窗体指定页的第一个控件上
GotoRecord	在表、窗体或查询中添加新记录或将光标移动到指定的记录
ImportExportData	当前数据库和其他数据库数据的导入/导出
ImportExportSpreadsheet	当前数据库和电子表格数据的导入/导出

续表

宏 操 作	主 要 功 能
ImportExportText	当前数据库和文本文件的数据导入/导出
LockNavigationPane	导航窗格的锁定或解除锁定
MaximizeWindow	最大化活动窗口
MessageBox	显示消息框
MinimizeWindow	最小化活动窗口，使之成为窗口底部的标题栏
MoveAndSizeWindow	移动并调整活动窗口。如果不输入参数，则使用当前设置
OnError	定义出现错误时如何处理
OpenForm	在窗体视图、设计视图、打印预览视图或数据表视图中打开窗体
OpenQuery	打开选择查询或交叉表查询
OpenReport	在设计视图或打印预览视图中打开报表
OpenTable	在数据表视图、设计视图或打印预览视图中打开表
OpenVisualBasicModule	在指定过程的"设计视图"中打开指定的 Visual Basic 模块
PrintObject	打印活动对象
PrintOut	打印当前活动的数据库对象
PrintPreview	预览活动对象
QuitAccess	从几种保存选项中选择一种退出 Access
Redo	重复最近操作
Refresh	刷新视图
RefreshRecord	刷新当前记录
RemoveAllTempVars	删除所有临时变量
RemoveFilterRecord	删除当前筛选的记录
RemoveTempVar	删除一个临时变量
RenameObject	重命名指定的对象
Requery	指定控件的重新查询
RestoreWindow	将最大化或最小化窗口还原到原来的大小
RunApplication	应用外部程序
RunCode	执行 Visual Basic 函数过程
RunMacro	运行指定宏
RunMenuCommand	执行内置的 Access 命令
RunSavedImportExport	运行已保存的导入/导出规格
RunSQL	运行指定的 SQL 语句
SaveObject	保存数据库对象
SaveRecord	保存当前记录
SearchForRecord	按条件在对象中搜索记录
SelectObject	选择数据库对象
SendKeys	向其他程序发送按键
SendWarnings	关闭或打开所有的系统消息
SetDisplayedCategories	指定导航窗格中显示的类别
SetLocalVar	设置局部变量
SetMenuItem	设置活动窗口自定义菜单或全局菜单的菜单项状态

宏 操 作	主 要 功 能
SetOrderBy	对记录进行排序
SetProperty	设置控件属性
SetTempVar	设置临时变量
SetValue	为数据表、窗体或报表上的控件、字段或属性设置一个新值
ShowAllRecords	显示所有记录
ShowToolbar	显示或隐藏内置工具栏或自定义工具栏
SingleStep	暂停执行的宏并打开"单步执行宏"对话框
StopAllMacro	停止正在运行的宏
StopAllMacros	中止当前所有正在运行的宏
UndoRecord	撤销最近操作
WordMailMerge	邮件合并

7.1.5　宏的功能

宏基本上可以完成 Access 数据库的所有操作，宏的功能总结起来包括以下几点。

① 显示和隐藏工具栏。

② 打开/关闭表、查询、窗体和报表。

③ 打印预览和打印报表以及发送报表数据。

④ 设置窗体、报表对象的控件值。

⑤ 设置 Access 数据库中任意窗口大小，进行窗口的移动、缩放和保存等。

⑥ 进行查询操作及数据的筛选、查找。

⑦ 为数据库设置一系列的操作，简化工作。

7.2　创建宏

宏的创建方法不同与其他对象的创建方法，宏只有设计视图一种视图模式，宏只能在设计视图中通过宏生成器创建或修改。

通过宏设计视图的"添加新操作"添加宏操作后，下方的操作参数区会自动显示其相应的参数，可以用以下几种方法设置参数。

① 采用默认值。

② 键入数值。

③ 下拉列表框中选择。

④ 从导航窗格中拖动对象。

⑤ 输入表达式。

设置参数时必须按照参数的排列顺序从前到后依次设置，前面参数的设置会影响后面参数的可选值，如选中报表对象后，才可以选择其相应的 "打印""设计""打印预览""报表""布局"5 个视图模式中的一种。

创建了新宏或者更改宏后，Access 都会提示对宏进行保存，宏只有在保存之后才能运行。

7.2.1 独立宏

独立宏是包括至少一个宏操作的操作序列，没有设定条件的情况下只能按宏操作顺序依次执行。独立宏可以在多个位置被重复调用，避免多个位置重复相同的代码。

1. 只含有单个宏操作的独立宏

【例 7.1】在"学生管理"数据库中创建名为"Introduction"的独立宏，其中只包含一个 MessageBox 宏操作，实现利用消息框进行提示的任务。

具体操作步骤如下。

① 打开"学生管理"数据库。

② 选择"创建"选项卡中的"宏与代码"选项组，单击"宏"按钮，打开宏设计视图并在宏生成器上自动创建名称为"宏 1"的宏。

③ 在"添加新操作"组合框的下拉列表框中选择 MessageBox 宏操作，展开其操作参数。

④ 设置操作参数。在"消息"选项中输入文本"学分设置范围[1-4]"，"发嘟嘟声"选项为默认值"是"，"类型"选项中打开下拉列表框选择"信息"，"标题"选项中输入文本"检查学分设置是否合理"。

⑤ 单击快速工具栏的"保存"按钮，打开"另存为"对话框，在"宏名称"文本框中输入"Introduction"，然后单击"确定"按钮，完成宏的设计，完成后的宏如图 7.5 所示。

⑥ 单击"执行"按钮，查看宏运行结果。

2. 含有多个宏操作的独立宏

在"当条件 ="选项或条件中输入表达式时，可能引用窗体、报表或控件值，遵循以下格式。

图 7.5 Introduction 宏

引用窗体：Forms![窗体名]

引用窗体属性：Forms![窗体名] .属性

引用窗体控件：Forms![窗体名]! [控件名]或[Forms]![窗体名]![控件名]

引用窗体控件属性：Forms![窗体名]! [控件名].属性

引用报表：Reports![报表名]

引用报表属性：Reports![报表名] .属性

引用报表控件：Reports![报表名]![控件名]或[Reports]![报表名]![控件名]

引用报表控件属性：Reports![报表名]![控件名] .属性

【例 7.2】在"学生管理"数据库中创建一个宏，包含若干宏序列，功能是打开课程数据表、第一学期授课窗体和相关教授信息的报表，打开第一学期教授课程信息的查询结果，最终关闭数据库。

具体操作步骤如下。

① 打开"学生管理"数据库。

② 选择"创建"选项卡中的"宏与代码"选项组，单击"宏"按钮，打开宏设计视图并在宏生成器上自动创建名称为"宏 1"的宏。

③ 在设计视图"导航窗格"中，选中"授课"表，单击"创建"选项卡的"窗体"选项组中的"窗体"按钮，生成"授课"窗体并按默认名称保存窗体。

④ 在设计视图"导航窗格"中，选中"教师"表，单击"创建"选项卡的"报表"选项组中的"报表"按钮，生成"教师"报表并按默认名称保存报表。

⑤ 选择"创建"选项卡中的"查询"选项组，单击"查询设计"按钮，打开查询设计视图，在"显示表"窗口中添加"课程""授课"和"教师"表到数据源窗口，其中，课程表与授课表之间按照"课程编号"字段创建关联关系，教师表与授课表之间按照"教师编号"字段创建关联关系。将课程表的所有字段、教师表的"教师编号""姓名""职称"字段和授课表的"学期"字段添加到查询定义窗口中，对应"职称""学期"字段在条件行分别输入条件"教授""第一学期"。如图 7.6 所示，保存查询名称为"第一学期教授课程信息"。

⑥ 在设计视图"导航窗格"中，选中"课程"表，拖动到宏生成器的第一个空白的"添加新操作"组合框中，放开鼠标，则自动添加已经配置参数的 OpenTable 宏操作，只需修改"数据模式"选项为"只读"模式，如图 7.7 所示。

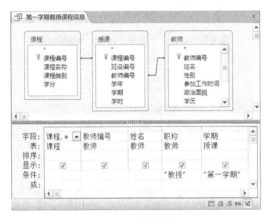

图 7.6 查询设计

图 7.7 OpenTable 宏操作参数配置

⑦ 在"操作目录"窗格中，选中宏操作 OpenForm 拖到宏生成器中进行宏操作的添加。"窗体名称"选项的下拉列表框中选择"课程"，"视图"选项为默认值"数据表"，打开"当条件="选项最右侧的表达式生成器生成图 7.8 所示的表达式，"数据模式"选项的下拉列表框中选择"只读"模式，"窗口"选项为默认值"普通"。

图 7.8 条件表达式

⑧ 在设计视图"导航窗格"中，选中"教师"报表，拖动到宏生成器中，宏生成器自动添加 OpenReport 宏操作，并自动配置相应的参数，选项"报表名称""视图"和"窗口模式"分别按默认值"教师""报表"和"普通"进行设置。在"当条件 ="选项中输入条件"[Reports]![教师]![职称]="教授""。由于宏生成器具有智能感知功能，输入条件表达式过程中只需输入报表及控件间的"!"符号进行对象和控件的选择，节省书写并避免错误。

⑨ 在"添加新操作"组合框里添加 OpenQuery 宏操作，并设置相应参数。

OpenQuery
查询名称　第一学期教授课程信息
视图　　　数据表
数据模式　只读

⑩ 在"添加新操作"组合框里添加系统命令 CloseDatabase，关闭数据库。

⑪ 在 OpenTable 宏操作、OpenForm 宏操作、OpenReport 宏操作和 CloseDatabase 系统命令之后分别添加 MessageBox 宏操作，每个宏操作的详细参数如表 7.2 所示。

⑫ 右键单击"宏 1"名称弹出"另存为"对话框，在"宏名称"文本框中输入"第一学期教授课程信息"，单击"确定"按钮，完成宏设计。

⑬ 单击"执行按钮"，查看宏运行的结果。

表 7.2　参数配置

操　作	操 作 参 数	参 数 设 置
OpenTable	表名称 视图 数据模式	课程 数据表 只读
MessageBox	消息 发嘟嘟声 类型 标题	请打开授课窗体查看第一学期信息 是 信息 查看第一学期授课信息
OpenForm	窗体名称 视图 当条件= 窗口模式	授课 数据表 Forms! [授课]![学期]="第一学期" 普通
MessageBox	消息 发嘟嘟声 类型 标题	请打开教师报表查看教授信息 是 信息 查看教授的教师信息
OpenReport	报表名称 视图 当条件= 窗口模式	教师 报表 Reports! [教师]![职称]="教授" 普通
MessageBox	消息 发嘟嘟声 类型 标题	请打开第一学期教授课程的查询信息 是 信息 查询结果
OpenQuery	查询名称 视图 数据模式	第一学期教授课程信息 数据表 只读

操　作	操 作 参 数	参 数 设 置
MessageBox	消息 发嘟嘟声 类型 标题	请关闭数据库 是 消息 检查完毕
CloseDatabase		

> **注意** OpenTable 宏操作没有"当条件 ="参数，不能设定打开数据表的条件，而 OpenForm 和 OpenReport 都包含"当条件 ="参数。OpenForm 宏操作可以设定打开的视图模式有 7 种，OpenReport 宏操作可以设定打开的视图模式有 5 种。

7.2.2　嵌入宏

嵌入宏是所嵌入对象的一部分，不显示在导航窗格中，只能触发被依附对象的事件来调用嵌入宏，需要通过修改相应控件的属性来创建、修改与删除。嵌入宏使得数据库更易于管理，每次复制、导入/导出与其依附的窗体或报表时，嵌入宏也随依附的对象一起操作。

利用命令按钮向导或通过宏生成器都可以创建依附事件属性的嵌入宏。

1. 通过命令按钮向导创建嵌入宏

为窗体或报表添加命令按钮，命令按钮向导可以辅助创建一个执行特殊任务的命令按钮，为命令按钮创建一个嵌入 OnClick 属性的宏。

【例 7.3】在"学生管理"数据库中，新建一个"选课管理系统"窗体，然后利用命令按钮向导创建 2 个嵌入宏，分别实现打开课程窗体，查看"第一学期教授课程信息"查询的任务，命令按钮名称分别为"CmdLessonForm"和"CmdQuery"。

具体操作步骤如下。

① 打开"学生管理"数据库。

② 选择"创建"选项卡的"窗体"选项组，单击"窗体设计"按钮，打开窗体设计视图，并自动生成"窗体 1"的窗体。

③ 选择"窗体设计工具/设计"选项卡的"控件"选项组，单击"标签"按钮，在窗体的"主体"节上添加标签，并更改标签标题为"选课管理系统"。

④ 在"控件"选项组中单击"按钮"，在窗体的"主体"节上添加按钮，弹出"命令按钮向导"对话框，"类别"列表框中单击选择"窗体操作"，"操作"列表框中选择"打开窗体"，如图 7.9 所示；选择"课程"窗体；按钮上显示文本"打开课程窗体"，为按钮保存名称"CmdLessonForm"。

⑤ 在"控件"选项组中单击"按钮"，在窗体的"主体"节上添加按钮，弹出"命令按钮向导"对话框，"类别"列表框中选择"杂项"，"操作"列表框中选择"运

图 7.9　命令按钮对话框

行查询";选择"第一学期教授课程信息"查询;按钮上显示文本"运行查询结果",为按钮保存名称"CmdQuery"。

⑥ 保存窗体名称为"选课管理系统"。

查看两个按钮的属性表,如果未显示属性表,选择"宏工具/设计"选项卡的"工具"选项组单击"属性表"或按 F4 键打开属性表。可以看到属性表的"事件"选项卡的"单击"组合框中显示"[嵌入的宏]",单击"生成器按钮"进入宏生成器查看,如图 7.10 所示。

（a）"CmdLessonForm"嵌入宏　　　　　　　（b）"CmdQuery"嵌入宏

图 7.10　嵌入宏

2. 通过宏生成器创建嵌入宏

取消命令按钮向导,在其属性表的"事件"选项卡的相应事件中单击"生成器"按钮或者右键弹出的快捷菜单中单击"事件生成器",在弹出的"选择生成器"的对话框中选择"宏生成器"进入宏生成器,创建嵌入宏。

【例 7.4】在"学生管理"数据库中,在新建的"选课管理系统"窗体中继续利用宏生成器为两个命令按钮创建 2 个嵌入宏,分别实现查看第一学期授课表、查看教授信息教师报表的任务,两个命令按钮名称分别为"CmdForm""CmdReport"。

具体操作步骤如下。

① 在"选课管理系统"的设计视图中添加两个名称分别为"CmdForm"和"CmdReport"的命令按钮,取消命令按钮向导,并分别设置按钮文本为"查看授课表"和"查看教师报表"。

② 右键单击命令按钮,在弹出的快捷菜单上选择"事件生成器"弹出"选择生成器"对话框;在"属性表"窗格中选择"事件"选项卡,单击"单击"属性的"生成器"按钮,也可以打开"选择生成器"对话框,单击其中的"宏生成器"后进入宏生成器,分别为两个命令按钮添加 OpenForm 和 OpenReport 宏操作,其参数设置如表 7.3 所示。

表 7.3　嵌入宏参数配置

嵌 入 宏	宏 操 作	参 数 设 置
选课管理系统:CmdForm:单击	OpenForm	窗体名称: 授课 视图: 数据表 当条件=: Forms![授课]![学期]="第一学期"
选课管理系统:CmdReport:单击	OpenReport	报表名称: 教师 视图: 报表 当条件=: Reports![教师]![职称]="教授"

③ 分别按默认宏名保存嵌入宏，并保存窗体。

3. 嵌入宏的运行

打开"选课管理系统"的窗体视图，如图 7.11 所示，单击各个命令按钮查看嵌入宏的运行结果。

图 7.11 选课管理系统的窗体视图

7.2.3 条件宏

当需要根据某一特定条件执行宏中某个或某些操作时，可以创建条件宏。宏将根据条件结果的真、假执行不同路径。通过添加 Else 块或 Else If 块扩展 If 块，If 块可以嵌套 If 块，最多嵌套 10 层。

1. 单个条件的条件宏

【例 7.5】在"学生管理"数据库中，创建含有单个条件的条件宏"单条件 If 宏"，条件表达式为 "MsgBox("打开课程表",1)=1"，实现用 MsgBox 函数返回值判断是否打开课程表的任务。

具体操作步骤如下。

① 打开数据库"学生管理"。

② 选择"创建"选项卡中的"宏与代码"组，单击"宏"按钮，打开宏设计视图，在宏生成器上创建名称为"单条件 If 宏"的宏。

③ 在"添加新操作"组合框添加 If 宏操作，并输入条件表达式 "MsgBox("打开课程表",1)=1"。展开 If 块，在 If 和 End If 块中添加 OpenTable 的宏操作，具体参数设置见图 7.12。

④ 保存宏并运行，当在弹出的消息框选择"确定"按钮时，条件表达式的值为真，执行 If 块操作打开课程表；在弹出的消息框选择"取消"按钮时，条件表达式的值为假，不做任何操作。

图 7.12 单条件 If 宏参数配置

2. 多个条件的条件宏

单个 If 条件的条件宏在实际应用中并不能满足任务要求，还需要用 Else 块和 Else If 块进行扩展，这就需要多个条件的条件宏。

【例 7.6】在"学生管理"数据库中检查每门课程的学分设置是否合理，如果不合理，需要弹出消息框进行警告提示并修改不合理的学分；如果合理，就继续检查下一条记录的学分，直到课程中的所有记录检查完毕。保存修改的学分并关闭程序。

具体操作步骤如下。

① 打开"学生管理"数据库。

② 在"导航窗格"中选择"课程"表，选择"创建"选项卡的"窗体"选项组，单击"窗体"按钮，弹出"课程"窗体并保存。

③ 在"导航窗格"中选择"课程"窗体，右键单击鼠标，在弹出的快捷菜单上选择"设计视图"，打开"课程"窗体的设计视图，选择"窗体设计工具/设计"选项卡的"控件"选项组，选中"命令按钮"并添加到"课程"窗体的"主体"节上。命令按钮名称为"CmdCheck"，标题为"学分检查"。

④ 选中"课程"窗体新建的命令按钮"CmdCheck"单击鼠标右键,在弹出的快捷菜单上选择"事件生成器",弹出"选择生成器"对话框,选择"宏生成器"打开宏生成器,在"添加新操作"组合框中添加 If 宏操作,条件表达列表中输入"[学分]<1 or [学分]>5"。展开 If 块,在 If 和 End If 块中添加 MessageBox 宏操作,并设置该宏操作的参数。

MessageBox

消息　　　　学分超出范围,请更改

发嘟嘟声　　是

类型　　　　警告

标题　　　　学分设置不合理

⑤ 在 If 块内的右下角,选择"添加 Else If",展开 Else If 块,利用条件表达式"IsNull([课程编号])"判断"课程"窗体的所有学分记录是否检查完毕,检查完毕后利用 MessageBox 弹出消息框进行提示,并利用 CloseWindow 保存所做修改,关闭窗体,具体宏设置见图 7.13。

图 7.13　多个条件的宏设置

注意　IsNull()函数的功能是判断参数是否为空。

⑥ 单击右下角的"添加 Else"添加 Else 块,完成移向窗体下一条记录的功能。在展开的 Else 块内添加 GotoRecord 宏操作,宏操作参数设置如下。

GotoRecord

对象类型　窗体

对象名称　课程

记录　　　向后移动

⑦ 保存条件宏。

⑧ 打开"课程"的窗体视图,单击命令按钮"CmdCheck"执行多个条件的条件宏进行检查。

7.2.4　Group 块

把多个宏操作用 Group 块组织在一起，起一个有意义的 Group 块名，可以提高宏的可读性，使得宏生成器界面更简洁，方便数据库管理宏。

Group 块中各个分组以"Group"开始，"End Group"结束。Group 块不会影响宏操作的执行方式，不能单独调用或运行，Group 块还可以嵌套其他 Group 块，最多可以嵌套 9 层。

创建 Group 块过程中，如果操作在宏中，只需选中宏操作右键单击，在弹出的快捷菜单上选择"生成分组程序块"，然后在 Group 块顶部框中输入 Group 块名；如果操作不在宏中，则先添加 Group 块，可以从"添加新操作"组合框的下拉列表框中选择"Group"，或从"操作目录"窗格的"程序流程"中拖曳"Group"添加"Group"块，输入 Group 块名后再添加宏操作。

【例 7.7】在"学生管理"数据库中创建宏"第一学期教授课程信息-Group"，用 Group 块改进"第一学期教授课程信息"宏，实现打开课程数据表、第一学期授课窗体和相关教授信息的报表，打开第一学期教授课程信息查询，最终关闭数据库的功能。

具体操作步骤如下。

① 打开"学生管理"数据库。

② 选择"创建"选项卡的"宏与代码"选项组，单击"宏"按钮，打开宏设计视图并在宏生成器上自动创建名称为"宏 1"的宏。

③ 复制"第一学期教授课程信息"宏的所有宏操作，粘贴到"宏 1"中，生成 5 个 Group 块，每个 Group 块包含的宏操作如图 7.14 所示。

④ 右键单击"宏 1"名称弹出"另存为"对话框，在"宏名称"文本框中输入"第一学期教授课程信息-Group"，单击"确定"按钮，完成宏设计。

⑤ 单击"执行"按钮，查看宏运行结果，可以观察到 Group 块按顺序依次执行情况。

图 7.14　Group 块

7.2.5　子宏

子宏由 Submacro 创建，名称唯一，有助于数据库对宏的管理，每个子宏由"子宏"开始，"End Submacro"结束。子宏通常作为宏的最后一部分出现，即子宏后无其他宏操作。

每个子宏都是独立的，互不相关，但是可以调用其他子宏，调用形式为：宏名.子宏名。直接运行含有子宏的宏时，如果宏的最开始就是子宏，则只执行第一个子宏的所有宏操作；如果宏的开始是操作序列，然后是子宏，则只执行第一个子宏之前的操作序列。其他子宏可以通过 RunMacro 宏操作调用执行。

创建子宏时，如果子宏包含的操作在宏中，只需选中宏操作右键单击，在弹出的快捷菜单上选择"生成子宏程序块"，创建的子宏出现在当前宏的最底部，然后在子宏顶部框中输入子宏名；如果要子宏包含的操作不在宏中，则先添加子宏，可以从"添加新操作"组合框的下拉列表框中选择"Submacro"，或从"操作目录"窗格的"程序流程"中拖曳"Submacro"添加子宏块，输入子宏名并添加其中包含的宏操作。

【例 7.8】在"学生管理"数据库中创建宏"第一学期教授课程信息-子宏"，用子宏改进"第一学期教授课程信息"宏，实现打开基本信息包括课程数据表、第一学期授课窗体和相关教授信息的报表及打开第一学期教授课程信息查询，最终关闭数据库的任务。

具体操作步骤如下。

① 打开"学生管理"数据库。

② 选择"创建"选项卡的"宏与代码"选项组，单击"宏"按钮，打开宏设计视图并在宏生成器上自动创建名称为"宏 1"的宏。

③ 右键单击"宏 1"名称弹出"另存为"对话框，在"宏名称"文本框中输入"第一学期教授课程信息-子宏"。

④ 复制"第一学期教授课程信息"宏的所有宏操作，粘贴到新生成的宏中，顺序依次选中第 6 个宏操作 MessageBox 和第 7 个宏操作 OpenQuery，在右键单击弹出的快捷菜单上选择"生成子宏程序块"，生成名称为"Sub1"的子宏，重新命名为"查询结果"，可以观察到"查询结果"子宏置于当前宏的最底部位置。

⑤ 顺序依次选中宏中最后的两个宏操作 MessageBox 和 CloseDatabase，在右键单击弹出的快捷菜单上选择"生成子宏程序块"，生成名称为"Sub2"的子宏，重新命名为"关闭数据库"，新生成的子宏置于当前宏的最底部位置。

⑥ 在基本宏和"查询结果"子宏之间添加"RunMacro"宏操作，通过下拉列表框设置"宏名称"选项为"第一学期教授课程信息-子宏.查询结果"其他参数选项为默认值。

⑦ 在"RunMacro"宏操作和"查询结果"子宏之间再添加"RunMacro"宏操作，通过下拉列表框设置"宏名称"选项为"第一学期教授课程信息-子宏.关闭数据库"，其他参数选项为默认值。

⑧ 对更改后的宏进行保存。完成后的宏结构如图 7.15 所示。

⑨ 单击"执行"按钮，查看宏运行结果，可以观察到调用子宏的执行情况。

图 7.15　子宏结构

7.2.6　宏的编辑

已创建好的宏需要进行修改和编辑，包括添加新的宏操作、删除宏操作、移动宏操作、复制宏操作和添加注释。

1. 添加宏操作

可以按下列方法将宏操作添加到宏中。

① 在"添加新操作"组合框的文本框里输入操作名。

② 在"添加新操作"组合框的下拉列表框中选择宏操作进行输入。

③ 从"操作目录"中把操作拖曳到"添加新操作"组合框中。

④ 在操作目录中双击操作：新操作将会添加到宏生成器中当前操作的下方，或选中的组、If 语句或子宏块中；如果宏生成器中未进行选择，新操作将添加到宏的末尾。

2. 删除宏操作

有以下三种方法可以在已有宏中删除选定的宏操作。

① 选中要删除的宏，按 Delete 键。

② 右键单击要删除的宏，在弹出的快捷菜单上选择"删除"按钮。

③ 直接单击宏操作右侧的"删除"按钮。

3. 移动宏操作

宏的操作按顺序从上往下执行，可以使用下述方法移动宏内的操作，调整宏操作的排列次序。

① 选中宏操作直接拖动到恰当位置。

② 选择宏操作后，按 Ctrl + ↑ 组合键或 Ctrl + ↓ 组合键。

③ 选择宏操作后，在该宏操作的右侧单击"上移"或"下移"按钮。

4. 复制宏操作

通过以下两种方法可以复制宏操作。

① 右键单击要复制的宏操作，在弹出的快捷菜单上选择"复制"，光标移到目的位置，在右键弹出的快捷菜单上选择"粘贴"即可。

② 选中需要复制的宏操作，按住 Ctrl 键拖曳操作到想要复制的宏中。

5. 添加注释

可以用以下两种方法为宏操作添加注释。

① 选中要添加注释的宏操作，双击"操作目录"窗格中"程序流程"部分的"Comment"操作，在文本框中输入注释内容。

② 选中"操作目录"窗格中的"Comment"操作，拖曳到需要添加注释的宏操作前面，在文本框中输入注释内容。

7.3 宏的应用

宏具有自动执行重复任务的功能，在实际应用中很广泛。可以利用宏执行常用的操作和任务。

7.3.1 打印报表

报表是 Access 的主要对象之一，创建好的报表经常需要打印。

【例 7.9】在"学生管理"数据库中创建"打印报表"宏，实现报表打印预览的任务。

具体操作步骤如下。

① 打开"学生管理"数据库。

② 选择"创建"选项卡中的"宏与代码"选项组，单击"宏"按钮，打开宏设计视图，在宏生成器上创建名称为"打印报表"的宏。

③ 在"添加新操作"组合框的下拉列表框中选择 OpenReport 宏操作，展开其操作参数。

④ 设置操作参数。"报表名称"选项设置为"教师"，"视图"选项设置为"打印预览"，其他参数选项为默认设置。

⑤ 保存宏并运行，进入"打印预览"界面，如图 7.16 所示。

图 7.16　打印预览界面

> **注意** 当有其他报表需要打印时，只需修改 OpenReport 宏操作的"报表名称"选项为所需打印的报表即可。

7.3.2　导出 Access 对象

利用 ExportWithFormatting 宏操作，可以将指定的 Access 对象导出到其他位置。

【例 7.10】在"学生管理"数据库中创建"导出对象"宏，实现 Access 对象导出的任务。

具体操作步骤如下。

① 打开"学生管理"数据库。

② 选择"创建"选项卡中的"宏与代码"选项组，单击"宏"按钮，打开宏设计视图，在宏生成器上创建名称为"导出对象"的宏。

③ 在"添加新操作"组合框的下拉列表框中选择 ExportWithFormatting 宏操作，展开其操作参数。

④ 设置操作参数。"对象类型"选项设置为"查询"，"对象名称"设置为"第一学期教授课程信息"，"输出格式"选项设置为"PDF 格式（*.pdf）"，其他参数选项为默认设置。

⑤ 保存宏并运行，弹出"输出到"对话框，确定导出对象的位置后单击"确定"按钮，可以进行对象的导出，如图 7.17 所示。

图 7.17　确定导出对象的位置

> **注意** 修改"对象类型"和"对象名称"选项可以利用邮件发送其他 Access 对象，修改"输出格式"选项可以以其他格式导出。

7.3.3　创建菜单

菜单可以实现数据库应用系统很多功能，利用 AddMenu 宏操作可以创建菜单。

【例 7.11】在"学生管理"数据库中，为"选课管理系统"窗体创建快捷菜单，实现打开第一学期教授课程信息查询结果并关闭查询结果的任务。

具体操作步骤如下。

① 打开"学生管理"数据库。

② 选择"创建"选项卡中的"宏与代码"选项组，单击"宏"按钮，打开宏设计视图，在宏生成器上创建名称为"菜单项"的宏。

③ "菜单项"宏包括两个子宏，分别为"查询结果"和"关闭"。"查询结果"子宏中添加"RunMacro"宏操作，"宏名称"选项设置为"第一学期教授课程信息-子宏.查询结果"，其他参数选项为默认设置；"关闭"子宏中添加 CloseWindow 宏操作，"对象类型"选项设置为"查询"，"对象名称"选项设置为"第一学期教授课程信息"，其他参数选项为默认设置。

④ 保存"菜单项"宏。

⑤ 选择"创建"选项卡中的"宏与代码"选项组，单击"宏"按钮，创建名称为"弹出快捷菜单"的宏。

⑥ 在"添加新操作"组合框的下拉列表框中选择 AddMenu 宏操作，"菜单名称"选项设置为"快捷菜单"，"菜单宏名称"选项设置为以上②~④生成的宏"菜单项"，其他参数选项为默认设置。保存宏。

⑦ 以"设计视图"模式打开"选课管理系统"窗体，选择"窗体设计工具/设计"选项卡的"工具"选项组，单击"属性表"按钮，打开属性表。打开"窗体"属性表的"其他"选项卡，设置"快捷菜单栏"为⑥生成的宏"快捷菜单"。

⑧ 保存并运行"选课管理系统"窗体，在窗体上单击鼠标右键弹出"快捷菜单"，如图 7.18 所示。

图 7.18　弹出快捷菜单

7.3.4　使用宏运行更多命令

利用 RunMenuCommand 宏操作可以运行更多的 Windows 命令，当运行该宏时，添加的 Windows 命令必须适用于当前视图。

【例 7.12】在"学生管理"数据库中，创建"关闭数据库"宏，实现关闭当前数据库的任务。

具体操作步骤如下。

① 打开"学生管理"数据库。

② 选择"创建"选项卡中的"宏与代码"选项组，单击"宏"按钮，打开宏设计视图，在宏生成器上创建名称为"关闭数据库"的宏。

③ 在"添加新操作"组合框的下拉列表框中选择 RunMenuCommand 宏操作，展开其操作参数，在"命令"组合框的下拉列表框中选择 CloseDatabase 命令，如图 7.19 所示。

图 7.19　CloseDatabase 命令

④ 运行"关闭数据库"宏，则关闭当前数据库。

7.4 宏的运行与调试

宏只有在运行后才能出结果，完成任务并实现功能。宏运行过程中有可能出现错误和异常情况，需要对宏进行错误处理及调试，以保证宏按照预期设定满足用户需求。

7.4.1 运行宏

宏的运行主要包括直接运行宏，通过响应事件运行宏，利用宏运行另一个宏及打开数据库时自动运行宏。

1. 直接运行

直接运行宏，有以下几种方式。

① 在 Access 窗口的导航窗格中双击相应的宏名，或选中宏后右键单击，在弹出的快捷菜单上选择"运行"。

② 在宏设计视图的"宏工具/设计"选项卡的"工具"选项组中单击"运行"按钮。

③ 在 Access 窗口的"数据库工具"选项卡的"宏"选项组中单击"运行宏"按钮，弹出"执行宏"对话框，通过下拉列表框选择和执行宏，如图 7.20 所示。

图 7.20　执行宏对话框

 注意 直接运行宏是为了对创建的宏进行测试，看其是否执行了预定的操作任务。

2. 通过响应事件运行宏

（1）事件的概念

Access 提供了很多对象，属性、方法和事件是对象的三大特征。事件是对象能辨识或检测的动作，当动作发生在某个对象上时，就会触发相应的事件，如单击鼠标、打开窗体、打印报表、数据更改或记录添加等。触发事件就可以执行宏或事件过程，不同的对象具有不同的事件集合。

事件以属性的方式存在于窗体、报表、控件中。"属性表"的"事件"选项卡列出了当前对象能够响应的事件属性，表 7.4 对窗体、报表及控件的常用事件进行了说明。通过事件调用宏是宏的一种运行方法。

表 7.4　窗体、报表及控件的常用事件

事　件	说　明	事　件	说　明
更新前	窗体的记录更新之前，光标将离开	关闭	窗体、报表被关闭并从屏幕上删除
更新后	窗体记录的数据被更新后，光标已离开	激活	移动光标到窗体或报表上
删除	删除记录时	停用	窗体、报表失去焦点
打开	打开窗体或报表	单击	选定记录或对象单击
加载	窗体、报表已打开，且显示了第一条记录	双击	选定记录或对象规定时间内双击
调整大小	窗体尺寸改变	计时器触发	间隔 Interval 触发 Timer 事件
卸载	窗体关闭，但从屏幕上删除之前		

（2）宏与事件属性绑定

将宏绑定窗体、报表及控件的事件上，通过触发事件运行宏。可以通过以下的方法进行绑定。

① 将选中的宏拖放到窗体、报表等对象上绑定宏。

② 通过"事件"选项卡的具体事件绑定宏。

然后运行绑定宏的窗体或报表，触发相应控件的事件，运行宏。

【例 7.13】利用拖放"Introduction"宏的方式绑定"课程"窗体，使得窗体具有查看说明的功能。

具体操作步骤如下。

① 打开"学生管理"数据库。

② 在导航窗格中右键单击"课程"窗体，在弹出的快捷菜单上选择"设计视图"，打开"课程"窗体。

③ 在导航窗格中选中宏"Introduction"拖曳到"课程"窗体的"主体"节上释放，则"课程"窗体的"主体"节上会增加一个标题为"Introduction"的命令按钮，该命令按钮绑定了独立宏"Introduction"。

④ 运行"课程"窗体，单击标题为"Introduction"的命令按钮，即可触发绑定的宏弹出消息框进行说明，如图 7.21 所示。

【例 7.14】通过"课程"窗体检查学分设置情况，窗体运行时具有弹出说明的功能。

具体操作步骤如下。

① 打开"学生管理"数据库。

② 在导航窗格中选择"课程"窗体右键单击，在弹出的快捷菜单中选择"设计视图"，打开"课程"窗体。

③ 选择"窗体设计工具/设计"选项卡的"工具"选项组，单击"属性表"按钮，打开属性表。在"窗体"属性表的"事件"选项卡的"加载"下拉列表框中选择"Introduction"进行绑定，如图 7.22 所示。

图 7.21　事件触发宏

图 7.22　绑定窗体的"加载"事件

④ 运行"课程"窗体会自动执行"Introduction"宏弹出消息框进行说明。

（3）触发嵌入宏

嵌入宏是所嵌入对象的一部分，不显示在导航窗格中，通过触发事件可以调用依附于事件属性的嵌入宏。

【例 7.15】通过单击命令按钮，查看"课程"窗体中依附于命令按钮"CmdCheck"事件的嵌入宏执行情况。

具体操作步骤如下。

① 运行"课程"窗体，单击标题为"学分检查"的命令按钮调用其上依附的嵌入宏。

② 嵌入宏依次检查"课程"窗体内每条记录的学分，学分在合理范围内时，记录后移；当学分超出范围[1-4]时，会弹出图 7.23 所示的消息框提醒用户修改不合理学分。

③ "课程"窗体的所有记录检查完毕，会保存更新记录，关闭窗体并提醒用户检查完毕。

3. 利用宏运行另一个宏

可以利用 RunMacro 宏和 OnError 宏运行其他的宏。

图 7.23　事件触发嵌入宏

（1）RunMacro 宏

利用 RunMacro 宏操作调用另一个宏，调用形式为：RunMacro 宏名.子宏名。RunMacro 操作包含三个参数。

① 宏名称：必填，被调用的宏名，独立宏或子宏均可。

② 重复次数：可选，指定运行宏的次数，空白为一次。

③ 重复表达式：可选，条件表达式，每次调用宏之后计算该表达式的值，只有值为真时才继续进行再次调用。

运行完被调用宏后，返回调用处继续执行下一个宏操作。

【例 7.16】在"学生管理"数据库中新建一个宏"RunMacro 运行宏"，在宏中利用 RunMacro 运行例 7.8 中创建的子宏"查询结果"，打开第一学期教授课程信息查询结果。

具体操作步骤如下。

① 打开"学生管理"数据库。

② 选择"创建"选项卡中的"宏与代码"选项组，单击"宏"按钮，打开宏设计视图并在宏生成器上创建名称为"RunMacro 运行宏"的宏。

③ 在"添加新操作"组合框的下拉列表框中选择 RunMacro 宏操作，设置其操作参数。"宏名称"通过下拉列表框设置为"第一学期教授课程信息-子宏.查询结果"，其他参数选项为默认值。

④ 保存宏，单击"执行"按钮，查看宏运行结果，如图 7.24 所示。

图 7.24　RunMacro 运行宏结果

（2）OnError 宏

错误处理，即宏中发生错误时应该执行的操作，具有两个参数"转到"和"宏名"。"转到"包含三个选项，"宏名"与其中一个相结合使用。"转到"的三个选项分别如下。

① 下一个：在 MacroError 对象中记录错误的详细信息，继续执行下一个操作。

② 宏名：停止当前宏，跳到 OnError 宏操作指定的宏名处继续执行。

③ 失败：停止当前宏，显示一条错误信息。

OnError 宏运行宏实例参考 7.4.2 节除法计算出错处理。

4. 自动运行宏 AutoExec

自动运行宏 AutoExec 可以在首次打开 Access 数据库时，自动执行指定的一个或一系列的操作，将所需的这些操作组织在一个宏中，以 AutoExec 的宏名保存。打开数据库时，Access 将查找名为 AutoExec 的宏，如果找到就自动运行 AutoExec 宏中包含的操作。

【例 7.17】创建 AutoExec 宏，数据库运行时自动执行"选课管理系统"窗体。

具体操作步骤如下。

① 创建一个宏，包含数据库打开时要运行的操作 OpenForm，窗体名称选择"选课管理系统"，其他参数按默认设置。

② 以"AutoExec"为宏名保存该宏，如图 7.25 所示。

③ 再次打开数据库时，Access 将自动运行该宏。

图 7.25　AutoExec 宏

 注意　如果不想在打开数据库时运行 AutoExec 宏，则在打开数据库时按住 Shift 键，可以取消 AutoExec 宏的自动运行。

7.4.2　调试宏

运行宏出问题时，可以利用一些工具获取源问题，以保证宏的运行结果与预期结果一致。宏的调试是创建宏后必须进行的一项工作，尤其是由多个操作构成的宏更需要反复调试，以观察宏中每个操作结果，排除出现错误和非预期的操作。

1. 错误处理操作

Access 早期版本中如果发生错误，宏就会停止运行，并弹出界面很不友好的对话框，图 7.26 所示为除法计算中出错时弹出的对话框，并不能真正描述问题所在，需要错误处理操作解决这个问题。

图 7.26　执行宏出错时弹出的对话框

Access 2010 利用 OnError 宏操作结合 MacroError 对象，运行中出错时显示错误描述，指出问题所在，使得调试宏变得更简单。

OnError 宏操作即错误处理，在宏中发生错误时停止当前宏，"转至"宏名，跳到指定的"宏名称"处继续执行。结合 OnError 宏操作进行错误处理，显示出错信息，为用户提供服务。

MacroError 对象可以作为调试工具或向用户显示信息，其中包含最后一个发生错误的宏信息，并一直保留该信息，直到新的错误发生或者利用 ClearMacroError 宏操作将其清除为止。MacroError 对象包括以下只读属性。

ActionName：发生错误时正在运行的宏操作名。

Arguments：发生错误时正在运行的宏操作参数。

Conditon：发生错误时正在运行的宏操作条件。

Description：当前错误消息的文本。

MacroName：发生错误时运行的宏名，其中包含正在运行出错的宏操作。

Number：当前发生的错误号。

被调用的"错误处理"子宏将显示一个消息框，使用 MacroError 对象显示出错信息及错误号。如图 7.27 所示，利用 OnError 宏操作为除法计算进行改进。

图 7.27　OnError 宏操作进行错误处理

当输入的除数为 0 时，进行错误处理，弹出消息框显示错误号及错误描述，如图 7.28 所示。

2．单步执行

宏调试中可以利用单步执行每次执行一个操作。"单步"通过每次执行宏的一个操作，观察运行结果，找出错误并排除。独立宏可以直接在宏生成器中利用"单步"进行调试，嵌入宏必须在嵌入的窗体或报表内打开宏生成器，利用"单步"进行调试。

单步执行的具体步骤如下。

① 打开"学生管理"数据库，在导航窗格内选中宏"Introduction"右键单击，在弹出的快捷菜单中选择"设计视图"进入宏设计视图。

② 选择"宏工具/设计"选项卡的"工具"选项组，单击"单步"按钮，然后单击"运行"按钮，打开"单步执行宏"对话框，如图 7.29 所示。

图 7.28　出错信息

图 7.29　"单步执行宏"对话框

在"单步执行宏"对话框中，显示每个操作的宏名称、条件、操作名称、参数和错误号。错误号为 0 表示没有出错。

"单步执行宏"对话框中显示将要执行的下一个宏操作的相关信息，包括三个按钮，如下所示。

- 单步执行：查看宏中下一个操作的信息。如果在宏最后一个操作还一直选择了这个按钮，则下次运行宏时"单步执行"模式仍有效；宏正运时行，按 **Ctrl+Break** 组合键可以进入"单步执行"模式。

- 停止所有宏：停止当前正在运行的宏。

- 继续：退出"单步执行"模式，继续执行宏的其他操作。

③ 运行宏的过程中出现错误，会弹出一个消息框，显示宏操作的错误信息，如在条件表达式中引用不存在的文本框，就会弹出图 7.30 所示的消息框，描述了出错的可能原因以及给用户的处理建议。

图 7.30　出错消息框

7.5　宏与 VBA

Access 数据库包含表、查询、窗体和报表 4 个对象，每个对象都有强大的数据处理功能，但是各个对象相互独立工作，需要编程将数据库对象绑定在一起自动执行某些过程。在 Access 中，编程是使用 Access 宏或 Visual Basic for Applications（VBA）代码为数据库添加功能的过程。

7.5.1　宏与 VBA 编程

Access 可以通过宏或 VBA 编程有机整合独立的各个对象自动完成一系列任务。

宏指的是已命名的一组宏操作，可以利用宏生成器生成。Access 宏操作仅代表 VBA 中可用命令的一个子集。宏为许多编程任务提供了更简单的方法，并且只需很少语法就可以绑定到对象或控件的事件上。宏生成器提供的界面比 VBA 编辑器的界面更加结构化，用户不需要学习 VBA 代码就可以对控件和对象编程。VBA 代码包含在模块和类模块中，模块没有依附到特定对象，类模块与类对象相关联也称为类对象模块。

是使用宏或 VBA 还是同时使用这两者，取决于用户编程习惯、数据库安全及是否发布数据库等各方面原因。

① 用户对 VBA 编程得心应手，就可以使用 VBA 执行大部分编程任务。

② 数据库放到服务器上被他人共享，为了保证安全尽可能地使用宏编程，避免使用 VBA，只用 VBA 完成宏操作无法完成的功能。

③ 如果将数据库作为 Access Web Applications 发布，由于 VBA 与 Web 发布功能不兼容，因此编程任务必须由宏完成。

1. 必须用宏执行的任务

① 创建一个名为 AutoKeys 的宏，将一个操作或一组操作分配给某个键。

② 创建一个名为 AutoExec 的宏，在数据库首次打开时执行一个或一系列操作。

2. 必须 VBA 编程执行的操作

① 使用内置函数或自定义函数：可以直接使用 Access 中的内置函数进行计算，创建函数执行超出表达式能力的计算或者替代复杂的表达式，在表达式中使用自定义函数向多个对象提供相同操作。

② 创建或处理数据库中所有对象：在大多数情况下，在对象的设计视图中创建和修改对象最容易。但某些情况下可能需要在代码中处理对象，使用 VBA 可以处理数据库及其中的所有对象。

③ 执行系统级操作：应用 VBA 可以检查某个文件是否存在于计算机上，利用自动化或动态数据交换（DDE）与其他 Microsoft Windows 程序通信，还可以调用 Windows 动态链接库（DLL）中的函数。

④ 一次一条处理记录：VBA 逐条处理记录集，一次一条，并对每条记录执行操作；而宏是同时处理整个记录集。

7.5.2　将宏转换为 VBA 模块

模块是 Access 数据库的对象之一，由一个或多个过程组成，每个过程可以实现特定功能。Access 2010 可以将独立宏转换为 VBA 模块，这些模块用 VB 代码执行与宏等价的操作。

1. 宏转换为 VBA 模块

以 "Introduction" 宏为例，按以下步骤进行转换。

① 在 Access 窗口的导航窗格中，鼠标右键单击 "Introduction"，在弹出的快捷菜单上选择 "设计视图"。

② 选择 "宏工具/设计" 选项卡的 "工具" 选项组，单击 "将宏转换为 Visual Basic 代码"。

③ 在弹出的 "转换宏" 对话框中，选择是否希望 Access 向它生成的函数加入错误处理，并选择是否包含宏注释。如图 7.31 所示，单击 "转换"。

④ Access 将转换宏并打开 Visual Basic 编辑器，确定转换完毕。

⑤ 在编辑器的 "工程资源管理器" 中展开当前数据库下

图 7.31　转换宏

的树，在"模块"下，双击模块"被转换的宏-Introduction"。Visual Basic 编辑器将打开该模块，如图 7.32 所示。

图 7.32　VB 打开被转换的宏

2. 查看 VBA 代码

图 7.32 显示了 Access 为以宏名为名称创建的 Introduction 函数，解释如下。

① 函数顶部用 4 个注释行显示函数名称，函数名称与被转换的宏名相同。

② 如果转换过程中希望包含错误处理，则 Access 会在函数过程的开始自动插入 On Error 语句。On Error 语句用于指向相关消息的其他语句。

③ 宏的每一行都将转换为一行 VBA 代码，其中包括 Beep 方法及 MsgBox 函数。

7.6　思考与练习

1. 思考题

（1）什么是数据宏？它有什么作用？

（2）表达式中引用窗体控件值和报表控件值的格式分别是什么？

（3）运行宏有几种方法？

（4）AutoExec 宏有什么特点？

（5）列举必须使用宏执行的任务。

（6）列举必须使用 VBA 编程执行的操作。

2. 选择题

（1）在 Access 中，以下（　　　）操作不应当使用宏完成。

    A. 设置窗体、报表对象的控件值　　　　B. 进行查询操作及数据的筛选、查找

    C. 自定义过程的创建和使用　　　　　　D. 显示和隐藏工具栏

（2）下列说法错误的是（　　　）。

    A. 可以设置宏的执行顺序为随机或顺序方式

    B. 宏可以分类组织到不同子宏中

    C. 条件宏中有些操作会根据条件决定是否执行

    D. 自动运行宏包含的操作由用户定义

（3）创建数据宏需要在打开（　　　）的设计视图进行。

    A. 宏　　　　　　　B. 窗体　　　　　　　C. 报表　　　　　　　D. 表

（4）打开查询的宏操作是（　　　）。

    A. OpenReport　　　B. OpenQuery　　　　C. OpenTable　　　　D. OpenForm

（5）数据库中设置了自动宏 AutoExec，打开数据库时（　　　）可以不执行这个宏。

    A. 按住 Shift 键　　　　　　　　　　　B. 按住 Alt 键

    C. 按住 Ctrl 键　　　　　　　　　　　D. 按住 Enter 键

（6）在宏的调试中，可配合使用的宏生成器上的工具按钮为（　　　）。

    A. 调试　　　　　　B. 运行　　　　　　C. 条件　　　　　　D. 单步

（7）可以在创建宏时定义（　　　）限制宏操作的操作范围。

    A. 宏操作目标　　　　　　　　　　　B. 窗体或报表控件属性

    C. 宏的执行条件　　　　　　　　　　D. 宏操作对象

（8）宏的表达式中引用 Form1 窗体中的 txt1 控件的值，正确的引用方法是（　　　）。

    A. Form1!txt1　　B. Forms!Form1!txt1　　C. Forms!txt1　　　　D. txt1

（9）某窗体上有一个命令按钮，可以通过选择（　　　）宏操作，单击该按钮调用宏打开应用程序 Word。

    A. RunApplication　　　　　　　　　B. RunMenuCommand

    C. RunCode　　　　　　　　　　　　D. RunMacro

（10）运行宏的某个子宏时，正确的引用格式为（　　　）。

    A. 宏名　　　　　　B. 子宏名　　　　　C. 子宏名.宏名　　　D. 宏名.子宏名

（11）嵌入宏依附于窗体或报表控件的事件，其属性表中相应的事件组合框中显示（　　　）。

    A. [嵌入宏]　　　B. "嵌入宏"　　　　C. "嵌入的宏"　　　D. [嵌入的宏]

（12）在窗体的命令按钮上，单击事件添加动作，可以创建（　　　）宏。

    A. 只能是独立宏　　　　　　　　　　B. 只能是嵌入宏

    C. 独立宏或嵌入宏　　　　　　　　　D. 独立宏或数据宏

（13）下列运行宏的方法中错误的是（　　　）。

    A. 单击宏名

    B. 双击宏名

    C. 单击"工具栏"上的运行按钮

    D. 在窗体的命令按钮事件中设置，并在运行窗体时单击该命令按钮

（14）适合使用宏而非 VBA 的操作是（　　　）。

    A. 数据库的复杂操作和维护

    B. 自定义过程的创建和使用

    C. 一些错误处理

    D. 在首次打开数据库时，执行一个或一系列操作

（15）适合使用 VBA 而非宏的操作是（　　　）。

    A. 建立自定义菜单栏

B.　从工具栏上的按钮执行自己的宏或者程序

C.　将筛选程序加到各个记录中，从而提高记录查找的速度

D.　数据库的复杂操作和维护

3．填空题

（1）宏是一个或多个_____的集合。

（2）用于打开窗体的宏操作是_____，用于打开报表的宏操作是_____，用于打开查询的宏操作是_____。

（3）如果要引用宏中的子宏，则引用格式是_____。

（4）因为有了_____，数据库应用系统中的不同的对象就可以联系起来。

（5）由多个操作构成的宏，执行时是按宏操作的_____依次执行的。

（6）在宏的表达式中引用窗体控件的值可以用表达式_____。

（7）利用_____操作和_____对象，可以进行错误处理操作，在运行宏中出错时显示出错信息的描述。

（8）数据库运行时想要自动运行一系列操作，必须把这些操作命名为_____。

（9）利用_____宏操作，可以将指定的 Access 对象导出到其他位置。

（10）经常使用的宏的运行方法是：将宏赋予某一窗体或报表控件的_____，通过触发事件运行宏或宏组。

08 第8章 VBA编程基础

本章学习目的

了解 Access 数据库的模块类型。

熟练掌握 VBA 编程环境——VBE 窗口的使用。

掌握 Access 的数据类型。

熟练掌握 VBA 程序流程设计。

掌握过程声明、调用与参数传递。

了解 VBA 事件驱动机制。

了解 VBA 程序调试和错误处理。

通过前几章的学习，读者可以快速查询、创建窗体和报表，利用 SQL 语言检索数据库存储的数据，利用向导和宏可以完成事件的响应处理，例如打开和关闭窗体、报表等。但是，使用宏是有局限性的，一是它只能处理一些简单的操作，对复杂条件和循环等结构则无能为力；二是宏对数据库对象的处理，例如，表对象或查询对象的处理能力较弱。

Access 是面向对象的数据库，它支持面向对象的程序开发技术。VBA（Visual Basic for Applications）语言是 Access 开发的应用程序的核心，也是开发 Access 向导和宏所不能涉及的应用程序的关键。

8.1 VBA 编程环境

VBA 是 Microsoft 公司 Office 系列软件中内置的用来开发应用系统的编程语言，它与 Visual Studio 中的 Visual Basic 开发工具相似。但是两者又有本质的区别，VBA 主要是面向 Office 办公软件的系统开发工具，而 VB（Visual Basic）是一种可视化的 Basic 语言。VBA 是一种功能强大的面向对象的开发工具，可以像编写 VB 语言那样来编写 VBA 程序，以实现某个功能。当 VBA 程序编译通过以后，将这段程序保存在 Access 2010 中的一个模块里，并通过类似在窗体中激发宏的操作来启动这个模块，从而实现相应的功能。

8.1.1 进入 VBA 编程环境——VBE 窗口

在 Access 2010 中，提供的 VBA 的开发界面称为 VBE（Visual Basic Editor），可以在 VBE 窗口中编写和调试模块程序。进入 VBE 编程环境窗口有 5 种方式。

1. 直接进入 VBE

在数据库中，单击"数据库工具"选项卡，然后在"宏"组中单击"Visual Basic"按钮，如图8.1 所示。

图 8.1　利用数据库工具选项卡进入 VBE

2. 创建模块进入 VBE

在数据库中，单击"创建"选项卡，然后在"宏与代码"组中单击"Visual Basic"按钮，如图8.2 所示。

图 8.2　利用"创建"选项卡进入 VBE

3. 通过窗体和报表等对象的设计进入 VBE

通过窗体和报表等对象的设计进入 VBE 有两种方法，一种是通过控件的事件响应进入 VBE（见图 8.3）；另一种是在窗体或报表设计视图的设计工具中，单击"查看代码"选项按钮进入 VBE（见图 8.4）。在控件的"属性表"窗格中，单击对象事件的"省略号"按钮添加事件过程，在窗体、报表或控件的事件过程中进入 VBE。

图 8.3　通过控件的事件响应进入 VBE

图8.4　单击"查看代码"进入VBE

除上述 3 种方法外，还可以按 Alt+Fll 组合键和在"导航窗格"中找到已经创建的模块，然后双击进入 VBE 环境窗口。

8.1.2　VBE 窗口的组成

用 8.1.1 节所讲述的 5 种方式进入 VBE 环境窗口，该窗口分为菜单栏、工具栏和功能窗口。其主界面如图 8.5 所示。

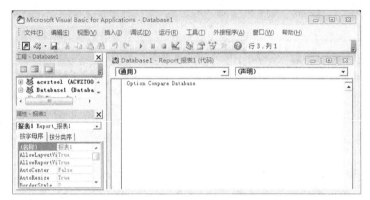

图 8.5　VBE 环境窗口

1. 菜单栏

菜单栏包括 10 个一级菜单，各个菜单的功能说明如表 8.1 所示。

表 8.1　VBA 编程环境窗口菜单功能说明

菜　单	说　明
文件	实现文件的保存、导入、导出、打印等基本操作
编辑	进行文本的剪切、复制、粘贴、查找等编辑命令
视图	用于控制 VBE 的视图显示方式
插入	能够实现过程、模块、类模块或文件的插入
调试	调试程序的基本命令，包括编译、逐条运行、监视、设置断点等命令
运行	运行程序的基本命令，包括运行、中断运行等
工具	用来管理 VB 类库的引用、宏以及 VBE 编辑器设置的选项
外接程序	管理外接程序
窗口	设置各个窗口的显示方式
帮助	用来获取 Microsoft Visual Basic 的链接帮助以及网络帮助资源

2. 工具栏

一般情况下，在 VBE 窗口显示的是标准工具栏，用户可以通过"视图"菜单中的"工具栏"命令显示"编辑""调试"和"用户窗体"工具栏，还可以自定义工具栏按钮。标准工具栏上包括创建模块时常用的命令按钮，这些按钮及其功能如表 8.2 所示。

表 8.2　VBA 编辑器标准工具栏常用按钮功能

按　钮	按钮名称	功　　能
	视图 Microsoft Office Access	显示 Access 窗口
	插入模块	单击该按钮右侧箭头，弹出下拉列表，可插入"模块""类模块"和"过程"
	撤销	取消上一次键盘或鼠标的操作
	重复	取消上一次的撤销操作
	运行子过程/用户窗体	开始执行代码，遇到断点后继续执行代码
	中断	中断正在运行的代码
	重新设置	结束正在运行的代码
	设置模式	在设计模式和用户窗体模式之间切换
	工程资源管理器	打开工程资源管理器窗口
	属性窗口	打开属性窗口
	对象浏览器	打开对象浏览器窗口

3. 功能窗口

VBE 窗口中提供的功能窗口有代码窗口、对象窗口、立即窗口、本地窗口、监视窗口、工程资源管理器窗口、属性窗口，用户可以通过"视图"菜单控制这些窗口的显示。

（1）代码窗口

在代码窗口中可以输入和编辑 VBA 代码，可以打开多个代码窗口来查看各个模块的代码，还可以方便地在各个代码窗口之间进行复制和粘贴操作。代码窗口使用不同的颜色代码对关键字和普通代码加以区分，以便于用户进行书写和检查。在代码窗口的顶部是两个下拉列表框，左边是对象下拉列表框，右边是过程下拉列表框。对象下拉列表框中列出了所有可用的对象名称，选择某一个对象后，在过程下拉列表框中将列出该对象所有的事件过程。

（2）立即窗口、本地窗口和监视窗口

VBE 提供专用的调试工具，帮助快速定位程序中的问题，以便消除代码中的错误。

① 立即窗口在调试程序过程中非常有用，用户如果要测试某个语法或者查看某个变量的值，就需要用到立即窗口。在立即窗口中，输入一行语句后按 Enter 键，可以实时查看代码运行的效果。

② 本地窗口可自动显示出所有在当前过程中的变量声明及变量值。若本地窗口可见，则每当从执行方式切换到中断模式时，它就会自动地重建显示。

③ 如果要在程序中监视某些表达式的变化，可以在监视窗口中右键单击，然后在弹出的快捷菜单中选择"添加监视"命令，则弹出图 8.6 所示的"添加监视"对话框。在该对话框中输入要监视的表达式，则可以在监视窗口中查看添加的表达式的变化情况。

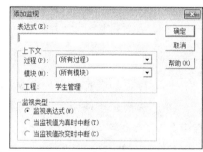

图 8.6　"添加监视"对话框

（3）工程资源器窗口

工程资源器窗口列出了在应用程序中用到的模块。使用该窗口，可以在数据库内各个对象之间快速地浏览，各对象以树的形式分级显示在窗口中，包括 Access 类对象、模块和类模块。右键单击模块对象，在弹出的快捷菜单中选择"查看代码"选项，或者直接双击该对象，打开模块"代码"要查看对象的窗体和报表，可以右键单击对象名，然后在弹出的快捷菜单中选择"查看对象"命令。

（4）属性窗口

属性窗口列出了选定对象的属性。用户可以在"按字母序"选项卡或者"按分类序"选项卡中查看或编辑对象属性。当选取多个控件时，属性窗口会列出所选控件的共同属性。

8.2　程序设计概述

8.2.1　VBA 模块简介

模块是由 VBA 语言编写的程序集合，由于模块是基于语言创建的，所以它具有比 Access 数据库中其他对象更加强大的功能。

模块可以在模块对象中出现，也可以作为事件处理代码出现在窗体和报表对象中，模块构成了一个完整的 Access 2010 的集成开发环境。

1．模块的概念

模块是 Access 2010 数据库中的一个重要对象，是把声明、语句和过程作为一个单元进行保存的集合体。通过模块的组织和 VBA 代码设计，可以提高 Access 2010 数据库应用的处理能力，解决复杂问题。

在 Access 2010 中打开模块时将启动 VBE 界面。在此界面中，模块显示如图 8.7 所示，它主要包括以下 5 部分。

图 8.7　模块界面

① 对象框：当前模块所隶属的对象。

② 过程框：当模块由多个过程组成时，在编辑状态下，当前光标所处的过程名称将显示在该框中。

③ 模块声明：用于声明各种模块。

④ 模块过程：模块的代码。

⑤ 视图按钮：在过程视图和全模块视图中进行切换。

因为模块是基于语言创建的，所以它具有比 Access 数据库中其他对象更加强大的功能。利用模块，可以建立自定义函数，完成更复杂的计算，执行标准宏所不能执行的功能。

2. 模块的类型

Access 2010 有两种类型的模块：类模块和标准模块。

（1）类模块

类模块是面向对象编程的基础。可以在类模块中编写代码建立新对象。这些新对象可以包含自定义的属性和方法。实际上，窗体和报表也是这样一种类模块，在其上可放置控件，可显示窗体或报表窗口。Access 2010 中的类模块可以独立存在，也可以与窗体和报表同时出现。

窗体模块和报表模块各自与某一特定窗体或报表相关联。窗体模块和报表模块通常都含有事件过程。事件过程是指自动执行的过程，以响应用户或程序代码启动的事件或系统触发的事件。可以使用事件过程来控制窗体或报表的行为，以及它们对用户操作的响应。

为窗体或报表创建第一个事件过程时，Access 2010 将自动创建与之关联的窗体或报表模块。如果要查看窗体或报表的模块，可以单击窗体或报表设计视图中工具栏上的"代码"命令。窗体模块或报表模块中的过程可以调用已经添加到标准模块中的过程。窗体模块或报表模块的作用范围局限在其所属的窗体和报表内部，具有局部特性。

（2）标准模块

标准模块一般用于存放公共过程（子程序和函数），不与其他任何 Access 2010 对象相关联。在 Access 2010 系统中，通过模块对象创建的代码过程就是标准模块。

标准模块一般用于存放供其他 Access 数据库对象使用的公共过程。在系统中可以通过创建新的模块对象进入其代码设计环境。标准模块通常安排一些公共变量或过程，供类模块里的过程调用。在各个标准模块内部也可以定义私有变量和私有过程，仅供本模块内部使用。

标准模块中的公共变量和公共过程具有全局特性，其作用范围在整个应用程序里，生命周期是伴随着应用程序的运行而开始、关闭和结束。

模块中包括的就是标准模块，而类模块中包含的就是用户自己创建的类和对象。在一般的应用程序开发过程中，把所有的共享操作和公共变量放在标准模块中，然后在窗体模块中通过处理事件的过程来实现应用程序的功能。

3. 模块的组成

通常每个模块由声明和过程两部分组成。

（1）声明部分

可以在这部分定义常量变量、自定义类型和外部过程。在模块中，声明部分与过程部分是分开的，声明部分中设定的常量和变量是全局性的，可以被模块中的所有过程调用，每个模块只有一个声明部分。

（2）过程部分

每个过程是一个可执行的代码片段，每个模块可有多个过程，过程是划分 VBA 代码的最小单元。另外还有一种特殊的过程，称为事件过程（Event Procedure），这是一种自动执行的过程，用来对用户或程序代码启动的事件或系统触发的事件做出响应。相对于事件过程，把非事件过程称为通用过程（General Procedure）。

窗体模块和报表模块包括声明部分、事件过程和通用过程，而标准模块只包括声明部分和通用过程。

8.2.2 对象及其属性、方法和事件

Access 2010 数据库设计是一种面向对象的程序设计，而面向对象的程序设计是一种系统化的程序设计方法，它采用抽象化、模块化的分层结构，具有多态性、继承性和封装性等特点。

1. 对象

VBA 是一种面向对象的语言，要进行 VBA 的开发，必须理解对象、属性、方法和事件这几个概念。对象是面向对象程序设计的核心，对象的概念来源于生活。对象可以是任何事物，如一部电脑、一个人、一件事情等。现实生活中的对象有两个共同的特点：一是它们都有自己的状态，例如一部电脑有自己的颜色、品牌、型号等；二是它们都具有自己的行为，比如手机可以打电话、接电话、上网、发短信等。在面向对象的程序设计中，对象的概念是对现实世界中对象的模型化，它是代码和数据的组合，同样具有自己的状态和行为。对象的状态用数据来表示，称为对象的属性；而对象的行为用对象中的代码来实现，称为对象的方法。

VBA 应用程序对象就是用户所创建的窗体中出现的控件，所有的窗体、控件和报表等都是对象。而窗体的大小、控件的位置等都是对象的属性。这些对象可以执行的内置操作就是该对象的方法，通过这些方法可以控制对象的行为。

对象的特点如下。

① 继承性：指一个对象可以继承其父类的属性及操作。

② 多态性：指不同对象对同样的作用于其上的操作会有不同的反应。

③ 封装性：指对象将数据和操作封装在其中。用户只能看到对象的外部特性，只需知道数据的取值范围和可以对该数据施加的操作，而不必知道数据的具体结构以及实现操作的算法。

2. 对象的属性

每个对象都有属性，对象的属性定义了对象的特征，诸如大小、颜色、品牌或某一方面的行为。使用 VBA 代码可以设置或者读取对象的属性值。修改对象的属性值可以改变对象的特性。设置对象属性值的语法格式如下。

对象名.属性=属性值

例如，设置窗体的 Caption 属性来改变窗体的标题：

```
myForm.Caption= "欢迎学习 VBA 编程基础"
```

还可以通过属性的返回值，来检索对象的信息，如下面的代码可以获取在当前活动窗体中的标题。

```
name=Screen.ActiveForm.Caption
```

3. 对象的方法

对象的方法是指在对象上可以执行的操作。例如，在 Access 2010 数据库中经常使用的操作有选取、复制、移动或者删除等，这些操作都可以通过对象的方法来实现。

引用方法的语法如下。

对象.方法（参数 1，参数 2）

其中，参数是应用程序向该方法传递的具体数据，有些方法并不需要参数。

例如，刷新当前窗体：

```
myForm.Refresh
```

4. 对象的事件

在 VBA 中，对象的事件是指识别和响应的某些行为和动作。在多数情况下，事件是通过用户的操作产生的。例如，单击鼠标、选取某数据表等。如果为事件编写了程序代码，当该事件发生的时候，Access 2010 会执行对应的程序代码。该程序代码称为事件过程，事件过程的一般格式如下。

```
Private Sub 对象名_事件名([参数表])
…(程序代码)
End Sub
```

其中，参数表中的参数名随事件过程的不同而不同，有时也可以省略。程序代码就是根据需要解决的问题由用户编写的程序。

事件提供了某种方法来通知其他对象或代码将要发生的事。

对象代表应用程序中的元素，比如表单元、图表窗体或模块。在 VBA 代码中，在调用对象的任一方法或改变它的某一属性值之前，必须先识别对象。

8.3　VBA 程序设计基础

VBA 是一种程序设计语言，它和 C/C++、Pascal、Java 一样，都是为程序员进行应用程序开发而设计的编程语言。经过 VB 多年的发展和完善，VBA 和 VB 一样，已经从一个简单的程序设计语言发展成为支持组件对象模型的核心开发环境。

8.3.1　数据类型

数据是程序的必要组成部分，也是数据处理的对象，数据类型就是一组性质相同的值的集合以及定义在这个值集合上的一组操作的总称，VBA 的数据类型如表 8.3 所示。

表 8.3　VBA 数据类型

数据类型	关键字	符号	存储空间	说　　明	默认值
字节型	Byte		1 字节	0 ~ 255	0
整型	Integer	%	2 字节	−32 768 ~ 32 767	0
长整型	Long	&	4 字节	$-21 \times 10^8 \sim 21 \times 10^8$	0
单精度型	Single	!	4 字节	可以达到 6 位有效数字	0
双精度型	Double	#	8 字节	可以达到 16 位有效数字	0
货币型	Currency	@	8 字节	15 位整数、4 位小数	0
字符型	String	$	与字符串长度有关	0 ~ 65 535 个字符	" "
日期/ 时间型	Date		8 字节	日期：100 年 1 月 1 日 ~ 9999 年 12 月 31 日，时间：00:00:00 ~ 23:59:59	0
逻辑型	Boolean		2 字节	True 或 False	False
变体型	Variant		根据需要	可以表示任何数据类型	
对象型	Object		4 字节		Empty

8.3.2　常量和变量

计算机程序中，不同类型的数据可以以常量或变量的形式出现。常量是指在程序执行期间不能发生变化，具有固定值的量；而变量是指在程序执行期间可以变化的量。

1. 常量

常量分为直接常量和符号常量。

① 直接常量。直接常量就是日常所说的常数，例如：3.14、2018、" a " 都是直接常量，它们分别是单精度型、整型和字符型常量，由于从字面上即可直接看出它们的具体内容，因此又称字面常量。

② 符号常量。符号常量是在一个程序中指定的用名字代表的常量，从字面上不能直接看出它们的类型和值。

声明符号常量要使用 Const 语句，其格式如下。

```
Const 常量名[as 类型]=表达式
```

参数说明如下。

- 常量名：命名规则与变量名的命名规则相同。
- as 类型：说明该常量的数据类型。如果该选项省略，则数据类型由表达式决定。
- 表达式：可以是数值常数、字符串常数以及运算符组成的表达式。

例如：

```
Const PI = 3.14159
```

这里声明符号常量 PI，代表圆周率 3.14159。在程序代码中使用圆周率的地方就可以用 PI 来代表。使用符号常量的优点是当要修改该常量值时，只需修改定义该常量的语句即可。

2. 变量

数据被存储在一定的存储空间中，在计算机程序中，数据连同其存储空间被抽象为变量，每个变量都有一个名字，这个名字就是变量名。它代表了某个存储空间及其所存储的数据，这个空间所存储的数据称为该变量的值。将一个数据存储到变量这个存储空间，称为赋值。在定义变量时赋值称为赋初值，而这个值称为变量的初值。

（1）变量的命名规则

① 变量名只能由字母、数字、汉字和下划线组成，不能含有空格和除了下划线字符外的其他任何标点符号，长度不能超过 255。

② 变量名必须以字母开头，不区分变量名的大小写，例如，若以 XY 命名一个变量，则 XY、Xy、xY 都被认为是同一个变量。

③ 不能和 VBA 保留字同名。例如，不能以 if 命名一个变量。保留字是指在 VBA 中用作语言的那部分单词，包括预定义语句（如 If 和 Loop）、函数（如 Len 和 Abs）和运算符（如 Or 和 Mod）等。

（2）变量的声明

声明变量有两个作用：指定变量的数据类型和指定变量的适用范围。VBA 应用程序并不要求对过程或者函数中使用的变量提前进行明确声明，如果使用了一个没有明确声明的变量，系统会默认地将它声明为 Variant 数据类型。VBA 在过程或者函数中使用变量前进行声明的方法是在模块"通用"部分中包含一个 Option Explicit 语句。

Dim 语句使用格式为：Dim 变量名 As 数据类型

例如：

```
Dim i as integer                    '声明了一个整型变量 i
Dim a as integer,b as long,c as single    '声明了 a、b、c 三个变量，分别为整型、长整型、单精
度型变量
Dim s1,s2 As String                 '声明一个变体类型变量和一个字符串变量
```

上例中声明变量 s1 和 s2 时，因为没有为 s1 指定数据类型，所以将其默认为 Variant 类型。

（3）变量的作用域

变量的作用域也就是变量的作用范围。在 VBA 编程中，根据变量定义的位置和方式的不同，可以把变量的分为局部变量、模块变量和全局变量。

① 局部变量，是指在过程（通用过程或事件过程）内定义的变量，其作用域是它所在的过程；在不同的过程中可以定义相同名字的局部变量，它们之间没有任何关系。局部变量在过程内用 Dim 或 Static 来定义。

② 模块变量，包括窗体模块变量和标准模块变量。窗体模块变量可用于该窗体内的所有过程。在使用窗体模块变量前必须先声明，其方法是：在程序代码窗口的"对象"框中选择"通用"，并在"过程"框中选择"声明"，可用 Dim 或 Private 声明。标准模块变量对该模块中的所有过程都是可见的，但对其他模块中的代码不可见，可以用 Dim 或 Private 声明。

③ 全局变量，也称全程变量，其作用域最大，可以在工程的每个模块、每个过程中使用。全局变量必须用 Public 声明，同时，全局变量只能在标准模块中声明，不能在类模块或窗体模块中声明。

（4）变量的生存期

从变量的生存期来分，变量又分为动态变量和静态变量。

① 动态变量：在过程中，用 Dim 关键字声明的局部变量属于动态变量。动态变量从变量所在的过程第一次执行，到过程执行完毕，自动释放该变量所占的内存单元。

② 静态变量：使用 Static 语句声明的变量称为静态变量。静态变量只能是局部变量，只能在过程内声明。静态变量在过程运行时可保留变量的值，即每次调用过程时，用 Static 说明的变量保持上一次的值。

局部变量的变量值在过程结束后释放内存，在再次执行此过程前，它将重新被初始化；静态变量在过程结束后，只要整个程序还在运行，都能保留它的值不被重新初始化。而当所有的代码都运行完成后，静态变量才会失去它的范围和生存期。

8.3.3 数组

数组是一组具有相同数据类型的数据组成的序列，用一个统一的数组名标识这一组数据，用下标来指示数组中元素的序号。例如 S[1]、S[2]、S[3]、S[4]分别代表 4 个同学的成绩，它们组成一个成绩数组（数组名为 S),S[1]代表第一个人的成绩，S[2]代表第 2 个人的成绩，以此类推。

数组必须先声明后使用，数组的声明方式和其他的变量类似，它可以使用 Dim、Public 或 Private 语句来声明。

数组的第 1 个元素的下标称为下界，最后一个元素的下标称为上界，其余元素的下标连续地分布在上下界之间。

一维数组的声明格式如下。

Dim 数组名([下界 To]上界)[As 数据类型]

如果用户不显式地使用 To 关键字声明下界，则 VBA 默认下界为 0，而且数组的上界必须大于下界。

As 数据类型如果缺省，则默认为变体数组；如果声明为数值型，数组中的全部数组元素都初始化为 0；如果声明为字符型，数组中的全部元素都初始化为空字符串；如果声明为逻辑型，数组中的全部元素都初始化为 False。

例如：

Dim Score(l to 4) As Integer
Dim Age(4) As Integer

在上面的例子中，数组 Score 包含 4 个元素，下标范围是 1～4；数组 Age 包括 5 个元素，下标范围是 0～4。

除了常用的一维数组外，还可以使用二维数组和多维数组，其声明格式如下。

Dim 数组名([下界 To]上界[,[下界 To]上界]……)[As 数据类型]

例如：

Dim S(2,3) As Integer

上面的例子定义了有 3 行 4 列，包含 12 个元素的二维数组 S，每个元素就是一个普通的 Integer 类型变量。各元素可以排列成表 8.4 所示的二维表。

表 8.4　二维数组 S 的元素排列

	第 0 列	第 1 列	第 2 列	第 3 列
第 0 行	S(0,0)	S(0,1)	S(0,2)	S(0,3)
第 1 行	S(1,0)	S(1,1)	S(1,2)	S(1,3)
第 2 行	S(2,0)	S(2,1)	S(2,2)	S(2,3)

提示　VBA 下标下界的默认值为 0，在使用数组时，可以在模块的通用声明部分使用 Option Base 1 语句来指定数组下标下界从 1 开始。

数组可以分固定大小数组和动态数组两种类型。若数组的大小被指定，则它是个固定大小数组。若程序运行时数组的大小可以被改变，则它是动态数组。

8.3.4　运算符

运算是对数据的加工，最基本的运算形式常常可以用一些简洁的符号记述，这些符号称为运算符，被运算的对象—数据称为运算量或操作数。VBA 中包含丰富的运算符，有算术运算符、字符串运算符、关系运算符、逻辑运算符（也称为布尔运算符）和对象运算符。

1. 算术运算符

算术运算符是常用的运算符，用来执行简单的算术运算。VBA 提供了 8 个算术运算符，分别是 "+" "-" "*" "/" "^" "\" "Mod" "-"（负号），除负号是单目运算符外，其他均为双目运算符。

算术运算符的优先级别从高到低依次为：^（乘方）→-（负号）→*或/→\（整除）→Mod（取模）→+或-。

在使用算术运算符进行运算时，应注意以下规则。

① "/" 是浮点数除法运算符，运算结果为浮点数。例如，表达式 7/2 的结果为 3.5。

② "\" 是整数除法运算符，结果为整数。例如，表达式 7\2 的值为 3。

③ Mod 是取模运算符，用来求余数，运算结果为第一个操作数整除第二个操作数所得的余数。例如：5 Mod 3 的运算结果为 2。

④ 如果表达式中含有括号，则先计算括号内表达式的值，然后严格按照运算符的优先级别进行运算。

2. 字符串运算符

字符串运算符执行将两个字符串连接起来生成一个新的字符串的运算。字符串运算符有两个："&" 和 "+"，作用是将两个字符串连接起来。

例如：

```
"Access 2010" & "数据库应用教程"，结果是"Access 2010 数据库应用教程"
"传奇 A"&5　，结果是"传奇 A5"
123 & 456，结果是"123456"
"VBA" + "程序设计"，结果是"VBA 程序设计"
"传奇 A"+5　，结果是 "出错 "
"123"+456，结果是 579
```

在使用字符运算符进行运算时，应注意以下规则。

① 由于符号 "&" 还是长整型的类型定义符，所以在使用连接符 "&" 时，"&" 连接符两边最好各加一个空格。

② 运算符 "&" 两边的操作数可以是字符型，也可以是数值型。进行连接操作前，系统先进行操作数类型转换，数值型转换成字符型，然后再做连接运算。

③ 运算符 "+" 要求两边的操作数都是字符串。若一个是数字型字符串，另一个为数值型，则系统自动将数字型字符串转化为数值，然后进行算术加法运算；若一个为非数字型字符串，另一个为数值型，则出错。

④ 在 VBA 中，"+" 既可用作加法运算符，还可以用作字符串连接符，但 "&" 专门用作字符串连接运算符，在有些情况下，用 "&" 比用 "+" 可能更安全，提倡用 "&" 连接符。

3. 关系运算符

关系运算符的作用是对两个表达式的值进行比较，比较的结果是一个逻辑值，即真（True）或假（False）。如果表达式比较结果成立，返回 True，否则返回 False。VBA 提供了 6 个关系运算符，即 ">"（大于）、">="（大于等于）、"<"（小于）、"<="（小于等于）、"="（等于）、"<>"（不等于）。

在使用关系运算符进行比较时，应注意以下规则。

① 数值型数据按其数值大小比较。

② 日期型数据将日期看成 yyyymmdd 的 8 位整数，按数值大小比较。

③ 汉字按区位码顺序比较。

④ 字符型数据按其 ASCII 码值比较。

通过关系运算符组成的表达式称为关系表达式。关系表达式主要用于条件判断。

4. 逻辑运算符

逻辑运算符（也称为布尔运算符），除 Not 是单目运算符外，其余均是双目运算符。由逻辑运算符连接两个或多个关系式，对操作数进行逻辑运算，结果是逻辑值 True 或 False，如表8.5 所示。

表 8.5　逻辑运算符

运算符	说　明	举　例	运算结果
Not	逻辑非	Not 5 >10	True
And	逻辑与	5 >10 And "B">"A"	False
Or	逻辑或	5 >10 Or　"B">"A"	True

5. 对象运算符

对象运算符有 "!" 和 "." 两种，使用对象运算符指示随后将出现的项目类型。

（1）"!" 运算符

"!" 运算符的作用是指出随后为用户定义的内容。使用它可以引用一个开启的窗体、报表，或开启窗体或报表上的控件。

例如，Forms![学生成绩]表示引用开启的 "学生成绩" 窗体，Forms![学生成绩]![学号]表示引用开启的 "学生成绩" 窗体上的 "学号" 控件，Reports![学生信息]表示引用开启的 "学生信息" 报表。

（2）"." 运算符

"." 运算符通常指出随后为 Access 定义的内容。例如引用窗体、报表或控件等对象的属性，引用格式为：控件对象名.属性名。

在实际应用中，"." 运算符和 "!" 运算符配合使用，用于表示引用的一个对象或对象的属性。

例如：可以引用或设置一个打开窗体的某个控件的属性。

`Forms![学生成绩]![Command1].Enabled = False`

该语句用于表示引用开启的 "学生成绩" 窗体上的 Command1 控件的 Enabled 属性并设置其值为 False。

 提示　如果 "学生成绩" 窗体为当前操作对象，Form![学生成绩]可以用 Me 来替代。

8.3.5　表达式

表达式描述了对哪些数据，以什么样的顺序以及进行什么样的操作。它由运算符与操作数组成，操作数可以是常量、变量和函数。

1. 表达式的书写规则

只能使用圆括号且必须成对出现，可以使用多个圆括号，也必须配对。乘号不能省略。A 乘以 B 应写成 A*B，不能写成 AB。表达式从左至右书写，不区分大小写。

2. 运算优先级

如果一个表达式中含有多种不同类型的运算符，运算进行的先后顺序由运算符的优先级决定。

不同类型运算符的优先级为：算术运算符>字符运算符>关系运算符>逻辑运算符。圆括号优先级最高，在具体应用中，对于多种运算符并存的表达式，可以通过使用圆括号来改变运算优先级，使表达式更清晰易懂。

8.3.6　常用内部函数

内部函数是 VBA 系统为用户提供的标准过程，能完成许多常见运算。根据内部函数的功能，可将其分为数学函数、字符串函数、日期或时间函数、类型转换函数、测试函数等。

1. 具有选择功能的函数

VBA 提供了 3 个具有选择功能的函数，分别为 IIf 函数、Switch 函数和 Choose 函数。

（1）IIf 函数

IIf 函数是一个根据条件的真假确定返回值的内置函数，其调用格式如下。

```
IIf(条件表达式,表达式1,表达式2)
```

如果条件表达式的值为真，则函数返回表达式 1 的值；如果条件表达式的值为假，则返回表达式 2 的值。

例如：

```
big=IIf(x>y,x,y)
```

这条语句的功能是将 x、y 中较大的值赋给变量 big。

（2）Switch 函数

Switch 函数根据不同的条件值决定函数的返回值，其调用格式如下。

```
Switch(条件式1,表达式1,条件式2,表达式2,…,条件式n,表达式n)
```

该函数从左向右依次判断条件式是否为真，而表达式会在第一个相关的条件式为真时，作为函数返回值返回。

例如：

```
b= Switch(a>0,1 ,a=0,0,a<0,-1)
```

该语句的功能是根据变量 a 的值，返回相应 b 的值。如果 a=2,则函数返回 1 并赋值给 b。

（3）Choose 函数

Choose 函数是根据索引式的值返回选项列表中的值，函数调用格式如下。

```
Choose(索引式,选项1,选项2,…,选项n)
```

当索引式的值为 1 时，函数返回选项 1 的值；当索引式的值为 2 时，函数返回选项 2 的值，依此类推。若没有与索引式相匹配的选项，则会出现编译错误。

例如：

```
Week= Choose(Day, "周一","周二","周三","周四","周五","周六","周日")
```

该语句的功能是根据变量 Day 的值返回所对应的星期中文名称。

2. 输入和输出函数

输入与输出是程序设计语言所应具备的基本功能，VBA 的输入输出由函数来实现。InputBox 函数实现数据输入，MsgBox 函数实现数据输出。

（1）InputBox 函数

函数用于 VBA 与用户之间的人机交互，打开一个对话框，显示相应的信息并等待用户输入内容，当用户在文本框输入内容且单击"确定"按钮或按 Enter 键时，函数返回输入的内容。

函数格式如下。

`inputBox[$](提示[,标题][,默认][,X 坐标位置][, Y 坐标位置][,helpfile, context])`

参数说明如下。

① 提示（prompt）：必选。作为消息在对话框中显示的字符串表达式。prompt 的最大长度大约为 1024 个字符，这取决于使用的字符宽度。如果 prompt 包含多行，则可以在行间使用回车符(Chr(l3))、换行符(Chr(10))或回车-换行符组合(Chr(13)&Chr(10))来分隔行。

② 标题（title）：可选。在对话框的标题栏中显示的字符串表达式。如果忽略 title，应用程序名称会放在标题栏中。

③ 默认（default）：可选。在没有提供其他输入的情况下作为默认响应显示在文本框中的字符串表达式。如果忽略 default，则文本框显示为空。

④ X 坐标（xpos）：可选。指定对话框左边缘距屏幕左边缘的水平距离的数值表达式。如果忽略 xpos，则对话框水平居中。

⑤ Y 坐标（ypos）：可选。指定对话框上边缘距屏幕顶部的垂直距离的数值表达式。如果忽略 ypos，对话框会垂直放置在距屏幕上端大约 1/3 的位置。

⑥ Helpfile：可选。字符串表达式，标识用于为对话框提供上下文相关帮助的帮助文件。如果提供了 helpfile，还必须提供 context。

⑦ Context：可选。数值表达式，帮助作者为适当的帮助主题指定的帮助上下文编号。如果提供了 context，还必须提供 helpfile。

（2）MsgBox 函数

函数用于 VBA 与用户之间的人机交互，用于打开一个信息框，等待用户单击按钮，并返回一个整数值来确定用户单击了哪一个按钮，从而采取相应的操作。

函数格式如下。

`MsgBox(提示[,按钮][,标题][, helpfile, context])`

参数说明如下。

① 提示（prompt）：必选。这是在对话框中作为消息显示的字符串表达式，可以是常量、变量或表达式。prompt 的最大长度大约为 1024 个字符，这取决于所使用的字符宽度。如果 prompt 包含多行，则可在行与行之间使用回车符、换行符或回车-换行符组合来分隔这些行。

② 标题（title）：可选。在对话框的标题栏中显示的字符串表达式。如果省略，将把应用程序名放在标题栏中。

③ Helpfile：可选。这是标识帮助文件的字符串表达式，帮助文件用于提供对话框的上下文相关帮助。如果提供了 helpfile，还必须提供 context。

④ Context：可选。表示帮助的上下文编号的数值表达式，此数字由帮助的作者分配给适当的帮助主题。如果提供了 context，还必须提供 helpfile。

⑤ 按钮（buttons）：可选。数值表达式，它是用于指定要显示的按钮数和类型、要使用的图标样式、默认按钮的标识以及消息框的形态等各项值的总和。如果省略，则 buttons 的默认值为 0。MsgBox 函数的 Buttons 设置值如表 8.6 所示。

表 8.6 MsgBox 函数的 Buttons 设置值

分　组	常　数	数　值	含　义
按钮数目	vbOKOnly	0	只显示"确定"按钮
	vbOKCancel	1	显示"确定"和"取消"按钮
	vbAbortRetry Ignore	2	显示"终止""重试"和"忽略"按钮
	vbYesNoCancel	3	显示"是""否"和"取消"按钮
	vbYesNo	4	显示"是"和"否"按钮
	vbRetryCancel	5	显示"重试"和"取消"按钮
图标类型	vbCritical	16	显示重要消息图标
	vbQuestion	32	显示警告查询图标
	vbExclamation	48	显示警告消息图标
	vbInformation	64	显示信息消息图标
默认按钮	vbDefaultButton1	0	第一个按钮是默认值
	vbDefaultButton2	256	第二个按钮是默认值
	vbDefaultButton3	512	第三个按钮是默认值
	vbDefaultButton4	768	第四个按钮是默认值

"按钮数目"表示在对话框中显示的按钮数目和类型,"图标类型"表示对话框中的图标样式,"默认按钮"表示哪个按钮为默认按钮。将这些数字相加以生成 buttons 参数的最终值时,只能使用每个组中的一个值。

buttons 参数可由上面 3 组数值组成,其组成原则是:从每一类中选择一个值,把这几个值累加在一起就是 buttons 参数的值,不同的组合可得到不同的结果。

MsgBox 函数返回值表示用户选择了对话框中的哪个按钮,如表 8.7 所示。例如:如果函数值为 6,则表示用户单击了"是"按钮。

【例 8.1】设计如下的应用程序,当用户输入自己的姓名后,系统会显示用户输入的姓名和问好字样,并且输出用户选择按钮的值。

操作步骤如下。

① 打开"学生管理"数据库,进入 VBE 界面,创建标准模块,将模块名字命名为"教材实例",Access 2010 默认的标准模块名字为模块 1、模块 2……。修改模块名字的方法是打开属性窗口,选中当前模块,单击"名称"文本框,如图 8.8 所示。

表 8.7 MsgBox 函数返回值及含义

常　数	值	含　义
vbOK	1	确定
vbCancel	2	取消
vbAbort	3	终止
vbRetry	4	重试
vbIgnore	5	忽略
vbYes	6	是
vbNo	7	否

图 8.8　模块重命名

② 在代码窗口的空白区域输入如下程序代码,如图 8.9 所示。

```
Private Sub testInputOutput()
```

```
Dim strName As String
Dim i As Integer '接受用户单击按钮的返回值
strName=InputBox("请输入您的姓名","输入姓名","***")
i=MsgBox("你好" & strName & " 欢迎加入! ",vbOKCancel+vbQuestion+ _vbDefaultButtonl,"输出
姓名")
MsgBox i '输出 msgbox 函数的返回值
End Sub
```

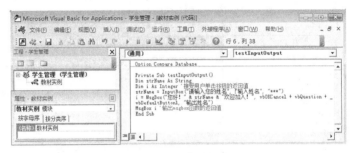

图 8.9 "例 8.1"程序代码

③ 将光标移动到该过程内部，单击 VBE 工具栏上的 ▶ 按钮运行程序，查看程序运行结果，如图 8.10 所示。

图 8.10 "例 8.1"运行结果

> **提示**
> ① vbOKCancel、vbQuestion 和 vbDefaultButtonl 可以分别用数字 1、32 和 0 代替。
> ② MsgBox 语句的功能和用法与 MsgBox 函数完全相同，只是 MsgBox 语句没有返回值。
> ③ "_"是 VBA 的代码换行符号，下划线前面一定要加空格。

8.4 VBA 程序流程设计

程序就是对计算机要执行的一组操作序列的描述。VBA 语言源程序的基本组成单位就是语句，语句可以包含关键字、函数、运算符、变量、常量以及表达式。语句按功能可以分为两类：一类用于描述计算机要执行的操作运算（如赋值语句），另一类是控制上述操作运算的执行顺序（如循环控制语句）。前一类称为操作运算语句，后一类称为流程控制语句。

8.4.1 VBA 语句的书写规则

在程序的编辑中，任何高级语言都有自己的语法规则、语言书写规则。不符合这些规则时，就会产生错误。

① 在 VBA 代码语句中，不区分字母的大小写，但要求标点符号和括号等用西文字符格式。

② 通常将一条语句写在一行，若语句过长，可以采用断行的方式，用续行符（一个空格后面跟一个下划线）将长语句分成多行。

③ VBA 允许在同一行上可以书写多条语句，语句间用冒号分隔，一行允许多达 255 个字符。例如，dim m as integer:m=100。

④ 一行命令完成后按 Enter 键结束，VBA 会自动进行语法检查。如果语句存在错误，该行代码将以红色显示（或伴有错误信息提示）。

8.4.2　VBA 常用语句

1. 注释语句

为了增加程序的可读性，在程序中可以添加适当的注释。VBA 在执行程序时，并不执行注释文字。注释可以和语句在同一行并写在语句的后面，也可占据一整行。

（1）使用 Rem 语句

使用格式为：Rem 注释内容

用 Rem 语句书写的注释一般放在要添加注释的代码行的上一行。若 Rem 语句放在代码行的后面进行注释，要在 Rem 的前面添加冒号。

例如：

Rem 定义整型数组，用于存放班级学生的年龄，本班级人数为 40 人。

```
 Dim Age(39) as integer
```

（2）使用西文单引号 "'"

使用格式为： '注释内容

单引号引导的注释多用于一条语句，并且和要添加注释的代码行在同一行。

例如：

```
Const PI = 3.14159  '声明符号常量 PI，代表圆周率
```

在程序中使用注释语句，系统默认将其显示为绿色，在 VBA 运行代码时，将自动忽略掉注释。

2. 赋值语句

变量声明以后，需要为变量赋值，为变量赋值应使用赋值语句。

赋值语句的语法格式为：

[Let]变量名=表达式

说明如下。

① Let 为可选项，在使用赋值语句时，一般省略。

② 赋值号 "=" 不等同于等号，如：A=A+1，"=" 为赋值号，表示变量 A 的值加 1 后再赋给 A。

③ 赋值语句是将右边表达式的值赋给左边的变量。执行步骤是先计算右边表达式的值再赋值。

④ 已经赋值的变量可以在程序中使用，并且还可以重新赋值以改变变量的值。

例如：

```
dim Sname as string
Sname="李明"  'Sname 的值为"李明"
Dim I as integer
1=3+5    'i 的值为 8
```

实现累加作用的赋值语句。

> **提示** 如果变量未被赋值而直接引用，则数值型变量的值为 0，字符型变量的值为空串" "，逻辑型变量的值为 False。

3. MsgBox 语句

MsgBox 语句格式为：

```
MsgBox 提示[,按钮][,标题]
```

MsgBox 语句的功能和用法参见例 8.1。

8.4.3 顺序结构

正常情况下，程序中的语句按其编写顺序相继执行，这个过程称为顺序执行。同一操作序列按不同的顺序执行，就会得到不同的结果。所有的程序都可以按照三种控制结构来编写：顺序结构、选择结构、循环结构，由这三种基本结构可以组成任何结构的算法来解决问题。

如果没有使用任何控制执行流程的语句，程序执行时的基本流程是自顶向下的顺序执行各条语句，直到整个程序的结束，这种执行流程称为顺序结构。顺序结构是最常用、最简单的结构，是进行复杂程序设计的基础，其特点是各语句按各自出现的先后顺序依次执行。

8.4.4 选择结构

选择结构所解决的问题称为判断问题，它描述了求解规则：在不同的条件下应进行的相应操作。因此，在书写选择结构之前，应该首先确定要判断的是什么条件，进一步确定判断结果为不同的情况（真或假）时，应该执行什么样的操作。

VBA 中的选择结构可以用 If 和 Select case 两种语句表示，它们的执行逻辑和功能略有不同。

1. 单分支选择结构

（1）语句格式

格式一：

```
If 条件表达式 Then
    语句块
End If
```

格式二：

```
If 条件表达式  Then 语句块
```

（2）功能

条件表达式一般为关系表达式或逻辑表达式。当条件表达式为真时，执行 Then 后面的语句块或语句，否则不做任何操作。

（3）说明

① 语句块可以是一条或多条语句。

② 在使用格式一时，If 和 End If 必须配对使用。

③ 在使用格式二单行简单格式时，Then 后只能是一条语句，或者是多条语句用冒号分隔，但必须与 If 语句在一行上。需要注意，使用此格式的 If 语句时，不能以 End If 作为语句的结束标记。

【例 8.2】从键盘输入两个整数，然后在屏幕上输出较大的数。

操作步骤如下。

打开"例 8.1"创建的"教材实例"标准模块，在该模块代码窗口的空白区域输入如下过程代码，输入完成后将光标移动到该过程内部，单击 VBE 工具栏上的 ▶ 按钮运行程序，查看程序运行结果。

程序代码如下。

```
Private Sub outputMaxNum()
    Dim x As Integer,y As Integer,t As Integer
    x = InputBox("请输入第一个数","输入整数",0)   '将缺省的默认值设为 0，下同
    y = InputBox("请输入第二个数","输入整数",0)
    If x<y Then
        t=x   't 为中间变量，用于实现 x 与 y 值的交换
        x=y
        y=t
    End If
  MsgBox x
End Sub
```

2. 双分支选择结构

（1）语句格式

格式一：

```
If 条件表达式 Then
    语句块 1
Else
    语句块 2
End If
```

格式二：

```
If 条件表达式 Then 语句 1  Else 语句 2
```

（2）功能

当条件表达式的结果为真时，执行 Then 后面的语句块 1 或语句 1，否则执行 Else 后面的语句块 2 或语句 2。

【例 8.3】求一个数的绝对值。

程序代码如下。

```
Private Sub numAbs()
    Dim x As Single
    Dim y As Single '存放 x 的原始值
    X=Val(InputBox("请输入一个数", "输入数字", 0))   'val()为类型转换函数
    Y=x
    If x<0 Then x=-x
Else
    x=x
End If
MsgBox Str(y)& "的绝对值="&Str(x), vbOKOnly + vblnformation,"输出数字"
'str()为类型转换函数
End Sub
```

【例 8.4】将"例 8.1"的功能继续扩充一下：当用户输入自己的姓名后，系统会显示用户输入的姓名和问好字样，并且如果用户单击了"确定"按钮，会给用户一会员提示，用户单击了"取消"按钮，则提示用户下次继续。

程序代码如下。

```
Private Sub welcomeMember()
   Dim strName As String
   Dim i As Integer   '接受用户单击按钮的返回值
   strName=InputBox("请输入您的姓名","输入姓名", "***")
   i = MsgBox(" 您好 "& strName & " : 欢迎您的加入！", vbOKCancel + vblnformation
_+vbDefaultButtonl, "输出姓名")
   if i=1 Then
      MsgBox"您好，请于携带本人身份证，到信息楼办理手续！"
   else
      MsgBox "很遗憾，欢迎下次加入！"
   End If
End Sub
```

双分支结构语句只能根据条件表达式的真假来处理两个分支中的一个。当有多种条件时，则用多分支结构语句。

3. 多分支选择结构

（1）if 语句

① 语句格式：

```
if 条件表达式 1 then
语句块 1
   elseif 条件表达式 2 then
     语句块 2
     ......
   [else
     语句块 n+1]
endIf
```

② 功能：依次判断条件，如果找到一个满足的条件，则执行其下面的语句块，然后跳过 EndIf，执行后面的程序。如果所列出的条件都不满足，则执行 Else 语句后面的语句块；如果所列出的条件都不满足，又没有 Else 子句，则直接跳过 EndIf，不执行任何语句块。

③ 说明：

* ElseIf 中不能有空格。

* 不管条件分支有几个，程序执行了一个分支后，其余分支不再执行。

* 当有多个条件表达式同时为真时，只执行第一个与之匹配的语句块。因此，应注意多分支结构中条件表达式的次序及相交性。

【例 8.5】输入学生的一门课成绩 x（百分制），显示该学生的成绩评定等级。

要求：

当 x<60，输出"不及格"。

当 $60 \leqslant x < 70$，输出"及格"。

当 $70 \leqslant x < 80$，输出"中等"。

当 $80 \leqslant x < 90$，输出"良好"。

当 $90 \leqslant x \leqslant 100$，输出"优秀"。

程序代码如下。

```
Private Sub grade()
  Dim x As Single
  x=val(InputBox"请输入学生成绩","输入成绩",0))
  If x <60 Then
    MsgBox "不及格",vbOKOnly+vbInformation, "成绩评定"
  ElseIf x <70 Then
    MsgBox "及格",vbOKOnly + vbInformation, "成绩评定"
  ElseIf x <80 Then
    MsgBox "中等" vbOKOnly + vbInformation, "成绩评定"
  ElseIf x <90 Then
    MsgBox "良好"vbOKOnly + vbInformation, "成绩评定"
  Else
    MsgBox "优秀",vbOKOnly + vbInformation,"成绩评定"
  End If
End Sub
```

（2）Select Case 语句

当条件选项较多时，虽然可用 if 语句的嵌套来实现，但程序的结构会变得很复杂，不利于程序的阅读与调试。此时，用 Select Case 语句会使程序的结构更清晰。

① 语句格式：

```
Select Case 变量或表达式
    Case 表达式 1
      语句块 1
    Case 表达式 2
      语句块 2
    ……
    Case 表达式 n
      语句块 n
    [Case Else
      语句块 n+1]
End Select
```

② 功能：根据变量或表达式的值，选择第 1 个符合条件的语句块执行。即先求变量或表达式的值，然后顺序测试该值符合哪一个 Case 子句中情况，如果找到了，则执行该 Case 子句下面的语句块，再执行 End Select 下面的语句；如果没找到，则执行 Case Else 下面的语句块，再执行 End Select 下面的语句。

③ 说明：

● 变量或表达式可以是数值型或字符串表达式。

● Case 表达式与变量或表达式的类型必须相同。可以是下列几种形式：单一数值或一行并列的数值，之间用逗号隔开。例如 case 1,3,7。

● 用关键字 To 指定值的范围，其中，前一个值必须比后一个值要小。字符串的比较是从它们的第一个字符的 ASCII 码值开始比较的，直到分出大小为止。例如 case "A"To"Z"。

 提示 用 Is 关系运算符表达式，Is 后紧接关系操作符（<>、<、<=、=、>=、>）和一个变量或值。例如 case Is>20。

217

【例8.6】把"例8.5"中的程序用 Select Case 改写。

程序代码如下。

```
Private Sub caseGrade()
   Dim score As Single
   x = Val(InputBox("请输入学生成绩", "输入成绩", 0))
   Select Case x
   Case Is<60
      MsgBox "不及格",vbOKOnly + vbInformation,"成绩评定"
   Case Is<70
      MsgBox "及格",vbOKOnly + vbInformation,"成绩评定"
   Case Is < 80
      MsgBox "中等",vbOKOnly + vbInformation, "成绩评定"
   Case Is < 90
      MsgBox "良好",vbOKOnly + vbInformation, "成绩评定"
   Case Else
      MsgBox "优秀",vbOKOnly + vbInformation,"成绩评定"
   End Select
End Sub
```

8.4.5 循环结构

在程序设计时，人们总是把复杂的、不易理解的求解过程转换为易于理解的操作的多次重复。这样一方面可以降低问题的复杂性和程序设计的难度，减少程序书写及输入的工作量；另一方面可以充分发挥计算机运算速度快，能自动执行程序的优势。

循环控制有两种办法：计数法与标志法。计数法要求先确定循环次数，然后逐次测试，完成测试次数后，循环结束。标志法是达到某一目标后，使循环结束。

1. For 循环语句

For 循环语句常用于循环次数已知的循环操作。

（1）语句格式

```
For 循环变量=初值 To 终值 [Step 步长]
   语句块 1
   [Exit For]
   语句块 2
Next [循环变量]
```

（2）执行过程

① 将初值赋给循环变量。

② 判断循环变量的值是否超过终值。

③ 如果循环变量的值超过终值，则跳出循环，否则继续执行循环体（For 与 Next 之间的语句块）。

这里所说的"超过"有两种含义，即大于或小于。当步长为正值时，循环变量的值大于终值为"超过"；当步长为负值时，循环变量的值小于终值为"超过"。

④ 在执行完循环体后，将循环变量的值加上步长赋给循环变量，再返回第二步继续执行。

循环体执行的次数可以由初值、终值和步长确定，计算公式为：

循环次数=Int((终值-初值)/步长)+1

（3）说明

① 循环变量必须为数值型。

② 初值、终值都是数值型，可以是数值表达式。

③ Step 步长：可选参数。如果省略，则步长值默认为 1。注意：步长值可以是任意的正数或负数，一般为正数，初值应小于等于终值；若为负数，初值应大于等于终值。

④ 在 For 和 Next 之间的所有语句称为循环体。

⑤ 循环体中如果含有 Exit For 语句，则循环体语句执行到此跳出循环。Exit For 语句后的所有语句不再执行。

【例 8.7】计算 1～100 之间自然数之和。

程序代码如下。

图 8.11　例 8.7 程序执行结果

```
Private Sub naturalNumberSum()
Dim i, nSum As Integer
nSum = 0    '将初始变量的值设为 0
   For i=1 To 100    '为循环变量
   nSum=nSum +i
   next i
MsgBox "1-100 之间自然数的和为： "& Str(nSum), vbOKOnly +
vbinformation, "输出和"
End Sub
```

程序执行结果如图 8.11 所示。

提 示　请修改程序代码，输出 i 的值，验证循环临界值。

【例 8.8】用 For 循环语句计算 n!。

程序代码如下。

```
Private Sub doFactorial()
Dim result As Long,i As Integer,n As Integer
Result=1    '将结果变量的初始值设为 1
n=InputBox( "请输入 N")
   for i=1 to n
   result=result * i
   next i
MsgBox Str(result)
End Sub
```

如本题输入 N 的值为 5，则结果如图 8.12 所示。

图 8.12　例 8.8 输出结果

2. While 循环语句

For 循环适合于解决循环次数事先能够确定的问题。对于只知道控制条件，但不能预先确定执行多少次循环体的情况，可以使用 While 循环。

（1）语句格式

```
While 条件表达式
语句块
Wend
```

（2）执行过程

① 判断条件是否成立，如果条件成立，就执行语句块，否则转到第三步执行。

② 执行 Wend 语句，转到第一步执行。

③ 执行 Wend 语句下面的语句。

（3）说明

① While 循环语句本身不能修改循环条件，所以必须在 While…Wend 语句的循环体内设置相应语句，使得整个循环趋于结束，以避免死循环。

② While 循环语句先对条件进行判断，然后才决定是否执行循环体。如果开始条件就不成立，则循环体一次也不执行。

③ 凡是用 For…Next 循环编写的程序，都可以用 While…Wend 语句实现，反之则不然。

【例 8.9】在 VBE 立即窗口中输出 26 个英文大写字母。

程序代码如下。

```
Private Sub characterArray()
Dim charArray(1 To 26) As String    '定义数组
Dim i As Integer, j As Integer
I=1
While i<= 26
charArray(i) = Chr(i+64)  'chr()函数的功能是将 ASCII 码转换为对应的字符，A 的 ASCII 码为 65
i=i+ 1
Wend
For j = 1 To 26
Debug.Print charArray(j)    '要看程序结果，请打开立即窗口
Next j
End Sub
```

 提示　Debug.Print 为输出语句，用来在立即窗口中查看程序输出结果，多用来调试程序。

3. Do 循环语句

Do 循环具有很强的灵活性，Do 循环语句格式有以下几种。

（1）语句格式

① 格式一：

```
Do While 条件表达式
语句块 1
[Exit Do]
语句块 2
Loop
```

功能：若条件表达式的结果为真，则执行 Do 和 Loop 之间的循环体，直到条件表达式结果为假。若遇到 Exit Do 语句，则结束循环。

② 格式二：

```
Do Until 条件表达式
语句块 1
[Exit Do]
语句块 2
Loop
```

功能：若条件表达式的结果为假，则执行 Do 和 Loop 之间的循环体，直到条件表达式结果为真。若遇到 Exit Do 语句，则结束循环。

③ 格式三：
```
Do
语句块 1
[Exit Do]
语句块 2
Loop While 条件表达式
```

功能：首先执行一次 Do 和 Loop 之间的循环体，执行到 Loop 时判断条件表达式的结果，如果为真，继续执行循环体，直到条件表达式结果为假。若遇到 Exit Do 语句，则结束循环。

④ 格式四：
```
Do
语句块 1
[Exit Do]
语句块 2
Loop Until 条件表达式
```

功能：首先执行一次 Do 和 Loop 之间的循环体，执行到 Loop 时判断条件表达式的结果，如果为假，继续执行循环体，直到条件表达式结果为真。若遇到 Exit Do 语句，则结束循环。

（2）说明

① 格式一和格式二循环语句先判断后执行，循环体有可能一次也不执行。格式三和格式四循环语句为先执行后判断，循环体至少执行一次。

② 关键字 While 用于指明当条件为真（True）时，执行循环体中的语句。而 Until 正好相反，条件为真（True）前执行循环体中的语句。

③ 在 Do…Loop 循环体中，可以在任何位置放置任意个数的 Exit Do 语句，随时跳出 Do…Loop 循环。

④ 如果 Exit Do 使用在嵌套的 Do…Loop 语句中，则 Exit Do 会将控制权转移到 Exit Do 所在位置的外层循环。

【例 8.10】用 Do 循环语句计算 n!

程序代码如下。
```
Private Sub doFactorial()
Dim result As Long,i As Integer,n As Integer
Result=1    '将结果变量的初始值设为 1
i=l     '将循环变量的初始值设为 1
n=InputBox("请输入 N")
Do
result = result * i
i=i+l
Loop While i<=n
MsgBox Str(result)
End Sub
```

4. 循环控制结构

循环控制结构一般由 3 部分组成：进入条件、退出条件、循环体。

根据进入和退出条件，循环控制结构可以分为 3 种形式。

① While 结构：退出条件是进入条件的"反条件"。即满足条件时进入，重复执行循环体，直到进入的条件不再满足时退出。

② Do…While 结构：无条件进入，执行一次循环体后再判断是否满足再进入循环的条件。

③ For 结构：和 While 结构类似，也是"先判断后执行"。

【例 8.11】计算 1!+2!+…+k!的值。其中 k 为正整数。

程序代码如下。

```
Public Sub factorialSum()
Dim k As Integer
Dim producResult As Long,sumResult As Long    '用来存放乘积的值和成绩和的值
Dim i, j As Integer    '循环变量
k = Val(InputBox("请输入 1-K 的乘积和中的 K","输入 k",0))
sumResult = 0  '存储乘积的和
For i= 1 To k
producResult=1  '存储乘积
Forj= 1 To i
producResult=producResult * j
Next j
sumResult = sumResult+producResult
Next i
MsgBox Str(sumResult)
End Sub
```

如本题输入 N 的值为 5，则结果如图 8.13 所示。

【例 8.12】我国古代《算经》一书中曾提出过著名的"百钱买百鸡"问题，该问题叙述如下。鸡翁一，值钱五；鸡母一，值钱三；鸡雏三，值钱一；百钱买百鸡，则翁、母、雏各几何？

程序代码如下。

```
Private Sub chick1OO()
Dim cock As Integer, hen As Integer, chick As Integer
Cock=0
Do While cock <= 19        '公鸡不能超过 20 只, 20*5=100
hen=0
        Do While hen <= 33     '母鸡不能超过 33 只, 34*3=102
Chick=100-cock-hen       '小鸡的数量要计算出来
If (5*cock+hen*3+chick/3=100) Then
MsgBox "cock="+Str(cock)+",hen="+Str(hen)+",chick="+Str(chick)
End If
hen=hen+1
Loop
cock=cock+1
 Loop
End Sub
```

图 8.13　例 8.11 输出结果

8.5　过程声明、调用与参数传递

在编写程序时，通常把一个较大的程序分为若干小的程序单元，每个程序单元完成相应独立的功能。这样可以达到简化程序的目的。这些小的程序单元就是过程。

过程是 VBA 代码的容器，通常有两种：Sub 过程和 Function 过程。Sub 过程没有返回值，而 Function 过程将返回一个值。

8.5.1　过程声明

1. Sub 过程

Sub 过程执行一个操作或一系列运算，但没有返回值。可以自己创建 Sub 过程，或使用 Access 所创建的事件过程模板来创建 Sub 过程。

（1）过程的定义格式

```
[Public|Private] Sub 子过程名([形参列表])
[局部变量或常数定义]
[语句序列]
[Exit Sub]
[语句序列]
End Sub
```

对于子过程，可以传送参数和使用参数来调用它，但不返回任何值。

（2）参数说明

① 选用关键字 Public：可使该过程能被所有模块的所有其他过程调用。

② 选用关键字 Private：可使该过程只能被同一模块的其他过程调用。

③ 过程名：命名规则同变量名的命名规则。过程名无值、无类型。但要注意，在同一模块中的各过程名不要同名。

④ 形参列表的格式：

```
[Byval|ByRef]变量名[()][As 数据类型][,[Byval|ByRef]变量名[()][As 数据类型]]…
```

其中，Byval 的含义是：参数的传递按照值传递。ByRef 的含义是：参数的传递按照地址（引用）传递。如果省略此项，则按照地址（引用）传递。

⑤ Exit Sub 语句：表示退出子过程。

2. Function 过程

Function 过程能够返回一个计算结果。Access 提供了许多内置函数（也称标准函数），例如 Date() 函数可以返回当前系统的日期。除了系统提供的内置函数以外，用户也可以自己定义函数，编辑 Function 过程即是自定义函数。因为函数有返回值，因此可以在表达式中使用。

（1）函数过程的定义格式

```
[Public|Private] Function 函数过程名([形参列表])[As 类型]
[局部变量或常数定义]
[语句序列]
[Exit Function]
[语句序列]
函数过程名=表达式
End Function
```

（2）参数说明

① 函数过程名：命名规则同变量名的命名规则，但是函数过程名有值、类型，在过程体内至少要被赋值一次。

② As 类型：函数返回值的类型。

③ Exit Function：表示退出函数过程。

④ 其余参数与 sub 过程相同。

3. 过程的创建

方法一：在 VBE 的"工程资源管理器"窗口中，双击需要创建过程的窗体模块或报表模块或标准模块，然后选择"插入"菜单中的"过程"命令，打开"添加过程"对话框，如图 8.14 所示。

方法二：在窗体模块或报表模块或标准模块的代码窗口中，输入子过程名，然后按 Enter 键，自动生成过程的头语句和尾语句。

【例 8.13】创建一个子过程，过程名为 swapNum，实现两个整数值的交换。

操作步骤如下。

① 在"学生管理"数据库中打开"教材实例"模块，然后选择"插入"菜单中的"过程"命令，打开"添加过程"对话框，如图 8.14 所示。在"名称"文本框中输入 swapNum，"类型"选择"子程序"，"范围"选择"公共的"，然后单击"确定"按钮。

② VBE 自动生成过程的头语句和尾语句，如图 8.15 所示。

图 8.14 "添加过程"对话框

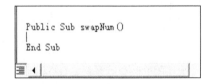

图 8.15 VBE 自动生成过程结构

完整的程序代码如下。

```
Public Sub swapNum(x As Integer, y As Integer)
Dim t As Integer
t=x
x=y
y=t
End Sub
```

【例 8.14】创建一个函数过程，过程名为 nFactorial，计算 n!。

操作步骤如下。

① 在"学生管理"数据库中打开"教材实例"模块，然后选择"插入"菜单中的"过程"命令，打开"添加过程"对话框，如图 8.14 所示。在"名称"文本框中输入 nFactorial，"类型"选择"函数"，"范围"选择"公共的"，然后单击"确定"按钮。

② VBE 自动生成过程的头语句和尾语句。

完整的程序代码如下。

```
Public Function nFactorial(n As Integer) As Long
Dim result As Long, i As Integer
Result=1
For i=1 To n
Result=result * i
Next i
nFactorial=result
End Function
```

8.5.2　过程调用

1. 过程的作用范围

过程可被访问的范围称为过程的作用范围，也称为过程的作用域。

过程的作用范围分为公有的和私有的。公有的过程前面加 Public 关键字，可以被当前数据库中的所有模块调用。私有的过程前面加 Private 关键字，只能被当前模块调用。

一般在标准模块中存放公有的过程和公有的变量。

2. 过程的调用

（1）Sub 过程的调用

有时编写一个过程，不是为了获得某个函数值，而是处理某种功能的操作，例如，对一组数据进行排序等，VBA 提供的子过程可以更灵活地完成这一类操作。

过程的调用有两种方式，一种是利用 Call 语句加以调用，另一种是把过程名作为一个语句来直接调用。

① 调用格式。

格式一：

```
Call 过程名([参数列表])
```

格式二：

```
过程名[参数列表]
```

② 参数说明。

* 参数列表：这里的参数称为实参，与形参的个数、位置和类型必须对应，实参可以是常量、变量或表达式，多个实参之间用逗号分隔。
* 参数传递：调用过程时，把实参的值传递给形参。

【例 8.15】使用过程调用重新编写"例 8.2"，从键盘输入两个整数，然后在屏幕上输出较大的数。

完整的程序代码如下。

```
Private Sub callSwapNum()
Dim x As Integer,y As Integer
x=InputBox("请输入第一个数","输入整数",0)      '将默认值设为 0，下同
y=InputBox("请输入第二个数","输入整数",0)
If x<y Then
Call swapNum(x,y)       '调用 swapNum 过程，实现 x 和 y 的值交换，以保证 x 中始终保存较大的数值
End If
MsgBox x
End Sub
```

（2）Function 过程的调用

函数过程的调用同标准函数的调用相同，就是在赋值语句中调用函数过程。

① 调用格式。

```
变量名=函数过程名([实参列表])
```

② 参数说明。参数列表和参数说明同子过程的调用。

【例 8.16】使用函数过程调用重新编写"例 8.8"，计算 n!

完整的程序代码如下。

```
Private Sub callNFactorial()
Dim a As Integer, b As Long
a=Val(InputBox("请输入 n 的值: "))
b=nFactorial(a)    '调用nFactorial 函数过程，并且将函数的返回值赋值给变量 b
MsgBox Str(a)+"的阶乘="+Str(b)
End Sub
```

8.5.3 参数传递

在调用过程中，一般主调过程和被调过程之间有数据传递，也就是主调过程的实参传递给被调过程的形参，然后执行被调用过程。

在 VBA 中，实参向形参的数据传递有两种方式，即传值（ByVal 选项）方式和传址（ByRef 选项）方式。传址调用是系统默认方式。区分两种方式的标志是：要使用传值的形参，在定义时前面加上 ByVal 关键字，否则为传址方式。

1. 传值调用的处理方式

当调用一个过程时，系统将相应位置实参的值复制给对应的形参，在被调过程处理中，实参和形参没有关系，被调过程的操作处理是在形参的存储单元中进行的，形参值由于操作处理引起的任何变化均不反馈、不影响实参的值。当过程调用结束时，形参所占用的内存单元被释放。因此，传值调用方式具有单向性。

2. 传址调用的处理方式

当调用一个过程时，系统将相应位置实参的地址传递给相应的形参。因此，在被调过程处理中，对形参的任何操作处理都变成了对相应实参的操作，实参的值将会随被调过程对形参的改变而改变，传址调用方式具有双向性。

【例 8.17】阅读下面的程序，分析程序运行结果。

主调过程代码如下。
```
Private Sub callValRef()
Dim x As Integer
Dim y As Integer
X=10
Y=20
Debug.Print x,y
Call changeNum(x,y)
Debug.Print x,y
End Sub
```

子过程代码如下。
```
Private Sub changeNum(ByVal m As Integer, n As Integer)
m=100
n=200
End Sub
```

程序分析：x 和 m 的参数传递是传值方式，y 和 n 的参数传递是传址方式；将实参 x 的值传递给形参 m，将实参 y 的值传递给形参 n，然后执行子过程 changeNum；子过程执行完后，m 的值为 100，n 的值为 200；过程调用结束，形参 m 的值不返回，形参 n 的值返回给实参 y。在立即视图中显示结果如图 8.16 所示。

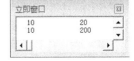

图 8.16 "例 8.17" 显示的结果

8.6　VBA 事件驱动机制

经过前面的学习，读者已经可以用 VBA 语言编写程序代码了。所有的例子都是在标准模块中实现的，但是标准模块不包含对象或属性设置，只包含可在代码窗口中显示和编辑的代码。应用程序自身控制了执行哪一部分代码和按何种顺序执行代码。从第一行代码执行程序并按应用程序中预定的路径执行，必要时调用过程，这样的编程模式称为传统的或"过程化"的应用程序设计方法。

在事件驱动的应用程序中，代码不是按照预定的路径执行，而是在响应不同的事件时执行不同的代码片段。事件可以由用户操作触发，也可以由来自操作系统或其他应用程序的消息触发，甚至由应用程序本身的消息触发。这些事件的顺序决定了代码执行的顺序，因此应用程序每次运行时所经过的代码路径都是不同的。

VBA 是面向对象的应用程序开发工具，窗体模块是 VBA 应用程序的基础。每个窗体模块都包含事件过程，在事件过程中有为响应该事件而执行的程序段。事件是窗体或控件识别的动作，在响应事件时，事件驱动应用程序执行 VBA 代码。VBA 的每一个窗体和控件都有一个预定义的事件集，如果其中有一个事件发生，而且在关联的事件过程中存在代码，则 VBA 调用该代码。尽管 VBA 中的对象自动识别预定义的事件集，但要判定它们是否响应具体事件以及如何响应具体事件，则是由程序来决定。代码部分（即事件过程）与每个事件对应，想让控件响应事件时，就把代码写入这个事件的事件过程之中。

对象所识别的事件类型多种多样，但多数类型为大多数控件所共有。例如，大多数对象都能识别 Click 事件，如果单击窗体，则执行窗体的单击事件过程中的代码；如果单击命令按钮，则执行命令按钮的 Click 事件过程中的代码。

在执行中代码也可以触发事件。例如，在程序中改变文本框中的文本将引发文本框的 Change 事件。如果 Change 事件中包含代码，则将导致该代码的执行。

事件驱动应用程序中的典型事件序列如下。

① 启动应用程序，装载和显示窗体。

② 窗体（或窗体上的控件）接收事件。事件可由用户引发（例如键盘操作），可由系统引发（例如定时器事件），也可由代码间接引发（例如，当代码装载窗体时的 Load 事件）。

③ 如果在相应的事件过程中存在代码，就执行代码。

④ 应用程序等待下一次事件。

【例 8.18】将"例 8.5"的学生成绩评定等级程序用窗体模块实现。窗体设计如图 8.17 所示。窗体所用到的控件如表 8.8 所示。

图 8.17　"成绩评定"窗体

表 8.8 "例 8.18" 控件属性表

控件名称	名称属性	标题属性	位 置	用 途
标签	lblInputScore	输入分数	上面的标签	
标签	lblGrade	评定结果	下面的标签	
文本框	txtInputScore		上面的文本框	接受用户输入的分数
文本框	txtGrade		下面的文本框	显示程序评定的结果
命令按钮	cmdJudge	评定	上面的命令按钮	
命令按钮	cmdExit	退出	下面的命令按钮	

评定命令按钮的单击事件过程程序代码如下所示。

```
Private Sub cmdJudge_Click()
Dim score As Single
Score=val(txtInputScore.Value)
If score<60 Then
txtGrade.Value="不及格"
ElseIf score<70 Then
txtGrade.Value="及格"
ElseIf score<80 Then
txtGrade.Value ="中等"
ElseIf score<90 Then
txtGrade.Value ="良好"
Else
txtGrade.Value ="优秀"
End If
End Sub
```

【例 8.19】将 "例 8.10" 的计算 n! 程序用窗体模块实现，窗体视图如图 8.18 所示，要求在文本框中输入一个整数后，单击 "开始计算" 按钮，弹出消息框显示该数的阶乘，计算结果如图 8.19 所示。

图 8.18 求 N 的阶乘窗体

图 8.19 程序运行结果

设计窗体所用到的控件如表 8.9 所示。

表 8.9 "例 8.19" 控件属性表

控件名称	名称属性	标题属性	位 置	用 途
标签	lblFactorial	求 N 的阶乘 N!	上面的标签	
标签	lblInputN	请输入 N	文本框左边的标签	
文本框	txtInputN			接受用户输入的 N
命令按钮	cmdCalculate	开始计算		

开始计算命令按钮的单击事件过程程序代码如下所示。

```
Private Sub CmdCalculate_Click()
```

```
Dim result As Long
Dim i As Integer,n As Integer
n=val(txtInputN.Value)
result=1
For i = 1 To n
result = result * i
Next i
MsgBox Str(n)+"!= "+Str(result)
End Sub
```

8.7 VBA 程序调试和错误处理

在模块中编写程序代码不可避免地会发生错误。VBE 提供了程序调试和错误处理的方法。

8.7.1 VBA 程序调试

VBE 提供了"调试"菜单和"调试"工具栏，在调试程序时可以选择需要的调试命令或工具对程序进行调试，两者功能相同。

1. 调试工具栏

调试工具栏如图 8.20 所示。

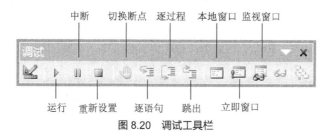

图 8.20 调试工具栏

按钮功能如下。

① 运行按钮：运行过程、窗体或宏。

② 中断按钮：用于暂时中断程序运行。在程序的中断位置会使用黄色亮条显示代码行。

③ 重新设置按钮：用于终止程序调试运行，返回代码编辑状态。

④ 切换断点按钮：在当前行设置或清除断点。

⑤ 逐语句按钮（快捷键 F8）：一次执行一句代码。

⑥ 逐过程按钮（组合键 Shift+F8）：在代码窗口中一次执行一个过程。

⑦ 跳出按钮（组合键 Ctrl+Shift+F8）：执行当前执行点处过程的其余行。

⑧ 本地窗口按钮：用于打开本地窗口。

⑨ 立即窗口按钮：用于打开立即窗口。

⑩ 监视窗口按钮：用于打开监视窗口。

2. 程序模式

在 VBE 环境中测试和调试应用程序代码时，程序所处的模式包括设计模式、运行模式和中断模式。在设计模式下，VBE 创建应用程序；在运行模式下，运行这个程序；在中断模式下，能够中断程序，利于检查和改变数据。

3. 运行方式

VBE 提供了多种程序运行方式，通过不同的方式运行程序，可以对代码进行各种调试工作。

（1）逐语句执行代码。逐语句执行是调试程序时十分有效的方法。通过单步执行每一行程序代码，包括被调用过程中的程序代码可以及时、准确地跟踪变量的值，从而发现错误。如果逐语句执行代码，可单击工具条上的"逐语句"按钮，在执行该语句后，VBA 运行当前语句，并自动转到下一条语句，同时将程序挂起。

对于在一行中有多条语句用冒号隔开的情况，在使用"逐语句"命令时，将逐个执行该行中的每条语句。

（2）逐过程执行代码。逐过程执行与逐语句执行的不同之处在于，执行代码调用其他过程时，逐语句是从当前行转移到该过程中，在过程中逐地执行；而逐过程执行也一条条语句地执行，但遇到过程时，将其当成一条语句执行，而不进入到过程内部。

（3）跳出执行代码。如果希望执行当前过程中的剩余代码。可单击工具条上的"跳出"按钮。在执行跳出命令时，VBE 会将该过程未执行的语句全部执行完，包括在过程中调用的其他过程。过程执行完后，程序返回到调用该过程的下一条语句处。

（4）运行到光标处。选择"调试"的"运行到光标处"选项，VBE 就会运行到当前光标处。当用户可确定某一范围的语句正确，而对后面语句的正确性不能保证时，可将该命令运行到某条语句，再在该语句后逐步调试。这种调试方式通过光标确定程序运行的位置，十分方便。

（5）设置下一语句。在 VBE 中，用户可自由设置下一步要执行的语句。当程序已经挂起时，可在程序中选择要执行的下一条语句，鼠标右键单击，并在弹出的快捷菜单中选择"设置下一条语句"命令。

4. 暂停运行

VBE 提供的大部分调试工具都要在程序处于挂起状态时才能运行，因此使用时要暂停 VBA 程序的运行。在这种情况下，变量和对象的属性仍然保持不变，当前运行的代码在模块窗口中显示出来。如果要将语句设为挂起状态，可采用以下两种方法。

（1）断点挂起

如果 VBA 程序在运行时遇到了断点，系统就会在运行到该断点处时将程序挂起。可在任何可执行语句和赋值语句处设置断点，但不能在声明语句和注释行处设置断点。

在模块窗口中，将光标移到要设置断点的行，按 F9 键，或单击工具条上的"切换断点"按钮设置断点，也可以在模块窗口中，单击要设置断点行的左侧边缘部分设置断点。如果要消除断点，可将插入点移到设置了断点的程序代码行，然后单击工具条上的"切换断点"按钮。

（2）Stop 语句挂起

在过程中添加 Stop 语句，或在程序执行时按 Ctrl+Break 组合键，也可将程序挂起。Stop 语句是添加在程序中的，当程序执行到该语句时将被挂起。如果不再需要断点，则将 Stop 语句清除即可。

5. 查看变量值

在调试程序时，希望随时查看程序中变量的值，在 VBE 环境中提供了多种查看变量值的方法。

（1）在代码窗口中查看变量值。在程序调试时，在代码窗口只要将鼠标指向要查看的变量，就会直接在屏幕上显示变量的当前值，这种方式查看变量值最简单，但只能查看一个变量的值。

（2）在本地窗口中查看数据。在程序调试时，可单击工具栏上的"本地窗口"按钮打开本地窗口，在本地窗口中显示了"表达式"以及"表达式"的值和类型。

（3）在监视窗口中查看变量和表达式。在程序执行过程中，可利用监视窗口查看表达式或变量的值，可选择"调试"——"添加监视"选项，设置监视表达式。通过监视窗口可展开或折叠变量级别信息、调整列标题大小以及更改变量值等。

（4）在立即窗口查看结果。使用立即窗口可检查一行 VBA 代码的结果。可以输入或粘贴一行代码，然后按 Enter 键执行该代码。可使用立即窗口检查控件、字段或属性的值，显示表达式的值，或为变量、字段或属性赋一个新值。立即窗口是一种中间结果暂存器窗口，在这里可以立即得出语句、方法或过程的结果。

8.7.2　错误类型

常见的错误主要有 3 种类型。

1. 编译时错误

编译时错误是在编译过程中发生的错误，可能是程序代码结构引起的错误，例如，遗漏了配对的语句（If 和 End If 或 For 和 Next），在程序设计上违反了 VBA 的规则（拼写错误或类型不匹配等）。编译时错误也可能由语法错误引起，例如，括号不匹配，给函数的参数传递了无效的数值等，都可能导致这种错误。

2. 运行时错误

程序在运行时发生错误，如数据传递时类型不匹配、数据发生异常和动作发生异常等。Access 2010 系统会在出现错误的地方停下来，并且将代码窗口打开，光标停留在出错行等待用户修改。

3. 逻辑错误

程序逻辑错误是指应用程序未按设计执行，或得到的结果不正确。这种错误是由程序代码中不恰当的逻辑设计引起的。这种程序在运行时并未进行非法操作，只是运行结果不符合预期。这是最难处理的错误。VBA 不能发现这种错误，只有靠用户对程序进行详细分析才能发现。

8.7.3　错误处理

VBA 代码输入后，在运行过程中，不可避免地会出现各种错误。VBA 针对不同错误类型的处理方法是：调试错误和处理错误。

前面介绍了许多程序调试的方法，可帮助找出许多错误。但程序运行中的错误，一旦出现将造成程序崩溃，无法继续执行。因此必须对可能发生的运行时错误加以处理，也就是在系统发出警告之前，截获该错误，在错误处理程序中提示用户采取行动，是解决问题还是取消操作。如果用户解决了问题，程序就能够继续执行；如果用户选择取消操作，就可以跳出这段程序，继续执行后面的程序。这就是处理运行时错误的方法，将这个过程称为错误捕获。

1. 激活错误捕获

在捕获运行错误之前，首先要激活错误捕获功能。此功能由 On Error 语句实现，On Error 语句有 3 种形式。

（1）On Error GoTo 行号。此语句的功能是激活错误捕获，并将错误处理程序指定为从行号位置开始的程序段。也就是说，在发生运行错误后，程序将跳转到"行号"位置执行下面的错误处理程序。

（2）On Error Rusume Next。此语句的功能是忽略错误，继续往下执行。它激活错误捕获功能，但并不指定错误处理程序。当发生错误时，不做任何处理，直接执行产生错误的下一行程序。

（3）On Error GoTo 0。此语句用来强制性取消捕获功能。错误捕获功能一旦被激活，就停止程序的执行。

2. 编写错误处理程序

在捕获到运行时错误后，将进入错误处理程序。在错误处理程序中，要进行相应的处理。例如判断错误的类型，提示用户出错并向用户提供解决的方法，然后根据用户的选择将程序流程返回到指定位置继续执行等。

【例 8.20】对数据溢出错误的处理程序。

```
Public Sub ErrorProcess()
On Error GoTo DataErr
Dim m As Integer, n As Integer
M=InputBox("输入数据")
n = m * 100
MsgBox n
Exit Sub
DataErr:
MsgBox"您输入的数太大! "
End Sub
```

8.8 思考与练习

1. 思考题

（1）什么是模块？模块有哪些类型？

（2）什么是变量的作用域?

（3）Sub 过程和 Function 过程的主要区别是什么?

（4）VBA 中常见的流程控制结构有哪些?

（5）在调试程序过程中，如何查看程序运行过程中的中间结果?

2. 选择题

（1）VBA 中定义符号常量可以用关键字（　　　）。

    A. Dim   B. Const   C. Public   D. Static

（2）以下关于运算优先级的叙述正确的是（　　　）。

    A. 逻辑运算符>关系运算符>算术运算符

    B. 算术运算符>关系运算符>逻辑运算符

    C. 算术运算符>逻辑运算符>关系运算符

    D. 以上均不正确

（3）若定义了二维数组 B(2 to 6,5),则该数组的元素个数为（　　　）。

    A. 25   B. 36   C. 30   D. 2

（4）在 VBA 代码调试过程中，能够显示出所有在当前过程中变量声明及变量值信息的是（　　　）。

　　A. 工程资源窗口　　B. 立即窗口　　　　　　C. 本地窗口　　　　　　D. 监视窗口

（5）在 VBA 中不能进行错误处理的语句结构是（　　　）。

　　A. On Error Resume Next　　　　　　　　B. On Error Goto　标号

　　C. On Error goto 0　　　　　　　　　　D. On Error Then　标号

（6）从字符串 s 中的第 2 个字符开始获得 4 个字符的子字符串函数是（　　　）。

　　A. Mid(s,2,4)　　　B. Left(s,2,4)　　　　C. Right(s,4)　　　　D. Left(s,4)

（7）语句 Dim NewArray(10) As Integer　的含义是（　　　）。

　　A. 定义了一个整型变量且初值为 10

　　B. 定义了 11 个整数构成的数组

　　C. 定义了 10 个整数构成的数组

　　D. 将数组的第 10 个元素设置为整型

（8）函数 iif(0,20,30)的结果是（　　　）。

　　A. 10　　　　　　B. 20　　　　　　　C. 25　　　　　　D. 30

（9）在 Access 中编写事件过程使用的编程语言是（　　　）。

　　A. QBASIC　　　B. C++　　　　　　C. SQL　　　　　　D. VBA

（10）在 VBA 中有返回值的处理过程是（　　　）。

　　A. 声明过程　　　B. Sub 过程　　　　C. 控制过程　　　D. Function 过程

（11）假设某一数据库表中有一个地址字段，查找地址最后两个字为"8 号"的记录的准则是
（　　　）。

　　A. Right("地址",2)="8 号"　　　　　　B. Right([地址],4)= "8 号"

　　C. Right([地址],2)="8 号"　　　　　　D. Right("地址",4)= "8 号"

（12）下列 Case 语句中错误的是（　　　）。

　　A. Case 0 To 10　　　　　　　　　　B. Case Is>10

　　C. Case Is>10 And Is<50　　　　　　D. Case 3,5,Is>10

（13）下列数组声明语句中，正确的是（　　　）

　　A. Dim A(3，4)As Integer　　　　　　B. Dim A[3,4] As Integer

　　C. Dim A[3;4] As Integer　　　　　　D. Dim A(3;4)As Integer

（14）在 VBA 中，如果没有显式声明或用符号来定义变量的数据类型，变量的默认数据类型为
（　　　）。

　　A. Boolean　　　B. Integer　　　　C. Variant　　　　D. String

（15）VBA 表达式 3*3\3/3 的输出结果是（　　　）。

　　A. 0　　　　　　B. 1　　　　　　　C. 3　　　　　　D. 9

（16）下列变量名中，合法的是（　　　）。

　　A. 4A　　　　　B. ABC_1　　　　　C. A-1　　　　　D. private

（17）以下返回值是 False 的语句是（　　　）。

　　A. Value=(10>4)　　　　　　　　　B. Value=("周"<"刘")

　　C. Value=("ab"<>"aaa")　　　　　　D. Value=(#2004/9/13#<=#2004/10/10#)

（18）要将"选课成绩"表中学生的成绩取整，可以使用（　　　）。

A. Int([成绩])　　B. Abs([成绩])　　　　C. Sqr([成绩])　　　　D. Sgn([成绩])

（19）在调试 VBA 程序时，能自动被检查出来的错误是（　　　）。

  A. 运行错误　　　　　　　　　　　　B. 逻辑错误

  C. 语法错误　　　　　　　　　　　　D. 语法错误和逻辑错误

（20）在模块的声明部分使用 Option Basel 语句，然后定义二维数组 A(2 to 5，5),则该数组的元素个数为（　　　）。

  A. 20　　　　　　B. 24　　　　　　C. 25　　　　　　D. 36

（21）软件（程序）调试的任务是（　　　）。

  A. 确定程序中错误的性质

  B. 尽可能多地发现程序中的错误

  C. 发现并改正程序中的所有错误

  D. 诊断和改正程序中的错误

（22）VBA 中用实际参数 a 和 b 调用有参过程 Area(m,n)的正确形式是（　　　）。

  A. Call Area(m,n)　　　　　　　　　B. Area a,b

  C. Area m,n b　　　　　　　　　　　D. Call Area a,b

（23）InputBox 函数的返回值类型是（　　　）。

  A. 字符串　　　　　　　　　　　　　B. 数值

  C. 变体　　　　　　　　　　　　　　D. 数值或字符串（视输入的数据而定）

（24）已知程序段：

```
s=0
Fori=l To 10 Step 2
S=s+1
I=i*2
Next i
```

当循环结束后，变量 i、s 的值各为（　　　）。

  A. 10，4　　　　　B. 11，3　　　　　C. 16，4　　　　　D. 22，3

（25）由"For i=l To 9 Step-3"决定的循环结构，其循环体将被执行（　　　）。

  A. 0 次　　　　　　B. 1 次　　　　　　C. 4 次　　　　　　D. 5 次

（26）窗体中有命令按钮 run34，对应的事件代码如下。

```
Private Sub run34_Enter()
Dim num As Integer,a As Integer,b As Integer,i As Integer
Fori=l To 10
num=InputBox("请输入数据: ", "输入")
If Int(num/2)=num/2 Then
a=a+l
Else
b=b+1
End If
Next i
MsgBox("运行结果: a="& Str(A)& ",b=" & Str(B))
End Sub
```

运行以上事件过程，所完成的功能是（　　　）。

  A. 对输入的 10 个数据求累加和

B.　对输入的 10 个数据求各自的余数，然后再进行累加

C.　对输入的 10 个数据分别统计整数和非整数的个数

D.　对输入的 10 个数据分别统计奇数和偶数的个数

3．填空题

（1）要使数组的下标从 1 开始，用＿＿＿＿＿＿＿语句设置。

（2）在 VBA 编程中用来测试字符串长度的函数是＿＿＿＿＿＿＿。

（3）VBA 程序的多条语句可以写在一行中，其分隔符必须使用符号＿＿＿＿＿＿＿。

（4）On Error Resume Next 的语句含义是＿＿＿＿＿＿＿。

（5）VBA 中，函数 InputBox 的功能是＿＿＿＿＿＿＿。

（6）VBA 的逻辑值在表达式中进行运算时，True 值当作＿＿＿＿＿＿＿处理，False 值当作＿＿＿＿＿＿＿处理。

附　　录

附录 A　常用函数

类　型	函 数 名	函 数 格 式	说　明
算术函数	绝对值	Abs(<数值表达式>)	返回数值表达式值的绝对值
	取整	Int(<数值表达式>)	返回数值表达式值的整数部分值,参数为负值时返回小于等于参数值的第一个负数
		Fix(<数值表达式>)	返回数值表达式值的整数部分值,参数为负值时返回大于等于参数值的第一个负数
		Round(<数值表达式>[,<表达式>])	按照指定的小数位数进行四舍五入运算的结果[<表达式>]是进行四舍五入运算小数点右边应保留的位数
	开平方	Sqr(<数值表达式>)	返回数值表达式值的平方根值
	符号	Sgn(<数值表达式>)	返回数值表达式值的符号值。当数值表达式值大于 0 时,返回值为 1;当数值表达式值等于 0 时,返回值为 0;当数值表达式值小于 0 时,返回值为-1
	随机数	Rnd(<数值表达式>)	产生一个 0 到 1 之间的随机数,为单精度类型。如果数值表达式值小于 0,则每次产生相同的随机数;如果数值表达式值大于 0,则每次产生新的随机数;如果数值表达式等于 0,则产生最近生成的随机数,且生成的随机数序列相同;如果省略数值表达式参数,则默认参数值大于 0
	三角正弦	Sin(<数值表达式>)	返回数值表达式的正弦值
	三角余弦	Cos(<数值表达式>)	返回数值表达式的余弦值
	三角正切	Tan(<数值表达式>)	返回数值表达式的正切值
	自然指数	Exp(<数值表达式>)	计算 e 的 N 次方,返回一个双精度数
	自然对数	Log(<数值表达式>)	计算以 e 为底的数值表达式的值的对数
文本函数	生成空格字符	Space(<数值表达式>)	返回由数值表达式的值确定的空格个数组成的空字符串
	字符重复	String(<数值表达式>, <字符表达式>)	返回一个由字符表达式的第 1 个字符重复组成的指定长度为数值表达式值的字符串
	字符串截取	Left(<字符表达式>, <数值表达式>)	返回一个值,该值是从字符表达式左侧第 1 个字符开始,截取的若干个字符。其中,字符个数是数值表达式的值。当字符表达式是 Null 时,返回 Null 值;当数值表达式值为 0 时,返回一个空串;当数值表达式值大于或等于字符表达式的字符个数时,返回字符表达式
		Right(<字符表达式>, <数值表达式>)	返回一个值,该值是从字符表达式右侧第 1 个字符开始,截取的若干个字符。其中,字符个数是数值表达式的值。当字符表达式是 Null 时,返回 Null 值;当数值表达式值为 0 时,返回一个空串;当数值表达式值大于或等于字符表达式的字符个数时,返回字符表达式

续表

类　型	函数名	函 数 格 式	说　明
文本函数	字符串截取	Mid (<字符表达式>. <数值表达式 1 > :, <数值表达式 2>:)	返回一个值,该值是从字符表达式最左端某个字符开始,截取到某个字符为止的若干个字符。其中,数值表达式 1 的值是开始的字符位置,数值表达式 2 是终止的字符位置。数值表达式 2 可以省略,若省略了数值表达式 2,则返回的值是:从字符表达式最左端某个字符开始,截取到最后一个字符为止的若干个字符
	字符串长度	Len(<字符表达式>)	返回字符表达式的字符个数,当字符表达式是 Null 值时,返回 Null 值
	删除空格	Ltrim(<字符表达式>)	返回去掉字符表达式前导空格的字符串
		Rtrim(<字符表达式>)	返回去掉字符表达式尾部空格的字符串
		Trim(<字符表达式>)	返回去掉字符表达式尾部空格的字符串
	字符串检索	Instr([<数值表达式〉], <字符串>, <子字符串> [, <比较方法>])	返回一个值,该值是检索子字符串在字符串中最早出现的位置。其中,数值表达式为可选项,是检索的起始位置,若省略,从第一个字符开始检索;比较方法为可选项,指定字符串比较的方法,值可以为 1、2 或 0,值为 0(缺省)作二进制比较,值为 1 作不区分大小写的文本比较,值为 2 作基于数据库中包含信息的比较。若指定比较方法,则必须指定数据表达式值
	大小与转换	Ucase(<字符表达式>)	将字符表达式中小写字母转换成大写字母
		Lcase(<字符表达式>)	将字符表达式中大写字母转换成小写字母
日期/时间函数	截取日期分量	Day(<日期表达式>)	返回日期表达式日期的整数(1~31)
		Month(<日期表达式>)	返回日期表达式月份的整数(1~12)
		Year(<日期表达式>)	返回日期表达式年份的整数(100~9999)
		Weekday(<日期表达式>)	返回 1~7 的整数,表示星期几
	截取时间分量	Hour(<时间表达式>)	返回时间表达式的小时数(0~23)
		Minute(<时间表达式>)	返回时间表达式的分钟数(0~59)
		Second(<时间表达式>)	返回时间表达式的数(0~59)
	获取系统日期和系统时间	Date()	返回当前系统日期
		Time()	返回当前系统时间
		Now()	返回当前系统日期和时间
	时间间隔	DateAdd (<间隔类型>, <间隔值>, <表达式>)	对表达式表示的日期按照间隔类型加上或减去指定的时间间隔值
		DateDiff(<间隔类型〉, <日期 1>, <日期 2>[,W1][,W2])	返回日期1和日期2之间按照间隔类型所指定的时间间隔数目
		DatePart(〈间隔类型>, <日期>[,W1][,W2])	返回日期中按照间隔类型所指定的时间部分值
	返回包含指定年月日的日期	DateSerial (<表达式 1>, <表达式 2>, <表达式 3>)	返回由表达式1值为年、表达式2值为月、表达式3值为日而组成的日期值
	字符串转换日期	Date Value(<字符串表达式>)	返回字符串表达式对应的日期
SQL聚合函数	合计	Sum(<字符表达式>)	返回字符表达式中值的总和。字符表达式可以是一个字段名,也可以是一个含字段名的表达式,但所含字段应该是数字数据类型的字段
	平均值	Avg(<字符表达式>)	返回字符表达式中值的平均值。字符表达式可以是一个字段名,也可以是一个含字段名的表达式,但所含字段应该是数字数据类型的字段

续表

类 型	函 数 名	函 数 格 式	说 明
SQL 聚 合 函 数	计数	Count(<字符表达式>)	返回字符表达式中值的个数，即统计记录个数。字符表达式可以是一个字段名，也可以是一个含字段名的表达式，但所含字段应该是数字数据类型的字段
	最大值	Max(<字符表达式>)	返回字符表达式中值中的最大值。字符表达式可以是一个字段名，也可以是一个含字段名的表达式，但所含字段应该是数字数据类型的字段
	最小值	Min(<字符表达式>)	返回字符表达式中值中的最小值。字符表达式可以是一个字段名，也可以是一个含字段名的表达式，但所含字段应该是数字数据类型的字段
转 换 函 数	字符串转换字符代码	Asc(<字符表达式>)	返回字符表达式首字符的 ASCII 值
	字符代码转换字符	Chr(<字符代码>)	返回与字符代码对应的字符
	空值函数	Nz(<表达式>[,规定值])	如果表达式为 Null，Nz 函数返回 0；对零长度的空串可以自定义一个返回值（规定值）
	数字转换成字符串	Str(<数值表达式>)	将数值表达式转换成字符串
	字符串转换成数字	Val(字符表达式)	将数值字符串转换成数值型数字
程 序 流 程 函 数	选择	Choose (<索引式>,<表达式 1>[,<表达式 2>…[,<表达式 n>]])	根据索引式的值来返回表达式列表中的某个值。索引式值为 1，返回表达式 1 的值；索引式值为 2，返回表达式 2 的值，以此类推。当索引式值小于 1 或大于列出的表达式数目时，返回无效值（Null）
	条件	IIf(条件表达式,表达式 1,表达式 2)	根据条件表达式的值决定函数的返回值，条件表达式值为真，函数返回值为表达式 1 的值；条件表达式值为假，函数返回值为表达式 2 的值
	开关	Switch(<条件表达式 1>,<表达式 1 > [,<条件表达式 2>,<表达式 2>…[,<条件表达式 n>,<表达式 n>]])	计算每个条件表达式，并返回列表中第一个条件表达式为 True 时与其关联的表达式的值
消 息 函 数	利用提示框输入	InputBox(提示[,标题][,默认])	在对话框中显示提示信息，等待用户输入正文并按下按钮，并返回文本框中输入的内容（String 型）
	提示框	MsgBox(提示[,按钮、图标和默认按钮][,标题])	在对话框中显示消息，等待用户单击按钮，并返回一个 Integer 型数值，告诉用户单击的是哪一个按钮

附录 B　窗体属性及其含义

类　型	属性名称	属性标识	功　能
格式属性	标题	Caption	决定了窗体标题栏上显示的文字信息
	默认视图	DefaultView	决定了窗体的显示形式，需在"连续窗体""单一窗体"和"数据表"3 个选项中选取
	滚动条	ScrollBars	决定了窗体显示时是否具有窗体滚动条，该属性值有"两者均无""水平""垂直"和"两者都有"4 个选项，可以选择其一
	允许"窗体"视图	AllowFormView	属性有两个值："是"和"否"，表明是否可以在"窗体"视图中查看指定的窗体
	记录选择器	RecordSelectors	属性有两个值："是"和"否"，它决定窗体显示时是否有记录选定器，即数据表最左端是否有标志块
	导航按钮	NavigationButtons	属性也有两个值："是"和"否"，它决定窗体运行时是否有导航条，即数据表最下端是否有导航按钮组。一般如果不需要浏览数据或在窗体本身用户自己设置了数据浏览按钮时，该属性值应设为"否"，这样可以增加窗体的可读性
	分隔线	DividingLines	属性值需在"是""否"两个选项中选取，它决定窗体显示时是否显示窗体各节间的分隔线
	自动调整	AutoResize	属性有两个值："是"和"否"，表示在打开"窗体"窗口时，是否自动调整"窗体"窗口大小以显示整条记录
	自动居中	AutoCenter	属性值需在"是""否"两个选项中选取，它决定窗体显示时是否自动居于桌面中间
	边框样式	BorderStyle	决定用于窗体的边框和边框元素（标题栏、"控制"菜单、"最小化"和"最大化"按钮或"关闭"按钮）的类型。包括可调边框、细边框、对话框边框和无。一般情况下，对于常规窗体、弹出式窗体和自定义对话框需要使用不同的边框样式
	控制框	ControlBox	属性有两个值："是"和"否"，决定了在"窗体""视图"和"数据表视图"中窗体是否具有"控制"菜单
	最大最小化按钮	MinMaxButtons	决定是否使用 Windows 标准的最大化和最小化按钮
	图片	Picture	决定显示在命令按钮、图像控件、切换按钮、选项卡控件的页上，或当作窗体或报表的背景图片的位图或其他类型的图形
	图片类型	PictureType	决定将对象的图片存储为链接对象还是嵌入对象
	图片缩放模式	PictureSizeMode	决定对窗体或报表中的图片调整大小的方式
数据属性	记录源	RecordSource	是本数据库中的一个数据表对象名或查询对象名，它指明了该窗体的数据源
	筛选	Filter	对窗体、报表查询或表应用筛选时，指定要显示的记录子集
	排序依据	OrderBy	其属性值是一个字符串表达式，由字段名或字段名表达式组成，指定排序的规则
	允许编辑 允许添加 允许删除	AllowEdits AllowDeletions AllowAdditions	属性值需在"是"或"否"中进行选择，它决定了窗体运行时是否允许对数据进行编辑修改、添加或删除等操作
	数据输入	DataEntry	属性值需在"是"或"否"两个选项中选取，取值如果为"是"，则在窗体打开时，只显示一个空记录，否则显示已有记录

续表

类　型	属性名称	属性标识	功　能
数据属性	记录锁定	RecordLocks	其属性值需在"不锁定""所有记录""已编辑的记录"三个选项中选取。取值为"不锁定"，则在窗体中允许两个或更多用户能够同时编辑同一个记录；取值为"所有记录"，则当在整体视图打开窗体时，所有基表或基础查询中的记录都将锁定，用户可以读取记录，但在关闭窗体以前不能编辑、添加或删除任何记录；取值为"已编辑的记录"，则当用户开始编辑某个记录中的任一字符时，即锁定该条记录，直到用户移动到其他记录
其他属性	弹出方式	PopUp	属性值需在"是"或"否"中进行选择，它决定了窗体或报表是否作为弹出式窗口打开
	模式	Modal	属性值需在"是"或"否"中进行选择，它决定了窗体或报表是否可以作为模式窗口打开。当窗体或报表作为模式窗口打开时，在焦点移到另一个对象之前，必须先关闭该窗口
	循环	Cycle	属性值可以选择"所有记录""当前记录"和"当前页"，表示当移动控制点时按照何种规律移动
	功能区名称	RibbonName	获取或设置在加载指定的窗体时要显示的自定义功能区的名称
	工具栏	ToolBar	决定了要为窗体显示的自定义工具栏
	快捷菜单	ShortcutMenu	属性值需在"是"或"否"中进行选择，它决定了当用鼠标右键单击窗体上的对象时，是否显示快捷菜单
	菜单栏	MenuBar	指定要为窗体显示的自定义菜单
	快捷菜单栏	ShortcutMenuBar	指定当右键单击指定的对象时，将会出现的快捷菜单

附录 C　控件属性及其含义

类　型	属性名称	属性标识	功　　能
格式属性	标题	Caption	属性值为控件中显示的文字信息
	格式	Format	用于自定义数字、日期、时间和文本的显示方式
	可见性	Visible	属性值为"是"或"否"，它决定是否显示窗体上的控件
	边框样式	BorderStyle	用于设定控件边框的显示方式
	左边距	Left	用于设定控件在窗体、报表中的位置，即距左边的距离
	背景样式	BackStyle	用于设定控件是否透明，属性值为"常规"或"透明"
	特殊效果	SpecialEffect	用于设定控件的显示效果。例如"平面""凸起""凹陷""蚀刻""阴影"或"凿痕"等，用户可任选一种
	字体名称	FontName	用于设定字段的字体名称
	字号	FontSize	用于设定字体的大小
	字体粗细	FontWeight	用于设定字体的粗细
	倾斜字体	FontItalic	用于设定字体是否倾斜，选择"是"字体倾斜，否则不倾斜
	背景色	BackColor	用于设定标签显示时的底色
	前景色	ForeColor	用于设定显示内容的颜色
数据属性	控件来源	ControlSource	告诉系统如何检索或保存在窗体中要显示的数据。如果控件来源中包含一个字段名，则在控件中显示的是数据表中该字段的值，对窗体中的数据所进行的任何修改都将被写入字段中；如果该属性值设置为空，除非编写了一个程序，否则在控件中显示的数据不会写入到数据表中。如果该属性含有一个计算表达式，那么该控件显示计算结果
	输入掩码	InputMask	用于设定控件的输入格式，仅对文本型或日期型数据有效
	默认值	DefaultValue	用于设定一个计算型控件或非结合型控件的初始值，可以使用表达式生成器向导来确定默认值
	有效性规则	ValidationRule	用于设定在控件中输入数据的合法性检查表达式，可以使用表达式生成器向导来建立合法性检查表达
	有效性文本	ValidationText	用于指定违背了有效性规则时，将显示给用户的提示信息
	是否锁定	Locked	用于指定是否可以在"窗体"视图中编辑数据
	可用	Enabled	用于决定鼠标是否能够单击该控件。如果设置该属性为"否"，这个控件虽然一直在"窗体"视图中显示，但不能用 Tab 键选中它或使用鼠标单击它，同时在窗体中控件显示为灰色
其他属性	名称	Name	用于标识控件名，控件名称必须唯一
	状态栏文字	StatusBarText	用于设定状态栏上的显示文字
	允许自动校正	AllowAutoCorrect	用于更正控件中的拼写错误，选择"是"允许自动更新，否则不允许自动更正
	自动 Tab 键	AutoTab	属性值为"是"或"否"。用以指定当输入文本框控件的输入掩码所允许的最后一个字符时，是否发生自动 Tab 键切换。自动 Tab 键切换会按窗体的 Tab 键次序将焦点移到下一个控件上
	Tab 键索引	TabIndex	用于设定该控件是否自动设定 Tab 键的顺序
	控件提示文本	ControlTipText	用于设定用户在将鼠标放在一个对象上后，是否显示提示文本，以及显示的提示文本信息内容

附录 D 常用宏操作命令

类 型	命 令	功能描述	参数说明
筛选 / 查询 / 搜索	ApplyFilter	在表、窗体或报表应用筛选、查询或 SQL 的 WHERE 子句，可限制或排序来自表、窗体以及报表的记录	筛选名称：筛选或查询的名称 当条件：有效的 SQL WHERE 子句或表达式，用以限制表、窗体或报表中的记录 控件名称：为父窗体输入与要筛选的子窗体或子报表对应的控件的名称或将其保留为空
	FindNextRecord	根据符合最近的 FindRecord 操作，或"查找"对话框中指定条件的下一条记录。使用此操作可反复查找符合条件记录	此操作没有参数
	FindRecord	查找符合指定条件的第一条或下一条记录	查找内容：要查找的数据，包括文本、数字、日期或表达式 匹配：要查找的字段范围，包括字段的任何部分、整个字段或字段开头 区分大小写：选择"是"，搜索时区分大小写，否则不区分 搜索：搜索的方向，包括向下、向上或全部搜索 格式化搜索：选择"是"，则按数据在格式化字段中的格式搜索，否则按数据在数据表中保存的形式搜索 只搜索当前字段：选择"是"，仅搜索每条记录的当前字段 查找第一个：选择"是"，则从第一条记录搜索，否则从当前记录搜索
	OpenQuery	在"数据表视图""设计视图"或"打印预览"中打开选择查询或交叉表查询	查询名称：要打开的查询名称 视图：打开查询的视图 数据模式：查询的数据输入方式，包括"增加""编辑"或"只读"
	Refresh	刷新视图中的记录	此操作没有参数
	RefreshRecord	刷新当前记录	此操作没有参数
	Requery	通过在查询控件的数据源来更新活动对象中的特定控件的数据	控件名称：要更新的控件名称
	ShowAllRecords	从激活的表、查询或窗体中删除所有已应用的筛选。可显示表或结果集中的所有记录，或显示窗体基本表或查询中的所有记录	此操作没有参数
系统命令	CloseDatabase	关闭当前数据库	此操作没有参数
	DisplayHourglass-Pointer	当执行宏时，将正常光标变为沙漏形状（或选择的其他图标）。宏执行完成后恢复正常光标	显示沙漏："是"为显示，"否"为不显示
	QuitAccess	退出 Access 时选择一种保存方式	选项：提示、全部保存、退出
	Beep	使计算机发出"嘟嘟"声。使用此操作可表示错误情况或重要的可视性变化	此操作没有参数

类 型	命 令	功能描述	参数说明
数据库对象	GoToRecord	使指定的记录成为打开的表、窗体或查询结果数据集中的当前记录	对象类型：当前记录的对象类型 对象名称：当前记录的对象名称 记录：当前记录 偏移量：整型数或整型表达式
	GoToControl	将焦点移到被激活的数据表或窗体的指定字段或控件上	控件名称：将要获得焦点的字段或控件名称
	OpenForm	在"窗体视图""设计视图""打印预览"或"数据表视图"中打开一个窗体，并通过选择窗体的数据输入与窗体方式，限制窗体所显示的记录	窗体名称：打开窗体的名称 视图：打开"窗体视图" 筛选名称：限制窗体中记录的筛选 当条件：有效的 SQL WHERE 子句或 Access 用来从窗体的基表或基础查询中选择记录的表达式 数据模式：窗体的数据输入方式 窗口模式：打开窗体的窗口模式
	OpenReport	在"设计视图"或"打印预览"中打开报表或立即打印报表，也可以限制需要在报表中打印的记录	报表名称：限制报表记录的筛选，打开报表的名称 视图：打开报表的视图 筛选名称：查询的名称或另存为查询的筛选的名称 当条件：有效的 SQL WHERE 子句或 Access 用来从报表的基表或基础查询中选择记录的表达式 窗口模式：打开报表的窗口模式
	OpenTable	在"数据表视图""设计视图"或"打印预览"中打开表，也可以选择表的数据输入方式	表名：打开表的名称 视图：打开表的视图 数据模式：表的数据输入方式
	PrintObject	打印当前对象	此操作没有参数
宏命令	RunMacro	运行宏	宏名称：要运行的宏名称 重复次数：运行宏的次数上限值 重复表达式：重复运行宏的条件
	StopMacro	停止正在运行的宏	此操作没有参数
	StopAllMacros	中止所有宏的运行	此操作没有参数
	RunDateMacro	运行数据宏	宏名称：要运行的数据宏名称
	SingleStep	暂停宏的执行并打开"单步执行宏"对话框	宏名称：要运行的宏名称
	RunCode	运行 Visual Basic 的函数过程	函数名称：要执行的"Function"过程名
	RunMenuCommand	运行一个 Access 菜单命令	命令：输入或选择要执行的命令
	CancelEvent	中止一个事件	此操作没有参数
	SetLocalVar	将本地变量设置为给定值	名称：本地变量的名称 表达式：用于设定此本地变量的表达式
窗口管理	Maximize Window	活动窗口最大化	此操作没有参数
	Minimize Window	活动窗口最小化	此操作没有参数
	Restore Window	窗口复原	此操作没有参数
	MoveAndSizeWindow	移动并调整活动窗口	右：窗口左上角新的水平位置 向下：窗口左上角新的垂直位置 宽度：窗口的新宽度 高度：窗口的新高度
	CloseWindow	关闭指定的 Access 窗口。如果没有制定窗口，则关闭活动窗口	对象类型：要关闭的窗口中的对象类型 对象名称：要关闭的对象名称 保存：关闭时是否保存对对象的更改

续表

类　型	命　令	功能描述	参数说明
数据输入操作	SaveRecord	保存当前记录	此操作没有参数
	DeleteRecord	删除当前记录	此操作没有参数
	EditListItems	编辑查阅列表中的项	此操作没有参数
用户界面命令	MessageBox	显示包含警告信息或其他信息的消息框	消息：消息框中的文本 发嘟嘟声：是否在显示信息时发出嘟嘟声 类型：消息框的类型 标题：消息框标题栏中显示的文本
	AddMenu	可将自定义菜单、自定义快捷菜单替换窗体或报表的内置菜单或内置的快捷菜单，也可替换所有 Microsoft Access 窗口的内置菜单栏	菜单名称：所建菜单名称 菜单宏名称：已建菜单宏名称 状态栏文字：状态栏上显示的文字
	SetMenuItem	为激活窗口设置自定义菜单（包括全局菜单）上菜单项的状态	菜单索引：指定菜单索引 命令索引：指定命令索引 子命令索引：指定子命令索引 标志：菜单项显示方式
	UndoRecord	撤销最近用户的操作	此操作没有参数
	SetDisplayedCate-gories	用于指定要在导航窗格中显示的类别	显示："是"为可选择一个或多个类别，"否"为可隐藏这些类别 类别：显示或隐藏类别的名称
	Redo	重复最近用户的操作	此操作没有参数
	SetDisplayedCate-gories	用于指定要在导航窗格中显示的类别	显示：选择"是"可显示一个或多个类别。选择"否"可隐藏这些类别 类别：显示或隐藏的名称类别，或空

附录 E　常用事件

分　类	事　件	名　称	属　性	发生时间
发生在窗体或控件中的数据被输入、删除或更改时，或当焦点从一条记录移动到另一条记录时	AfterDelConfirm	确认删除后	AfterDelConfirm（窗体）	发生在确认删除记录，并且记录实际上已经删除，或在取消删除之后
	AfterInsert	插入后	AfterInsert（窗体）	在一条新记录添加到数据库中时
	AfterUpdate	更新后	AfterUpdate（窗体）	在控件或记录用更改过的数据更新之后发生。此事件发生在控件或记录失去焦点时，或单击"记录"菜单中的"保存记录"命令时
	BeforeUpdate	更新前	BeforeUpdate（窗体和控件）	在控件或记录用更改了的数据更新之前。此事件发生在控件或记录失去焦点时，或单击"记录"菜单中的"保存记录"命令时
	Current	成为当前	OnCurrent（窗体）	当焦点移动到一个记录，使它成为当前记录时，或当重新查询窗体的数据来源时。此事件发生在窗体第一次打开，以及焦点从一条记录移动到另一条记录时，它在重新查询窗体的数据来源时发生
	BeforeDelConfirm	确认删除前	BeforeDelConfirm（窗体）	在删除一条或多条记录时，Access 显示一个对话框，提示确认或取消删除之前。此事件在 Delete 事件之后发生
	BeforeInsert	插入前	BeforeInsert（窗体）	在新记录中键入第一个字符但记录未添加到数据库时发生
	Change	更改	OnChange（窗体和控件）	当文本框或组合框文本部分的内容发生更改时，事件发生。在选项卡控件中从某一页移到另一页时该事件也会发生
	Delete	删除	Ondelete（窗体）	当一条记录被删除但未确认和执行删除时发生
处理鼠标操作事件	Click	单击	OnClick（窗体和控件）	对于控件，此事件在单击鼠标左键时发生。对于窗体，在单击记录选择器、节或控件之外的区域时发生
	DblClick	双击	OnDblClick（窗体和控件）	当在控件或它的标签上双击鼠标左键时发生，对于窗体，在双击空白区或窗体上的记录选择器时发生
	MouseUp	鼠标释放	OnMouseUp（窗体和控件）	当鼠标指针位于窗体或控件上时，释放一个按下的鼠标键时发生
	MouseDown	鼠标按下	OnMouseDown（窗体和控件）	当鼠标指针位于窗体或控件上时，单击鼠标键时发生
	MouseMove	鼠标移动	OnMouseMove（窗体和控件）	当鼠标指针在窗体、窗体选择内容或控件上移动时发生
处理键盘输入事件	KeyPress	击键	OnKeyPress（窗体和控件）	当控件或窗体有焦点时，按下并释放一个产生标准 ANSI 字符的键或组合键后发生
	KeyDown	键按下	OnKeyDown（窗体和控件）	当控件或窗体有焦点，并在键盘上按下任意键时发生
	KeyUp	键释放	OnKeyUp（窗体和控件）	当控件或窗体有焦点，释放一个按下键时发生
处理错误	Error	出错	OnError（窗体和报表）	当 Access 产生一个运行时间错误，而这时正处在窗体和报表中时发生
处理同步事件	Timer	计时器触发	OnTimer（窗体）	当窗体的 TimerInterval 属性所指定的时间间隔已到时发生，通过在指定的时间间隔重新查询或重新刷新数据保持多用户环境下的数据同步

分　类	事　件	名　称	属　性	发生时间
在窗体上应用或创建一个筛选	ApplyFilter	应用筛选	OnApplyFilter（窗体）	当单击"记录"菜单中的"应用筛选"命令，或单击命令栏上的"应用筛选"按钮时发生。在指向"记录"菜单中的"筛选"后，并单击"按选定内容筛选"命令，或单击命令栏上的"按选定内容筛选"按钮时发生。当单击"记录"菜单上的"取消筛选/排序"命令，或单击命令栏上的"取消筛选"按钮时发生
	Filter	筛选	OnFilter（窗体）	指向"记录"菜单中的"筛选"后，单击"按窗体筛选"命令，或单击命令栏中的"按窗体筛选"按钮时发生。指向"记录"菜单中的"筛选"后，并单击"高级筛选/排序"命令时发生
发生在窗体、控件失去或获得焦点时，或窗体、报表成为激活时或失去激活事件时	Activate	激活	OnActivate（窗体和报表）	当窗体或报表成为激活窗口时发生
	Deactivate	停用	OnDeactivate（窗体和报表）	当不同的但同为一个应用程序的 Access 窗口成为激活窗口时，在此窗口成为激活窗口之前发生
	Enter	进入	OnEnter（控件）	发生在控件实际接收焦点之前。此事件在 GotFocus 事件之前发生
	Exit	退出	OnExit（控件）	正好在焦点从一个控件移动到同一窗体上的另一个控件之前发生。此事件发生在 LostFocus 事件之前
	GotFocus	获得焦点	OnGotFocus（窗体和控件）	当一个控件、一个没有激活的控件或有效控件的窗体接收焦点时发生
	LostFocus	失去焦点	OnLostFocus（窗体和控件）	当窗体或控件失去焦点时发生
打开、调整窗体或报表事件	Open	打开	OnOpen（窗体和报表）	当窗体或报表打开时发生
	Close	关闭	OnClose（窗体和报表）	当关闭窗体或报表，从屏幕上消失时发生
	Load	加载	OnLoad（窗体和报表）	当打开窗体且显示了它的记录时发生。此事件发生在 Current 事件之前，Open 事件之后
	Resize	调整大小	OnResize（窗体）	当窗体的大小发生变化或窗体第一次显示时发生
	Unload	卸载	OnUnload（窗体）	当窗体关闭，并且它的记录被卸载，从屏幕上消失之前发生。此事件在 Close 事件之前发生

参考文献

[1] 陈雷，陈朔鹰. 全国计算机等级考试二级教程——Access 数据库程序设计（2013 年版）. 北京：高等教育出版社，2013.

[2] 熊建强，吴保珍，黄文斌. Access 2010 数据库程序设计教程. 北京：机械工业出版社，2013.

[3] 韩相军，梁艳荣. 二级 Access 2010 与公共基础知识教程.2 版. 北京：清华大学出版社，2013.

[4] 相世强，李绍勇. Access 2010 中文版入门与提高. 北京：清华大学出版社，2014.

[5] 杨小冬. 中文版 Access 2013 宝典.7 版. 北京：清华大学出版社，2015.

[6] 韩金仓，马亚丽. Access 2010 数据库应用教程. 北京：清华大学出版社，2015.